切换系统耗散性理论及其应用

李晨松　著

东北大学出版社
·沈　阳·

图书在版编目（CIP）数据

切换系统耗散性理论及其应用 / 李晨松著. — 沈阳：东北大学出版社，2020. 12
ISBN 978-7-5517-2664-1

Ⅰ. ①切… Ⅱ. ①李… Ⅲ. ①开关控制－非线性系统（自动化）－耗散结构理论－研究 Ⅳ. ①TP271

中国版本图书馆 CIP 数据核字(2020)第 270643 号

作者简介

李晨松，博士，蒙古族。研究方向：混杂系统分析与综合，切换系统耗散性理论。在本领域发表多篇 SCI 检索论文，其中 5 篇为 JCR 分类一区。主持国家自然基金项目 1 项，2018 年获得科尔沁学者称号。现任内蒙古民族大学副教授，硕士研究生导师。

出 版 者：东北大学出版社
地址：沈阳市和平区文化路三号巷 11 号
邮编：110819
电话：024－83683655(总编室) 83687331(营销部)
传真：024－83687332(总编室) 83680180(营销部)
网址：http://www.neupress.com
E-mail：neuph@neupress.com
印 刷 者：沈阳市第二市政建设工程公司印刷厂
发 行 者：东北大学出版社
幅面尺寸：170 mm×240 mm
印 张：11.5
字 数：231 千字
出版时间：2020 年 12 月第 1 版
印刷时间：2020 年 12 月第 1 次印刷
责任编辑：张德喜
责任校对：陈文娇
封面设计：潘正一
责任出版：唐敏志

ISBN 978-7-5517-2664-1 定 价：68.00 元

前 言

切换系统是一类特殊的混杂系统。近几十年来，切换系统的研究引起了国内外学者的广泛关注。因为大量的实际系统需要建模成切换系统，并且有许多系统不能用单一的控制器达到控制目标，需要在一些备选的控制器之间切换才能完成控制任务。然而，由于切换系统中连续动态和离散动态的相互作用，使系统的行为十分复杂，同时使系统的分析与设计变得非常困难，有很多问题亟待解决。

耗散性已经被广泛地应用于非切换系统的分析与设计中，并已形成系统的理论。但对于切换系统而言，耗散性的研究才刚刚起步，尚未建立系统的理论体系。在著者近年来学习和研究的基础上，本书系统地介绍了切换系统耗散性基本理论及其在镇定、H_∞ 控制与动态网络同步化的应用，并通过耗散性解决切换系统分析与控制问题。本书共为 11 章。

第 1 章介绍了切换系统与耗散性研究问题、意义与现状。

第 2 章介绍了非切换系统耗散性的基本概念与特殊形式的耗散性：无源性与 L_2 增益。

第 3 章基于公共储能函数与类存储函数研究切换非线性系统的耗散性。

第 4 章基于多储能函数定义切换非线性系统的耗散性和基于多储能函数与交叉供给率的切换非线性系统的耗散性。

第 5 章利用多储能函数方法，研究了切换非线性系统的广义向量 L_2 性质与设计问题。首先，用广义向量 L_2 性质描述每个子系统单独工作时子系统的非一致 L_2 增益性质，即每个子系统的增益是状态的函数；其次，对于两个切换系统的互联问题，基于广义向量 L_2 性质，给出了广义小增益定理；最后，当每个子系统不具有广义 L_2 性质时，给出了为获得切换系统的广义向量 L_2 增益的切换律设计方法。

第 6 章利用平均驻留时间方法，研究了在异步切换下切换系统的镇定问题。

第 7 章使用平均驻留时间方法，研究了一类切换非线性系统的 H_∞ 控制问题，即当切换系统是由无源子系统与非无源子系统组成时，利用平均驻留时间方法，给出了解决含有不确定性项的切换非线性系统的 H_∞ 控制问题的控制器设计方法。

第 8 章通过设计状态依赖型切换律和每个子系统的控制器，基于无源性给出了切换非线性系统 H_∞ 控制问题的可解条件。此外，当每个子系统在被激活区域内没有无源性时，通过反馈无源化方法给出了解决切换非线性系统的 H_∞ 控制问题的切换律与控制器的设计方法。

第 9 章针对离散时间切换非线性系统，分别给出了基于公共 Lyapunov 函数、多 Lyapunov 函数与弱 Lyapunov 函数的不变性原理，其中基于弱 Lyapunov 函数的不变性原理允许在某些集合上一阶差分为正。此外，针对连续切换非线性系统，给出基于类 Lyapunov 函数的不变性原理。

第 10 章研究了具有非恒等节点的离散时间动态网络的广义输出同步问题。主要分为三种情形。第一种情形，基于几何耗散性，给出两个在固定拓扑下输出同步的判定准则；第二种情形，基于几何耗散性与本书中所建立的不变性原理，给出了在任意切换拓扑下广义输出同步的判定方法；第三种情形，当每个网络拓扑单独工作不能达到广义输出同步时，基于几何耗散性与本书中所建立的另一个不变性原理，给出了达到广义输出同步化的切换律设计方法。

第 11 章研究了具有恒等节点的离散时间动态网络的输出同步化问题。首先，当每个节点具有增长几何耗散性时，选择特定的输入与输出，网络就可以转化成具有几何耗散性的非线性系统；其次，利用几何耗散性，给出了在任意切换拓扑下离散时间动态网络输出同步的判定准则；最后，当每个网络都不能达到输出同步时，给出了输出同步化的切换律设计方法。

本书的研究工作得到了国家自然科学基金（项目编号：61663037）及内蒙古民族大学博士科研启动基金（项目编号：BS436）资助。

感谢东北大学出版社张德喜编辑为本书出版给予的热心支持和付出的辛勤劳动。近几十年来，国内外学术界有关切换系统的研究成果层出不穷，由于著者知识深度广度有限，尽管毕其全力，难免挂一漏万，出现不妥之处，敬请读者批评指正！

著　者

2020 年 8 月

目 录

第 1 章　绪　论

1.1　切换系统概念

混杂系统是一类连续系统与离散事件动态同时存在以及两者之间相互作用的复杂动态系统[1-2]. 由于这类系统能更精确地描述实际的系统，且对它的深入研究能够提高控制精度，因此近年来混杂系统受到国内外学者的广泛关注.

切换系统(switched systems)是一类特殊的混杂系统[3]. 切换系统是由一组子系统和一个调节这些子系统的切换机制构成的. 子系统通常由微分方程或者差分方程来描述. 切换机制通常称为切换信号、切换策略或切换律等，它决定在切换时刻哪个子系统被激活. 子系统的动态与切换信号共同决定整个切换系统的动态行为. 切换系统产生的主要原因是：第一，系统内部存在几个不同的模态和切换策略，因此必然导致切换的发生. 第二，为了追求完全不同的控制目标、性能指标等，需要设计多个控制器，并且通过在多个控制器之间切换的方法达到控制目的. 因此对其研究既有理论价值，又有实际意义.

一个由 m 个子系统构成的连续切换系统可描述为

$$\boldsymbol{x}^{+}(t)=\boldsymbol{f}_{\sigma}(\boldsymbol{x}(t),\ \boldsymbol{u}), \tag{1.1}$$

$$\boldsymbol{y}(t)=\boldsymbol{h}_{\sigma}(\boldsymbol{x}(t)). \tag{1.2}$$

其中, $\boldsymbol{x}\in\mathbf{R}^{n}$ 是连续系统状态, σ 是离散状态，并且在指标集 $M=\{1,\ 2,\ \cdots,\ m\}$ 中取值. $\boldsymbol{f}_{k}$ 和 $\boldsymbol{h}_{k}$ 表示光滑函数，其中 $k\in M$. 在连续时间时，符号 $\boldsymbol{x}^{+}(t)$ 表示导数算子，即 $\boldsymbol{x}^{+}(t)=\dfrac{\mathrm{d}}{\mathrm{d}t}\boldsymbol{x}(t)$；在离散时间时, $\boldsymbol{x}^{+}(t)$ 表示前移算子，即 $\boldsymbol{x}^{+}(t)=\boldsymbol{x}(t+1)$. 切换系统本质上是一种具有多模型结构的系统，它的每个子模型

$$\boldsymbol{x}^{+}(t)=\boldsymbol{f}_{k}(\boldsymbol{x}(t),\ \boldsymbol{u}), \tag{1.3}$$

$$\boldsymbol{y}(t)=\boldsymbol{h}_{k}(\boldsymbol{x}(t)) \tag{1.4}$$

称作切换系统(1.1)和(1.2)的子系统. 图 1.1 是切换系统结构简图. 另外，“切换”的思想还体现在单一系统通过多个控制器的切换来达到某种控制目标. 这

种切换很可能会完成单一控制器所不能完成的任务，或者较单一控制器而言更好地完成控制目标. 图 1.2 给出了多个控制器切换的结构框图.

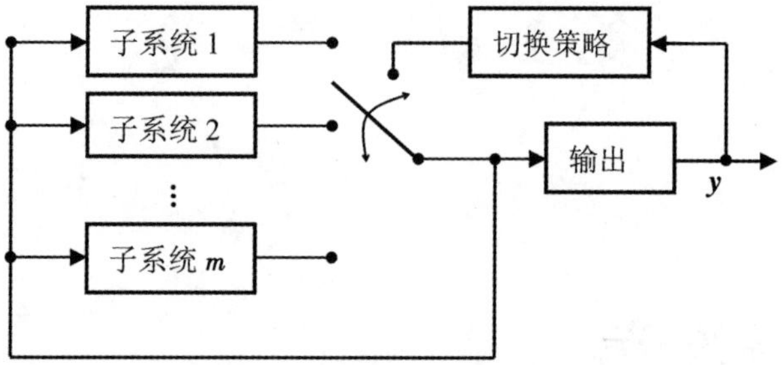

图 1.1　切换系统结构简图

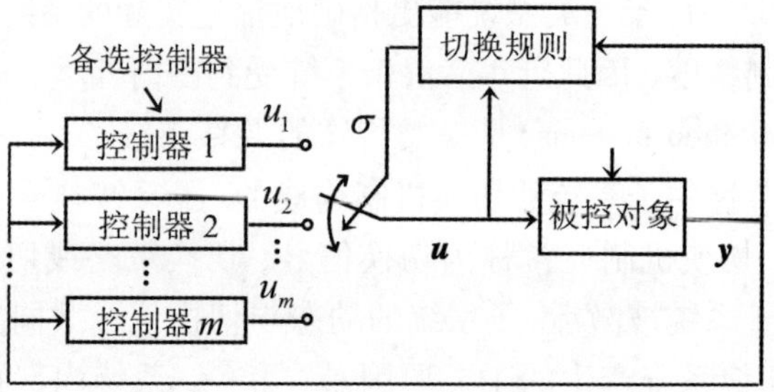

图 1.2　系统的多控制器结构框图

事实上，切换系统的实例在日常生活和工程上随处可见，下面给出几个切换系统的实例.

例 1.1　盐水蒸发装置[4]. 图 1.3 是盐水蒸发流程图，装置 B 的功能是将低浓度盐水通过蒸发转化为高浓度盐水. V_1 和 V_2 分别表示注水口和盐水排出口，P_1 是排出 B 中产生的蒸汽的管道，LIS，TI 和 QIS 都是连续传感器，分别测量盐水的水位、温度和浓度. 蒸发过程简述如下：将一定量的低浓度盐水注入 B 中，然后对 B 加热至蒸发. 在蒸发过程中，B 中产生的蒸汽由 P_1 排出. 当盐水的浓度达到给定的值时，从 B 中流出并被收集. 在整个过程中，由切换控制器控制 V_1 和 V_2 的开合，确保 V_1 和 V_2 不同时打开以及在 B 加热过程中 V_1 和 V_2 同时闭合. 切换控制器分为三种情况：一是 V_1 开 V_2 闭，此时注入盐水；二是浓度未达到给定值时，V_1 和 V_2 都闭合；三是当浓度达到给定值时，V_1 闭 V_2 开. 这个盐水蒸发装置就是一个简单的切换系统.

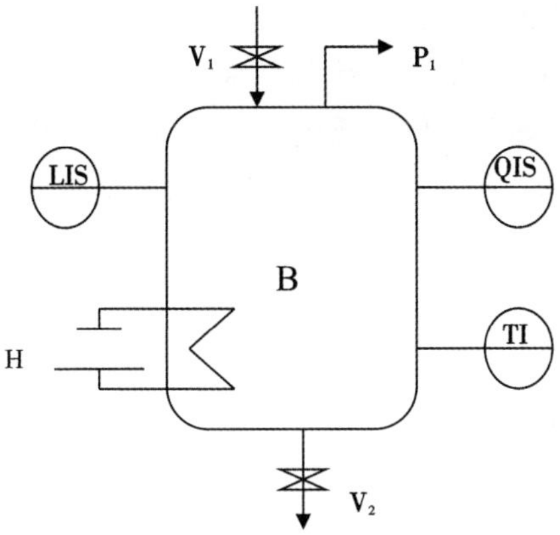

图 1.3　盐水蒸发流程图

例 1.2　汽车驾驶自动换挡控制[3, 5]. 汽车的有级变速系统中，一般分为 4 个挡位，每一挡位分别对应不同的速度范围，而汽车前进时的行驶速度不仅与挡位有关，而且与发动机的油门开度以及汽车制动等因素有关. 为了使发动机始终处于较高的工作效率区，通常在不同的速度阶段都要换挡，汽车的不同挡位与速度关系如图 1.4 所示. 其中，$\eta_i (i=1, 2, 3, 4)$ 表示汽车处于不同挡位时随着速度变化的发动机效率. 汽车挡位切换关系如图 1.5 所示. 其中，g 表示挡位，v 是汽车当前速度，v_{ij} $(i, j \in \mathbf{N})$ 是挡位从 i 切换到 j 时的汽车速度阈值. 汽车的速度、加速度、油门开度以及刹车制动力均为连续变量，而汽车挡位 $g \in \{1, 2, 3, 4\}$ 为离散变量. 切换规则依赖于速度.

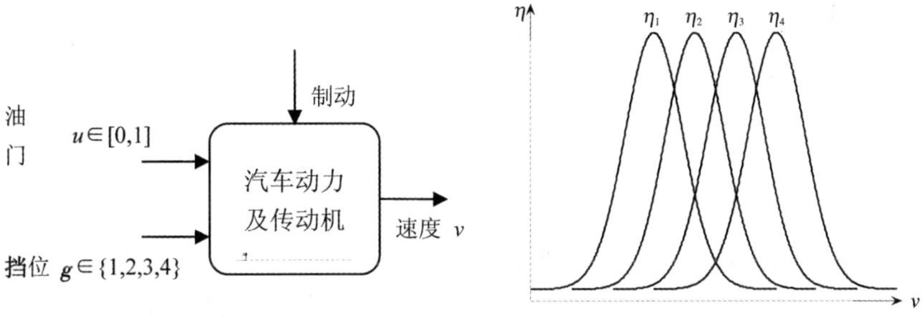

图 1.4　汽车挡位与速度关系示意图

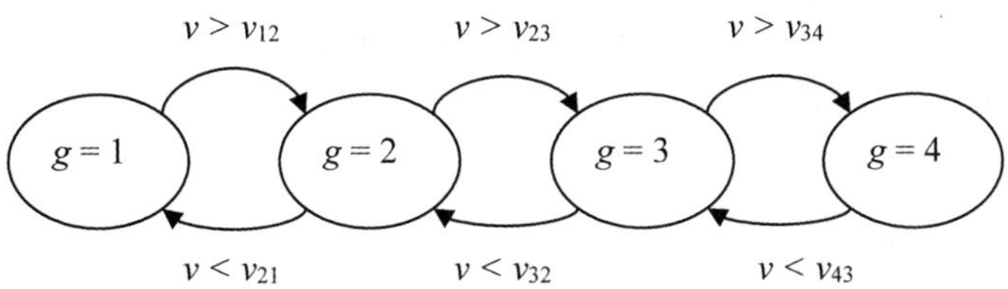

图 1.5　汽车驾驶自动换挡示意图

此外，室温控制装置等都是生活中比较常见的切换系统的例子. 可见，切换系统广泛地存在，并且能更精确地描述系统模型. 切换控制的思想其实很早就被应用于控制系统，如开关伺服系统、Bang-Bang 控制理论、智能控制系统等控制方法都是利用在不同子系统之间切换达到控制目标. 总之，无论是切换系统还是切换控制思想，都是控制理论研究中非常重要的课题，目前有很多问题有待解决.

1.2 切换系统的研究意义

切换系统的产生主要有三方面原因：第一，切换系统的多模态特性决定了这类系统比一般单模态系统的应用更加广泛，给理论研究带来了若干新问题与新挑战；第二，切换系统理论和切换控制方法在解决很多实际问题中凸显很大的优势. 恰当的切换可以提高系统完成控制目标的能力或者完成一些单一控制器所不能完成的任务；第三，对切换系统的研究为一般混杂动态系统的研究提供了理论与方法上的借鉴和启示.

切换系统的性质与选取或设计的切换策略紧密相关. 就切换系统的稳定性而言,与通常的连续系统或离散时间系统相比，切换系统具有特殊的性质，即尽管每个子系统都是稳定的，如果切换规则选择不当，切换系统也可能是不稳定的；反之，即使每个子系统都是不稳定的，但设计恰当的切换律也能使整个切换系统是稳定的. 例如

$$\dot{\boldsymbol{x}} = \boldsymbol{A}_{\sigma}\boldsymbol{x} \quad (\sigma = 1, 2).$$

其中，

$$\boldsymbol{A}_1 = \begin{bmatrix} 0 & 10 \\ 0 & 0 \end{bmatrix}, \boldsymbol{A}_2 = \begin{bmatrix} 1.5 & 2 \\ -2 & -0.5 \end{bmatrix}.$$

每个子系统均是不稳定的，设计如下依赖于状态的切换策略：当状态轨迹运行至 $x_2 = -0.25x_1$ 时，$\sigma(\boldsymbol{x}) = 1$，即第一个子系统被激活；当状态轨迹运行至 $x_2 = 0.5x_1$ 时，$\sigma(\boldsymbol{x}) = 2$，即第二个子系统被激活.

此外，考虑如图 1.6 及图 1.7 所示的均由两个子系统组成的两个切换系统. 图 1.6 及图 1.7 的左侧分别用实线和虚线刻画的为两个切换系统的子系统的状态轨迹，右侧两个图形是在不同切换信号作用下切换系统的状态轨迹. 显然，图 1.6 所示的切换系统的两个子系统都是稳定的，但在不同切换信号作用下，切换系统既可能是稳定的，也可能是不稳定的.

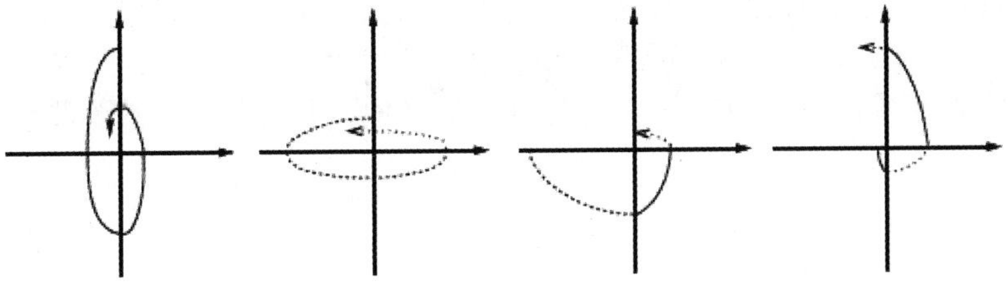

图 1.6 稳定系统间的切换

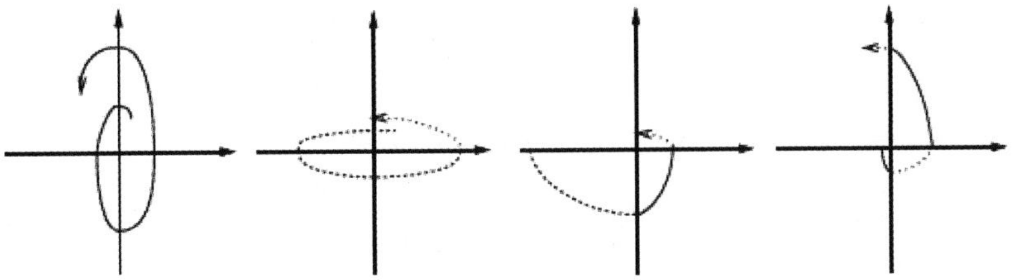

图 1.7 不稳定系统间的切换

由此可见，切换规则对切换系统的稳定性乃至其他性能都起到至关重要的作用. 灵活地设计切换律可以提高控制精度. 随着计算机技术的持续发展，切换系统也涌现出很多新的研究方法.

切换系统之所以重要，是因为它在很多领域都具有广泛的应用. 例如电力系统[6]、机械系统[7]和化学过程[8]等都可以用切换系统的模型来描述. 实际上，20 世纪 50 年代初期产生的 Bang-Bang 控制就体现了切换控制的思想. 为了节省航天飞行器的燃料消耗，提出了燃料最优控制问题. 这个问题可以归结为把状态空间划分为两个区域，在一个区域中控制变量取正最大值，在另一个区域中控制变量取负最大值. 这两个区域的分界面称为开关面，它决定了 Bang-Bang 控制的具体形式. 这正是切换系统理论中状态依赖型切换律的设计问题. 随着系统结构的复杂化与生产工艺的革新，切换系统理论逐渐引起学者的重视，并成为一种重要的系统分析与设计手段. 下面给出切换系统的一个应用实例.

例 1.3 半导体技术中使用的调档器系统[9]. 如图 1.8 所示，V_c 表示电容器的电压，I_l 表示电感电流. 该调档器通常有两种模式：第一种模式是开关 1 闭合，开关 2 断开；第二种模式是开关 1 断开，开关 2 闭合. 选取状态变量为 x_1 和 x_2，用 x_1 表示电容器的电压 V_c ，x_2 表示电感电流 I_l，则该系统的两种模式分别用下面模型来刻画.

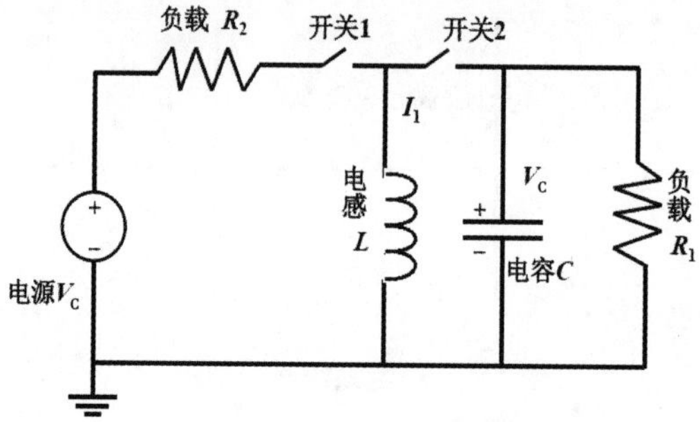

图 1.8　调档器的电路示意图

第一种模式：

$$\begin{pmatrix} \dot{x}_1 \\ \dot{x}_2 \end{pmatrix} = \begin{pmatrix} -\dfrac{1}{R_1 C} & 0 \\ 0 & -\dfrac{R_S}{L} \end{pmatrix} \begin{pmatrix} x_1 \\ x_2 \end{pmatrix} + \begin{pmatrix} 0 \\ \dfrac{1}{L} \end{pmatrix} V_S , \tag{1.5}$$

第二种模式：

$$\begin{pmatrix} \dot{x}_1 \\ \dot{x}_2 \end{pmatrix} = \begin{pmatrix} -\dfrac{1}{R_1 C} & -\dfrac{1}{C} \\ \dfrac{1}{L} & 0 \end{pmatrix} \begin{pmatrix} x_1 \\ x_2 \end{pmatrix} . \tag{1.6}$$

可见，当调档器在这两种模式之间转换时，就产生了一个切换系统.

除模型切换外，在工业生产中，为提高控制精度，系统可能存在一些备选的控制器，其中每个单一的控制器都不能满足控制需求，必须设计一种切换策略，通过调节控制器之间切换才能实现预期的控制目标. 这类系统的典型实例包括计算机磁盘驱动器[10]、汽车驾驶自动换挡控制[11]及飞机的多发动机切换控制[12]等，其中飞机的多发动机切换控制可以改善飞机的起降精准性等. 文献[11]设计了一个基于逻辑的切换策略来管理几个控制器间的切换. 在这些控制器中，一些控制器鲁棒性能差，但具有较高的控制品质，另一些控制器的情形则恰恰相反. 例如，在为飞行器设计控制器时，通过单一控制器难以实现响应速度快并且抗噪性能好，这是因为随着闭环系统频域带宽的增加，系统对测量噪声越来越敏感. 如果设计了两个控制器：一个控制器闭环频域带宽较低，虽然响应较慢，但抗噪性能好；另一个频域带宽较高，虽然对测量噪声敏感，但响应速度较快. 通过两个控制器之间的切换来实现控制目标. 因此，利用切换控制器方法常常能实现单一控制器不能实现的控制目标，克服在使用单一控制器中遇到的阻碍. 目前，切换控制器技术在工程实际中的应用越来越广泛.

1.3　切换系统的研究问题与现状

切换系统是近年来控制领域的热门话题之一. 稳定性是众多研究问题中最基础和重要的问题[3], 因为一个动态系统能否保持正常运行的首要条件为它必须是一个稳定的系统. Liberzon 和 Morse 于 1999 年将切换系统的稳定性归纳为三类基本问题[3]:

问题一: 寻找切换系统在任意切换信号下稳定的条件.

问题二: 切换系统在给定的切换信号下的稳定性研究.

问题三: 构造切换信号, 使切换系统是稳定的.

问题一是切换系统的稳定性分析. 事实上, 它并不像表面看起来那么简单, 原因在于即使每个子系统都稳定, 切换系统也未必稳定. 所以能够保证切换系统在任意条件下都稳定的条件就相对严格些. 此外, 这类问题也有很重要的意义, 切换系统在保证任意切换信号都能稳定的前提下, 可以追求更多更精准的控制目标. 目前, 问题一已得到很好的解决, 条件是所有子系统都存在一个共同 Lyapunov 函数或者可以构造共同 Lyapunov 函数. 关于共同 Lyapunov 函数存在的条件或构造共同 Lyapunov 函数的方法已有很多结果[13-18], 其中李代数方法[19]就是研究问题一的有效方法之一. 然而, 共同 Lyapunov 函数很多时候是不存在或者不易构造的. 当所有的子系统不存在共同 Lyapunov 函数时, 切换规则对于切换系统的稳定性就起到至关重要的作用, 这正是问题二和问题三所要解决的问题.

问题二是在预先设定切换规则可获得的情况下研究切换系统的稳定性. 如果切换发生得足够慢, 各子系统的稳定性就可以导致切换系统的稳定性. 这一思想就是 Morse 提出的驻留时间方法[20], 它很好地研究了问题二. 在此基础上, Hespanha 提出了平均驻留时间方法[21], 该方法用平均意义上的慢切换思想拓广了驻留时间方法, 从而解决了切换系统的稳定性问题. 这两种方法都是在所有子系统都稳定的前提下研究稳定性的. Zhai 将平均驻留时间方法推广到由稳定和不稳定子系统构成的切换系统中[22], 主要思想在于通过让稳定的子系统被激活的时间相对长来保证切换系统的稳定性.

问题三是切换系统的稳定性还可以通过设计切换规则来保证. 适当的切换规则可以使在不稳定子系统之间切换的切换系统稳定. 这是切换系统一个很好的特性. 单 Lyapunov 函数方法和多 Lyapunov 函数方法是解决这一问题的有效工具[23-28]. 主要思想是根据各子系统对应的 Lyapunov 函数信息设计切换规则, 从而保证系统的稳定性.

稳定性除了保证系统正常运行外，它的研究方法也对研究切换系统的其他问题有很重要的借鉴作用. 除了稳定性问题外，切换系统在跟踪问题[29-30]、H_∞控制问题[26-27]、鲁棒控制问题[28-29]、自适应控制问题[29]、变结构控制问题[30]、耗散性理论[31-32]、最优控制问题[33]等许多问题上都有了丰富的成果. 除此之外，切换系统的能控性、能观性和可达性的研究也有很丰富的成果[34-37]. 经过近二十年的发展，切换系统理论的基本框架已经建立起来. 目前，已有一些综述文献与专著较为系统地概括了切换系统的基本理论. 另外，自动化领域各大国际学术会议，如 CDC，ACC，IFAC World Congress 等，都开辟了混杂系统或者切换系统专题；已创办两份混杂系统专业杂志(*Nonlinear Analysis—Hybrid Systems and Applications* 和 *International Journal of Hybrid Intelligent Systems*)；还有很多国际权威杂志都推出了混杂系统或者切换系统的专刊. 这些都说明了切换系统已成为一类热点问题，并且受到学者的广泛重视. 但是，目前切换系统理论远未成熟，还有很多未解决的问题和待探知的方向，并没有形成系统完善的理论体系，有待于进一步开发研究.

1.4 切换系统稳定性的研究方法

经典的控制理论以 Lyapunov 稳定性理论作为系统稳定性研究的有力工具，主要思想是寻求 Lyapunov 函数的存在或者构造适当的 Lyapunov 函数. 对于切换系统，这种 Lyapunov 函数思想仍然是重要的方法.

有学者已经从各种不同的角度进行了研究. 对于问题一寻找切换系统在任意切换信号下稳定的条件具有实际研究意义，在工程中也比较容易实现. 只要所有子系统都存在一个共同 Lyapunov 函数，就能保证在任意切换信号下系统稳定. 因此，找到公同 Lyapunov 函数至关重要. R. Shorten 等人给出了两个线性系统存在二次共同 Lyapunov 函数的充要条件[3]. Zhai 等人指出由连续系统与离散时间系统组成的切换系统，只要 Lie 代数问题可解，切换系统就存在二次共同 Lyapunov 函数[3]. 此外，对于单输入切换系统，Cheng 给出了寻求共同 Lyapunov 函数的算法[17].

考虑如下切换系统

$$\dot{\boldsymbol{x}} = \boldsymbol{f}_p(\boldsymbol{x}) \quad (p \in P). \tag{1.7}$$

其中，指标集 $P = \{1, \cdots, m\}$. 有一个分段常值函数 $\sigma: [0, \infty) \to P$，称为切换信号. 这样一个切换信号就将子系统(1.7)构成一个切换系统.

共同 Lyapunov 函数方法是研究切换系统在任意切换律下的渐近稳定性的方法(这种不依赖切换信号的稳定性又称为一致稳定性). 一个正定连续可微

(C^1)函数 V: $\mathbf{R}^n \to \mathbf{R}$ 称作一族系统(1.7)的共同 Lyapunov 函数，如果存在一个正定连续函数 W: $\mathbf{R}^n \to \mathbf{R}$，使 $\frac{\partial V}{\partial x} f_p(x) \leqslant - W(x)$ ($\forall x$, $\forall p \in P$). 如果系统(1.7)有一个径向无界的共同 Lyapunov 函数，则切换系统是全局一致渐近稳定的. 这一理论与标准的 Lyapunov 函数理论相同.

当共同 Lyapunov 函数不存在时，切换系统的稳定性则依赖于切换规则的选取. 寻求问题二的解就尤为重要. 使用 Lyapunov 函数的推广形式解决这些问题的方法有很多，如单 Lyapunov 函数(single Lyapunov function)、类 Lyapunov 函数(Lyapunov-like function)、多 Lyapunov 函数(multiple Lyapunov function)和弱 Lyapunov 函数(weak Lyapunov-like function). 然而，上述文献均要求推广的 Lyapunov 函数满足某种非增性.

单 Lyapunov 函数和多 Lyapunov 函数都是传统 Lyapunov 函数应用于切换系统的产物. 这两种方法都是利用类 Lyapunov 函数来分析系统的稳定性. 类 Lyapunov 函数与传统 Lyapunov 函数不同，只要求子系统在被激活的时间段内下降，这放宽了传统 Lyapunov 函数要求在整个时间域上下降的条件. 单 Lyapunov 函数方法和多 Lyapunov 函数方法的区别在于：单 Lyapunov 函数方法是各子系统共用同一类 Lyapunov 函数，它在切换点处是连续的(原理见图 1.9)；多 Lyapunov 函数方法是各子系统有自己的 Lyapunov 函数，每个类 Lyapunov 函数在其各被激活时间点构成的序列呈现下降趋势(原理见图 1.10，实线表示相应的子系统被激活时的 Lyapunov 函数变化). 这样，通过切换规则的设计，系统的能量呈现逐渐递减的趋势，从而得到系统的稳定性结果.

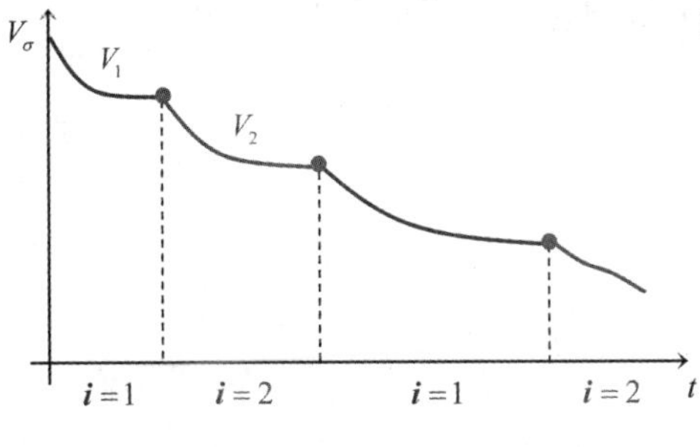

图 1.9 单 Lyapunov 函数原理

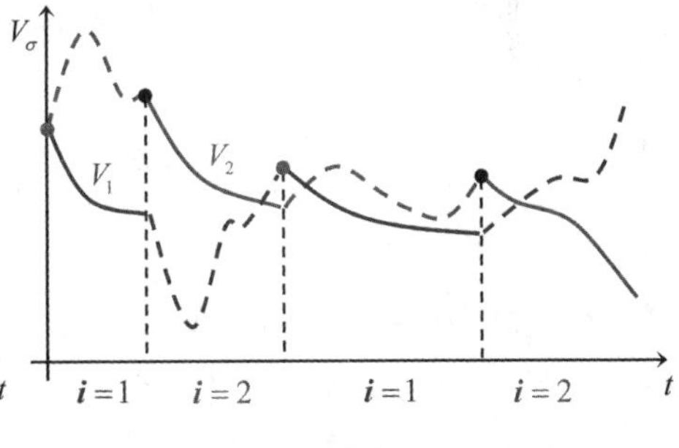

图 1.10 多 Lyapunov 函数原理

简单地说，多 Lyapunov 函数方法就是要求两个下降性，即 Lyapunov 函数在被激活时间段内下降和在被激活时间序列下降. Zhao 在此基础上，放宽了这两个下降性，提出了拓广的多 Lyapunov 函数方法[38]，允许 Lyapunov 函数在被激活时间段内和被激活时间序列上有一定的上升. 这种方法保守性更低，是研究切换系统稳定性的有效方法.

单 Lyapunov 函数和(拓广)多 Lyapunov 函数方法的优点在于，纵然切换系统的所有子系统都不稳定，也可以通过设计良好的切换规则得到稳定性. 文献[18]定义了更一般意义上的多 Lyapunov 函数，不要求在切换点处严格非增条件与子系统被激活时非增条件，从而使多 Lyapunov 函数方法适用范围更为广泛.

对于问题三，希望研究在一定的切换信号下系统稳定的条件和方法. 凸组合技术旨在通过研究各子系统的凸组合系统是否稳定确定切换系统的稳定性. 通过寻找一组常数 $\alpha_p \in [0, 1]$ 和针对凸组合系统 $\dot{x} = \tilde{f}(x) := \sum_{p=1}^{M} \alpha_p f_p(x)$ 的 Lyapunov函数，从而确定切换系统的稳定性.

此外，众多学者从多角度进行了研究. 切换系统的稳定性特点是，切换系统的每个子系统都是稳定的，但是在某些切换律下，切换系统可能不稳定. 如果稳定的子系统停留的时间足够长，削减的能量抵消了由切换引起的能量增加，此时切换系统就是稳定的，这正是驻留时间的基本思想[3]. 为降低该方法的保守性，文献[21]提出了平均驻留时间的概念，即某些子系统的作用时间可以小于驻留时间，只要各子系统的平均驻留时间不小于某个常数，则切换系统稳定. 在此基础上，Zhai 在文献[22]中将平均驻留时间的方法推广到切换系统同时包含稳定的子系统和不稳定的子系统的情形；文献[25]提出了模型依赖型的平均驻留时间方法，文献[29]突破了所有子系统都是稳定的限制，利用驻留时间切换技术，允许每个子系统都不稳定，给出了切换系统渐近稳定的充分条件. 为了克服状态依赖型切换律可能会产生频繁切换和产生抖振，文献[25]至文献[28]中设计的切换律不仅依赖系统的状态，而且有驻留时间.

1.5 切换系统耗散性研究意义与现状

在控制理论中，耗散性思想来源于物理实际系统，并且与系统稳定性紧密相关. 非切换系统的耗散性理论是由 Willems 在 1972 年首次提出的[39]，并且由 Hill 与 Moylan 等人进一步发展[40]，成为系统、电路和网络等领域中非常重要的概念. 粗略地说，耗散性是通过储能函数和供应率来描述系统内部消耗的能量不超出外界对它供给的能量. 此外，耗散性也从能量的角度给出了控制系统分析与设计的一种方法，并且对系统控制的许多方面都有重要作用. 首先，储能函数是半正定的，由此可以使用储能函数来建立与 Lyapunov 稳定性之间的关系，也为 Lyapunov 函数的构造提供了新方法. 其次，可使用耗散性理论研究和解决受控系统的诸如系统镇定、最优控制、鲁棒控制以及 H_∞ 控制等重要问题[41-44]. 最后, 供应率可以选取某些特殊形式得到诸如无源性或者 L_2 增益等特殊意义的耗散性, 其中无源性理论是系统分析和设计的主要方法之一[45]. 无源性理论对研究系统稳定性分析、控制系统设计具有重要意义[46-48]. Byrnes 等人在文献[47]中使用非线性几何方法研究了无源系统, 成功地解决了仿射非线性系统可以通过光滑状态反馈等价于一个无源系统的问题. 无源性的特点体现在两个无源系统反馈互联后系统仍满足无源性, 称为无源性定理, 它对研究反馈互联大系统的性质具有重要的意义[49-50]. 另外, 一种特殊的耗散性是 L_2 增益, 当研究系统互联时, 小增益定理起到重要的作用[45]. 其实, 耗散性不仅可通过上面状态空间法建立, 也可以用输入输出算子理论来描述[51].

对于切换系统, 耗散性同样是重要的[52-53]. 耗散性紧密联系着切换系统的稳定性, 它是切换系统分析和设计的重要方法之一. 由于连续动态和离散动态的相互作用, 使研究切换系统的耗散性问题变得十分困难, 研究结果相对较少. 文献[54]最先给出在任意切换律下的无源性理论. 文献[55]通过求解一些 Lyapunov-Metzler 不等式, 给出了切换线性系统的无源性判定准则. 上面的结果都是基于公共储能函数给出的, 条件过于严格. 因为对于所有子系统的公共储能函数很难找到或者根本不存在. 但是对于每个子系统可能存在自身的储能函数, 这就可以用多储能函数描述切换系统的耗散性. 文献[56]虽然使用多储能函数建立切换系统无源性, 但是要求每个子系统输入为零时, 各自储能函数在相邻的切换点处满足一定的非增性, 并且没有给出渐近稳定的条件. 为进一步减少非增性的限制, 文献[57]给出基于多储能函数的无源性定义, 不要求相应的非增性条件, 并且只要每个子系统都满足渐近可检测性, 当每个子系统输入为零时, 能得到切换系统是渐近稳定的. 文献[58]给出了广义无源性概念, 对储能函数的非增性不作要求, 也讨论了与稳定性的关系, 并且为获得广义无源性给出了依赖于状态的切换律设计方法. 文献[59]首次利用多储能函数和多供给率给出了切换非线性系统具有交互供给率的耗散性定义, 构建了切换系统的耗散性理论的框架, 并得到了基于耗散性镇定切换系统的设计方法. 对于切换离散时间非线性系统, 文献[60]提出了可分解耗散的定义, 且给出了基于可分解耗散的稳定性的条件, 但没有给出可分解耗散性的判断条件. 文献[61]研究了同时含有无源子系统和非无源子系统的离散时间切换非线性系统的无源性和反馈无源化问题, 但是没有考虑工作子系统和没工作的那些子系统之间的能量交换. 文献[62]给出了基于多 Lyapunov 函数的离散时间切换系统无源性定义, 通过设计控制器与切换律, 分别给出了状态、输出反馈无源化条件, 但是没有考虑系统的级联. 文献[39]和文献[51]分别给出了切换系统鲁棒无源性和有限时间无源性的定义与研究成果. 显然, 与完善的光滑系统耗散性理论体系的情形完全不同, 切换系统的耗散性理论还有很多问题有待研究和解决.

1.6 本书符号说明

在本书中，用符号 $\mathbf{R}$，$\mathbf{R}^+$ 与 $\mathbf{N}^+$ 表示全体实数、非负实数与非负整数组成的集合；$\mathbf{R}^n$ 表示 n 维欧氏空间；$\|\boldsymbol{x}\| = (\boldsymbol{x}^{\mathrm{T}}\boldsymbol{x})^{\frac{1}{2}}$ 表示欧氏范数；$\overline{E}$ 表示集合 $E \subset \mathbf{R}^n$ 的闭集；$\boldsymbol{I}_m$ 表示 m 阶单位矩阵；$\mathrm{diag}_m\{\cdots\}$ 表示 m 阶对称矩阵；$\boldsymbol{A} > 0$ 表示矩阵 $\boldsymbol{A}$ 为正定矩阵；$|\boldsymbol{A}|$ 表示矩阵 $\boldsymbol{A}$ 的行列式；A_{ij}^* 表示 a_{ij} 的代数余子式，其中 a_{ij} 为矩阵 $\boldsymbol{A}$ 中第 i 行与第 j 列的元素；$L_2[0, +\infty)$ 表示函数集合 $\{f(t): \int_0^{\infty} |f(t)|^2 \mathrm{d}t < \infty\}$；$\lambda_{\mathrm{M}}(P)(\lambda_{\mathrm{m}}(P))$ 分别表示矩阵 $\boldsymbol{P}$ 的最大(最小)特征值；当函数 $V(x) \in C^1[\mathbf{R}^n, \mathbf{R}]$ 时，$L_f V(x)$ 表示 $L_f V(x) = \dfrac{\partial V(x)}{\partial x} f(x)$；如果函数 α 连续，严格增加，$\alpha(0)=0$，且满足当 $r \to \infty$ 时，$\alpha(r) \to \infty$，则 $\alpha: [0, +\infty) \to [0, +\infty)$ 称为 κ_∞ 类函数；$\{k_n\}_{n=0}^{\infty}$ 表示当 $n \to \infty$ 时，有 $k_n \to \infty$，其中 k_n 为非负整数. 用 $L_1[0, \infty)$ 表示 $[0, \infty)$ 上 L_1 函数空间，即 $\mu = \mu(t) \in L_1[0, \infty)$，如果 $\int_0^{\infty} |\mu(t)| \mathrm{d}t < \infty$，设 $L_1^+[0, \infty)$ 是 $L_1[0, \infty)$ 的子集构成所有的非负函数.

第 2 章　非切换系统耗散性

2.1 引　言

耗散性是由 Willems 在 1972 年首次提出的，意在刻画系统的能量衰减，核心思想来源于很多物理实际系统. 概括地说，耗散性是指系统内部消耗的能量不超出外界对它供给的能量. 这一性质通过存储函数和供给率来描述. 除此之外，Wu 和 Desoer 开辟了另一条研究途径，他们发展了用输入输出算子理论来描述系统耗散性概念的方法. 耗散性包含很多种不同的性质，如果供给率根据实际情况或者实际需求选择不同的形式，便得到一些特殊的耗散性. 当供给率选取某些特殊形式时，得到了诸如无源性或者 L_2 增益等特殊的有意义的耗散性. 耗散性是非线性系统分析和设计的一个有力工具. 在耗散理论和无源理论发展的同时，基于耗散性和无源性的稳定性分析和镇定问题备受关注，出现了很多有价值的成果[63-69].

无源性是一个重要的系统性质，它是耗散性的特例. 它源于一些物理系统(如热动力系统、电力系统等)中的工程问题. 无源性概念最初由 Lur'e 和 Popov 引入控制理论中，后经 Yakubovich，Kalman，Deoser，Willems，Hill，Moylan 和 Byrnes 等人的研究，发展并形成了现在的无源性理论. 无源性是耗散理论中最常用的性质. 1973 年，Propv 通过研究超稳定性和绝对稳定性，讨论了无源系统的反馈性质，为后来基于无源性的镇定问题的研究开辟了道路. 1974 年，Moylan 将研究无源性理论的基于输入输出和基于状态空间的两种方法结合起来，得到了反馈镇定的结果[64]. 之后，Hill 和 Moylan 将 Willems 的成果推广到仿射非线性系统中. 1991 年，Byrnes 完整地得到了非线性系统实现反馈无源化的充要条件. 这一工作取得了非线性系统无源理论的又一重要结果. 至此，非线性系统的耗散理论和无源理论框架已经形成.

2.2 非线性系统耗散性

考虑非线性系统

$$\begin{aligned}\dot{\boldsymbol{x}} &= \boldsymbol{f}(\boldsymbol{x}) + \boldsymbol{g}(\boldsymbol{x})\boldsymbol{u},\\ \boldsymbol{y} &= \boldsymbol{h}(\boldsymbol{x}).\end{aligned} \tag{2.1}$$

其中, $\boldsymbol{x} \in \mathbf{R}^n$ 是系统状态, $\boldsymbol{u}$ 和 $\boldsymbol{y} \in \mathbf{R}^m$ 分别表示系统的输入和输出. $\boldsymbol{f}(\boldsymbol{x}): \mathbf{R}^n \to \mathbf{R}^m$, $\boldsymbol{g}(\boldsymbol{x}): \mathbf{R}^n \to \mathbf{R}^{n\times m}$, $\boldsymbol{h}(\boldsymbol{x}): \mathbf{R}^n \to \mathbf{R}^m$ 是连续的. 假设 $\boldsymbol{f}(\boldsymbol{0}) = \boldsymbol{0}$, 即原点 $\boldsymbol{x} = \boldsymbol{0}$ 是无控制系统($\boldsymbol{u} = \boldsymbol{0}$)的平衡点.

下面给出函数的正定性和半正定性的定义. 一个函数 $V(\boldsymbol{x}): \mathbf{R}^n \to \mathbf{R}$ 是正定的, 如果对任意 $\boldsymbol{x} \neq \boldsymbol{0}$, $V(\boldsymbol{x}) > 0$, 且 $V(\boldsymbol{0}) = 0$; 一个函数 $V(\boldsymbol{x}): \mathbf{R}^n \to \mathbf{R}$ 是半正定的, 如果对任意 $\boldsymbol{x} \neq \boldsymbol{0}$, $V(\boldsymbol{x}) \geqslant 0$, 且 $V(\boldsymbol{0}) = 0$.

定义 2.1[67] 如果存在一个半正定连续函数 $S(\boldsymbol{x}): \mathbf{R}^n \to \mathbf{R}$, 满足

$$S(\boldsymbol{x}(t)) - S(\boldsymbol{x}(t_0)) \leqslant \int_{t_0}^{t} r(\boldsymbol{u}, \boldsymbol{y})\mathrm{d}\tau, \ \forall t \geqslant t_0, \tag{2.2}$$

对于任意输入 $\boldsymbol{u}$ 成立, 那么系统(2.2)是耗散的. $S(\boldsymbol{x})$ 称为系统的存储函数, $r(\boldsymbol{u}, \boldsymbol{y})$ 称为供给率.

2.3 L_2 增益

考虑非线性系统

$$\begin{aligned}\dot{\boldsymbol{x}} &= \boldsymbol{a}(\boldsymbol{x}) + \boldsymbol{b}(\boldsymbol{x})\boldsymbol{\omega},\\ \boldsymbol{z} &= \boldsymbol{c}(\boldsymbol{x}) + \boldsymbol{d}(\boldsymbol{x})\boldsymbol{\omega}.\end{aligned} \tag{2.3}$$

其中, $\boldsymbol{x}(t) \in \mathbf{R}^n$ 与 $\boldsymbol{\omega}(t) \in \mathbf{R}^n$ 分别是系统状态与输入(包括扰动等), $z \in \mathbf{R}^S$ 是输出(包括目标向量或跟踪误差等). 设 $\boldsymbol{a}(\boldsymbol{0}) = \boldsymbol{0}$ 和 $\boldsymbol{c}(\boldsymbol{0}) = \boldsymbol{0}$.

定义 2.2[66] 对于给定的常数 $\gamma>0$, 称系统(2.3)具有从 $\boldsymbol{\omega}$ 到 z 的 L_2 增益为 γ, 如果对任意的 $\boldsymbol{\omega}(t) \in L^2[0, T]$, 初值 $\boldsymbol{x}(0) = \boldsymbol{0}$, $z \in \mathbf{R}^S$ 满足

$$\int_0^T z^{\mathrm{T}}(t)z(t)\,\mathrm{d}t \leqslant \gamma^2 \int_0^T \boldsymbol{\omega}^{\mathrm{T}}(t)\boldsymbol{\omega}(t)\,\mathrm{d}t, \ \forall T > 0.$$

下面给出系统(2.3)具有 L_2 增益 γ 的条件.

引理 2.1[66] 考虑系统(2.3), 设 γ 是一个正常数, $\boldsymbol{D}(\boldsymbol{x}) = \gamma^2 I - \boldsymbol{d}^{\mathrm{T}}(\boldsymbol{x})\boldsymbol{d}(\boldsymbol{x}) > 0$, 定义 Hamiltonian 函数

$$\boldsymbol{H}(\boldsymbol{x}, \boldsymbol{p}) = \boldsymbol{p}^{\mathrm{T}}\boldsymbol{a}(\boldsymbol{x}) + \frac{1}{2}\boldsymbol{c}^{\mathrm{T}}(\boldsymbol{x})\boldsymbol{c}(\boldsymbol{x}) + \frac{1}{2}\boldsymbol{l}^{\mathrm{T}}(\boldsymbol{x}, \boldsymbol{p})\boldsymbol{D}^{-1}(\boldsymbol{x})\boldsymbol{l}(\boldsymbol{x}, \boldsymbol{p}).$$

其中，$l(x, p) = b^{T}(x)p + d^{T}(x)c(x)$ ，$p^{T} \in \mathbf{R}^{n}$. 假设存在函数 $S(x) \in C^{1}[\mathbf{R}^{n}, \mathbf{R}^{+}]$，满足 $S(\mathbf{0}) = 0$，使 Hamilton-Jacobi 不等式 $H\left(x, \frac{\delta S(x)}{\partial x}\right) \leqslant 0$ 有解，则系统 (2.3) 从 ω 到 z 的 L_2 增益为 γ.

2.4 无源性

定义 2.3[67] 如果存在一个半正定连续函数 $S(x): \mathbf{R}^{n} \to \mathbf{R}$，满足

$$S(x(t)) - S(x(t_0)) \leqslant \int_{t_0}^{t} y^{T}u\,\mathrm{d}t, \ \forall t \geqslant t_0. \tag{2.4}$$

对于任意输入 u 成立，那么系统(2.1)是无源的. $S(x)$ 称为系统的存储函数.

如果存储函数 $S(x)$ 是可微的，那么式(2.4)等价于如下无源不等式

$$\dot{S} \leqslant y^{T}u, \ \forall u. \tag{2.5}$$

也有文献给出下面形式的定义.

定义 2.4[64] 系统(2.1)称为无源的，如果存在 C^{1} 函数 $V(x)$ 满足 $\alpha_1(\|x\|) \leqslant V(x) \leqslant \alpha_2(\|x\|)$. 其中 $\alpha_1(\cdot)$ 与 $\alpha_2(\cdot)$ 是 κ_{∞} 类函数，使对所有 $x \in \mathbf{R}^{n}$，$u \in \mathbf{R}^{r}$，不等式 $L_f V(x) + L_g V(x) u \leqslant h^{T}(x)u$ 成立，其中 $h(x) \in \mathbf{R}^{r}$. 系统(2.1)称为严格输出无源的；如果对所有 $x \in \mathbf{R}^{n}$，$u \in \mathbf{R}^{+}$，不等式 $L_f V(x) + L_g V(x) u \leqslant h^{T}(x)u - \rho h^{T}(x)h(x)$ 成立，其中 $\rho > 0$. 系统(2.1)称为严格无源的，如果存在正定函数 $Q(x)$，则 $L_f V(x) + L_g V(x) u \leqslant u^{T}h(x) - Q(x)$ 成立.

注 2.1 系统(2.1)是无源的充要条件是满足 KYP 定理，即 $L_f V(x) \leqslant 0$，$L_g V(x) = h^{T}(x)$.

无源性的概念是首先从电路系统中提炼出来的，大部分电路系统乃至很多实际系统都满足无源性，这使无源性在工程实践中具有广泛的应用. 下面给出一个无源系统的实例.

例 2.1 如图 2.1 所示的电路，为了描述系统的动态，将电压记为输入 u，通过电感 L 的电流和电容 C 两端的电压分别表示为状态变量 x_1 和 x_2. 系统状态方程可表示为

$$\begin{cases} \dot{x}_1 = \dfrac{1}{L}u - \dfrac{1}{L}x_2, \\ \dot{x}_2 = \dfrac{1}{C}x_1 - \dfrac{1}{RC}x_2. \end{cases} \tag{2.6}$$

如果电流 x_1 作为系统的输出，存储函数选择 $S(x) = Lx_1^2/2 + Cx_2^2/2$，那么存储函数沿系统的导数 $\dot{S} = x_1 u - x_2^2/R \leqslant yu$，这样就可以确定系统是无源的.

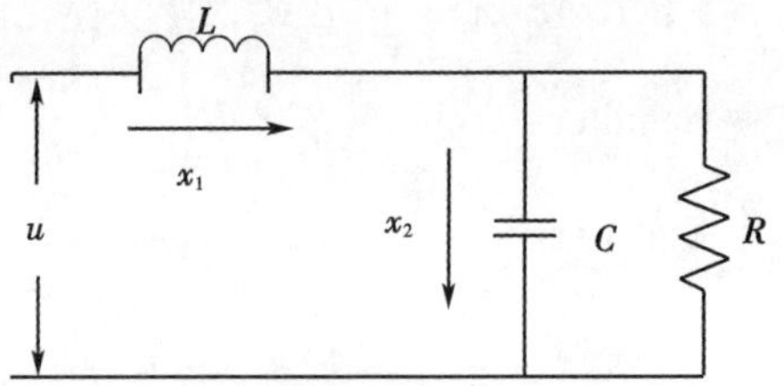

图 2.1　无源电路

给出无源性的定义后，自然地出现了关于无源性的相关研究. 主要集中在系统满足无源的条件以及怎样利用无源性来分析控制系统. 系统(2.1)满足无源性的充要条件是著名的 KYP 条件. 后来，Hill 研究了更具一般性的仿射系统，得到了拓广的 KYP 条件. 无源性的重要性主要体现在以下两方面. 首先，由无源性引导出的存储函数可以作为一个良好的备选 Lyapunov 函数，从而进行系统的稳定性分析和镇定等问题的研究. 其次，两个无源系统反馈互联后仍满足无源性，这是著名的无源定理，它对研究反馈互联大系统的性质具有重要的意义[69-70].

2.5　基于无源性的稳定性分析和镇定

无源性之所以重要，最主要的原因是无源性为系统稳定性分析和镇定问题研究提供了重要工具. 对于非线性系统，满足无源性且具有正定径向无界的存储函数，系统在控制输入为零时是稳定的. 此外，如果施加负输出反馈作为系统的控制，无源系统同样稳定. 如果系统满足零状态可检测条件，借助不变集原理，就能够得到渐近稳定结果. 可见，对无源系统施加适当的控制输入就能够得到系统的稳定性.

$$\begin{aligned} \dot{\boldsymbol{x}} &= \boldsymbol{f}(\boldsymbol{x}, \boldsymbol{u}), \\ \boldsymbol{y} &= \boldsymbol{h}(\boldsymbol{x}). \end{aligned} \tag{2.7}$$

定义 2.5　考虑系统(2.7)，对于系统 $\dot{\boldsymbol{x}} = \boldsymbol{f}(\boldsymbol{x}, \boldsymbol{0})$，如果除平凡解 $\boldsymbol{x}(t) = \boldsymbol{0}$ 外，其余的解都不能保持在集合 $\{\boldsymbol{x}: \boldsymbol{y} = \boldsymbol{h}(\boldsymbol{x})\}$ 内，那么称系统是零状态可观的.

引理 2.2[66]　考虑系统(2.7).

(1)对于一个径向无界的正定储能函数是无源的；

(2)是零状态可观的.

则原点 $\boldsymbol{x} = \boldsymbol{0}$ 在 $\boldsymbol{u} = -\boldsymbol{\varphi}(\boldsymbol{y})$ 下是全局渐近稳定的. 其中，对于所有的 $\boldsymbol{y} \neq \boldsymbol{0}$，$\boldsymbol{\varphi}$ 满足局部利普希茨函数，满足 $\boldsymbol{\varphi}(\boldsymbol{0}) = \boldsymbol{0}$ 及 $\boldsymbol{y}^{\mathrm{T}}\boldsymbol{\varphi}(\boldsymbol{y}) > 0$.

2.6 反馈无源化

既然无源性有这么良好的性能，学者很希望利用无源性来研究系统，然而，并不是所有系统都满足无源性. 但是，有些系统可以通过反馈等价地变换成一个无源系统. 系统满足什么条件才能反馈等价于一个无源系统自然成为一个重要的研究课题.

如果存在一个控制 $\boldsymbol{u}=\boldsymbol{\alpha}(\boldsymbol{x})+\boldsymbol{\beta}(\boldsymbol{x})\boldsymbol{v}$，使系统对于新的输入 $\boldsymbol{v}$ 和输出 $\boldsymbol{y}$ 满足无源不等式，那么称系统可以反馈等价于一个无源系统，又称为反馈无源化.

定义 2.6[67]　系统(2.1)称为反馈等价于一个无源系统或称反馈无源化，如果存在一个状态反馈 $\boldsymbol{u}(\boldsymbol{x})=\boldsymbol{\alpha}(\boldsymbol{x})+\boldsymbol{\beta}(\boldsymbol{x})\boldsymbol{v}$，使闭环系统

$$\begin{aligned}\dot{\boldsymbol{x}}&=\boldsymbol{f}(\boldsymbol{x})+\boldsymbol{g}(\boldsymbol{x})\boldsymbol{\alpha}(\boldsymbol{x})+\boldsymbol{g}(\boldsymbol{x})\boldsymbol{\beta}(\boldsymbol{x})\boldsymbol{v},\\ \boldsymbol{y}&=\boldsymbol{h}(\boldsymbol{x})\end{aligned}$$

从输入 $\boldsymbol{v}(\boldsymbol{x})$ 到输出 $\boldsymbol{y}$ 是无源的.

Byrnes 于 1991 年系统地研究了非线性系统的无源性以及反馈无源化问题，得出的核心结果是，系统能够反馈无源化的充要条件是系统相对阶为一且是弱最小相位的. 对于非切换系统，反馈无源化的理论已经相当完备.

考虑系统[67]

$$\dot{\boldsymbol{z}}=\boldsymbol{f}_a(\boldsymbol{z})+\boldsymbol{F}(\boldsymbol{z},\boldsymbol{y})\boldsymbol{y},\tag{2.8}$$

$$\dot{\boldsymbol{x}}=\boldsymbol{f}(\boldsymbol{x})+\boldsymbol{G}(\boldsymbol{x})\boldsymbol{u},\tag{2.9}$$

$$\boldsymbol{y}=\boldsymbol{h}(\boldsymbol{x}).\tag{2.10}$$

其中，$\boldsymbol{f}_a(\boldsymbol{0})=\boldsymbol{0}$，$\boldsymbol{f}(\boldsymbol{0})=\boldsymbol{0}$，$\boldsymbol{h}(\boldsymbol{0})=\boldsymbol{0}$；$\boldsymbol{f}_a$，$\boldsymbol{f}$，$\boldsymbol{F}$ 和 $\boldsymbol{G}$ 是局部利普希茨函数；$\boldsymbol{h}$ 是连续函数. 把整个系统看成驱动系统(2.9)和式(2.10)和被驱动系统(2.8)的级联. 假设表达式(2.9)和式(2.10)全局成立，驱动系统是无源系统，具有径向无界的正定存储函数 $V(\boldsymbol{x})$. 此外，$\dot{\boldsymbol{z}}=\boldsymbol{f}_a(\boldsymbol{z})$ 的原点是稳定的，并且已知 $\dot{\boldsymbol{z}}=\boldsymbol{f}_a(\boldsymbol{z})$，存在一个径向无界的李雅普诺夫函数 $W(\boldsymbol{z})$，满足

$$\frac{\partial W(\boldsymbol{z})}{\partial \boldsymbol{z}}\boldsymbol{f}_a\leqslant 0,\ \forall \boldsymbol{z}.$$

用 $U(\boldsymbol{z},\boldsymbol{x})=W(\boldsymbol{z})+V(\boldsymbol{x})$ 作为整个系统(2.8)~(2.10)的备选存储函数，可得

$$\begin{aligned}\dot{U}&=\boldsymbol{L}_{\boldsymbol{f}_a(\boldsymbol{z})}W(\boldsymbol{z})+\boldsymbol{L}_{\boldsymbol{F}(\boldsymbol{z},\boldsymbol{y})\boldsymbol{y}}W(\boldsymbol{z})+\boldsymbol{L}_{\boldsymbol{f}(\boldsymbol{x})}V(\boldsymbol{x})+\boldsymbol{L}_{\boldsymbol{G}(\boldsymbol{x})\boldsymbol{u}}V(\boldsymbol{z})\\ &\leqslant \boldsymbol{L}_{\boldsymbol{F}(\boldsymbol{z},\boldsymbol{y})\boldsymbol{y}}W(\boldsymbol{z})+\boldsymbol{y}^{\mathrm{T}}\boldsymbol{u}\\ &=\boldsymbol{y}^{\mathrm{T}}((\boldsymbol{L}_{\boldsymbol{F}(\boldsymbol{z},\boldsymbol{y})}W(\boldsymbol{z}))^{\mathrm{T}}+\boldsymbol{u})\end{aligned}\tag{2.11}$$

反馈控制为

$$\boldsymbol{u}=-\left(\boldsymbol{L}_{\boldsymbol{F}(z,\,\boldsymbol{y})}W(z)\right)^{\mathrm{T}}+\boldsymbol{v}.$$

可得

$$\dot{U}\leqslant\boldsymbol{y}^{\mathrm{T}}\boldsymbol{v}.$$

因此，系统

$$\dot{z}=\boldsymbol{f}_a(z)+\boldsymbol{F}(z,\,\boldsymbol{y})\boldsymbol{y},\tag{2.12}$$

$$\dot{\boldsymbol{x}}=\boldsymbol{f}(\boldsymbol{x})-\boldsymbol{G}(\boldsymbol{x})\left(\boldsymbol{L}_{\boldsymbol{F}(z,\,\boldsymbol{y})}W(z)\right)^{\mathrm{T}}+\boldsymbol{G}(\boldsymbol{x})\boldsymbol{v},\tag{2.13}$$

$$\boldsymbol{y}=\boldsymbol{h}(\boldsymbol{x})\tag{2.14}$$

是无源系统，其输入为 $\boldsymbol{v}$，输出为 $\boldsymbol{y}$，存储函数为 U. 如果系统(2.12)~(2.14)是零状态可观测的，那么可应用引理 2.1 使原点达到全局稳定.

如果把对 $W(z)$ 的假设加强为

$$\frac{\partial W(z)}{\partial z}\boldsymbol{f}_a<0,\ \forall z,\ \frac{\partial W(z)}{\partial z}(\boldsymbol{0})=0,\tag{2.15}$$

即 $\dot{z}=\boldsymbol{f}_a(z)$ 的原点是全局渐近稳定的，那么可免去检验整个系统(2.12)~(2.14)的零状态可观测性. 取

$$\boldsymbol{u}=-\left(\boldsymbol{L}_{\boldsymbol{F}(z,\,\boldsymbol{y})}W(z)\right)^{\mathrm{T}}-\boldsymbol{\varphi}(\boldsymbol{y}),\tag{2.16}$$

其中，$\boldsymbol{\varphi}(\boldsymbol{y})$ 是任意局部利普希茨函数，满足 $\boldsymbol{\varphi}(\boldsymbol{0})=\boldsymbol{0}$，且对于任意 $\boldsymbol{y}\neq\boldsymbol{0}$，有 $\boldsymbol{y}^{\mathrm{T}}\boldsymbol{\varphi}(\boldsymbol{y})>0$. 以 $U(z,\,\boldsymbol{x})$ 作为闭环系统的备选李雅普诺夫函数，可得

$$\dot{U}\leqslant\frac{\partial W(z)}{\partial z}\boldsymbol{f}_a(z)-\boldsymbol{y}^{\mathrm{T}}\boldsymbol{\varphi}(\boldsymbol{y})<0.$$

此外，$U(z,\,\boldsymbol{x})=0$ 表明 $z=\boldsymbol{0},\,\boldsymbol{y}=\boldsymbol{0}$，即 $\boldsymbol{u}=\boldsymbol{0}$. 如果驱动系统(2.8)~(2.10)是零状态可观测的，那么条件 $\boldsymbol{u}=\boldsymbol{0}$ 和 $\boldsymbol{y}=\boldsymbol{0}$ 就意味着 $\boldsymbol{x}(t)=\boldsymbol{0}$. 因此，由不变原理，原点($z=\boldsymbol{0},\,\boldsymbol{x}=\boldsymbol{0}$)是全局渐近稳定的. 通过上面的讨论可以总结出引理 2.3.

引理 2.3[67]　假设系统(2.8)~(2.10)是零状态可观测的，且为无源系统，具有径向无界的正定存储函数. 假设 $\dot{z}=\boldsymbol{f}_a(z)$ 的原点是全局渐近稳定的，且设 $W(z)$ 是满足式(2.15)的径向无界正定李雅普诺夫函数，则控制律(2.16)使原点($z=\boldsymbol{0},\,\boldsymbol{x}=\boldsymbol{0}$)全局稳定.

第 3 章　基于公共储能函数切换系统的耗散性

3.1 引　言

无源性是系统的一个重要特性，并且给系统的稳定性分析与镇定问题的求解提供了一种有效的方法. 随着对切换系统的研究日渐受到学者的广泛关注，切换系统的无源性乃至耗散性的研究也自然成为一个很有意义的课题. 目前已有少量研究结果. 文献[54]针对切换系统讨论了传统意义的无源性以及基于这种无源性的控制器设计，并得到了基于无源性的稳定结果. 文献[59]利用切换系统具有多个存储函数和多个供给率的特性，构建了针对切换系统的耗散理论框架. 文献[71]利用多存储函数和无源性，研究了切换系统的稳定性分析问题. 目前，有一些文章讨论了将切换系统的无源性理论推广到更多的控制问题的研究中，如文献[72]将无源性理论应用于切换系统的容错分析问题中. 文献[73]用切换的控制器和无源性研究混杂系统的镇定问题，并在此基础上，给出了系统无源的判别条件. 文献[74]提出了混杂系统的无源性概念，并用多 Lyapunov 函数方法研究混杂系统的无源性，同时阐述了无源性与稳定性之间的关系.

事实上，基于无源性的稳定性分析只是无源理论的一部分，无源性还有更广泛的应用，包括非切换系统和切换系统. 目前已有一些基于无源性的控制问题的讨论，如利用无源性研究容错问题，无源性在自适应控制问题中的应用，基于无源性的滑模控制问题，基于无源性的网络同步化问题以及在很多工程领域的应用等. 然而，切换非线性系统的无源性与基于无源性的控制应用还有很多问题有待研究和解决.

如前所述，无源性也是切换非线性系统的一个重要性质，并且是研究切换系统的一个很好的工具. 因此，确定一个切换系统在什么条件下满足无源性以及怎样才能使一个不满足无源性的切换系统反馈等价于一个无源的切换系统显得更有研究价值. 对于非切换系统，满足无源性的条件以及反馈无源化问题已有研究并得到了很完善的结论. 但是对于切换系统，迄今为止，研究反馈无源化的成果鲜少报道.

本章分别研究基于公共储能函数切换系统的耗散性与类存储函数的切换非线性系统的无源性. 首先, 考虑每个子系统都有公共的存储函数的情况, 讨论能够得到无源性的充分条件, 再给出无源性与稳定性的关系与镇定问题. 考虑切换系统具有类存储函数的情况, 利用非切换系统的反馈无源化理论, 结合切换系统自身的特点, 给出将一个切换系统的子系统转换成标准型的条件, 进而研究了一个切换系统反馈等价于一个无源的切换系统的条件. 最后, 将这一理论应用于研究切换级联系统的无源性分析及反馈无源化.

3.2 基于公共储能函数的耗散性

考虑一类具有 m 个子系统的切换控制系统[54]

$$\begin{aligned} \dot{\boldsymbol{x}} &= \boldsymbol{f}_{\sigma(t)}(\boldsymbol{x}) + \boldsymbol{g}_{\sigma(t)}(\boldsymbol{x})\boldsymbol{u}, \\ \boldsymbol{y} &= \boldsymbol{h}_{\sigma(t)}(\boldsymbol{x}). \end{aligned} \tag{3.1}$$

其中, $\boldsymbol{x}$, $\boldsymbol{u}$, $\boldsymbol{y}$ 分别为系统状态、输入、输出, $\boldsymbol{x}\in\mathbf{R}^n$, $\boldsymbol{u}$ 和 $\boldsymbol{y}\in\mathbf{R}^m$. $\boldsymbol{f}_i(\boldsymbol{x})$, $\boldsymbol{g}_i(\boldsymbol{x})$, $\boldsymbol{h}_i(\boldsymbol{x})$ $(i\in S=\{1, 2, \cdots, m\})$ 是分别从 $\mathbf{R}^n$ 到 $\mathbf{R}^n$、从 $\mathbf{R}^n$ 到 $\mathbf{R}^{n\times m}$ 和从 $\mathbf{R}^n$ 到 $\mathbf{R}^m$ 的映射. 同时, $\boldsymbol{f}_i(\boldsymbol{0})=\boldsymbol{0}$, $\boldsymbol{h}_i(\boldsymbol{0})=\boldsymbol{0}$. 此外, $\sigma(t)$: $[0, \infty)\to M$ 为切换规则, 它是一个分段常值函数, 可以是时间或状态的函数, 对 $\sigma(t)=i\in M$ 称作第 i 个子系统, 在这种情况下, 可认为第 i 个子系统是被激活的.

假设 3.1 对于所有的 i, $\boldsymbol{f}_i(\boldsymbol{x})$ 和 $\boldsymbol{g}_i(\boldsymbol{x})$ 连续, 且为关于 $\boldsymbol{x}$ 的局部利普希茨函数, $\boldsymbol{u}(t)$ 是 t 的可测函数.

假设 3.2 状态不会在切换瞬间跳转, 即解是连续的.

假设 3.3 对于每一个 $\boldsymbol{u}\in U$, U 是某允许输入集合, 对任意的 $\boldsymbol{x}^0\in\mathbf{R}^n$, 输出为 $\boldsymbol{y}(\phi(t, \boldsymbol{x}^0, \boldsymbol{u}))$, 则对每一个 $t\geqslant 0$, 满足 $\int_{t_0}^{t_1}\boldsymbol{u}^{\mathrm{T}}\boldsymbol{y}\mathrm{d}t<\infty$. 其中, X 为 $\mathbf{R}^n$ 中的连通子集, 且 $\boldsymbol{0}\in X$.

当每个子系统为线性时, 切换系统(3.1)成为

$$\begin{aligned} \boldsymbol{x}' &= \boldsymbol{A}_{\sigma(t)}\boldsymbol{x} + \boldsymbol{B}_{\sigma(t)}\boldsymbol{u}, \\ \boldsymbol{y} &= \boldsymbol{C}_{\sigma(t)}\boldsymbol{x}. \end{aligned} \tag{3.2}$$

其中, $\boldsymbol{x}\in\mathbf{R}^n$, $\boldsymbol{u}$ 和 $\boldsymbol{y}\in\mathbf{R}^m$.

3.2.1 切换系统的无源性

定义 3.1[54] 对于系统(3.1), 给定切换规则 $\sigma(t)$, 如果存在一个非负的函数 $S(\sigma(t), \boldsymbol{x})$, 满足 $S(\sigma(t), \boldsymbol{0})=0$, 称它在 $(0, \infty)\times\mathbf{R}^n$ 上是无源的, 如果

对所有的 $\boldsymbol{u}\in U$, $\boldsymbol{x}^0\in X$, 对所有 $t_1\leqslant t_2\in(0,\ \infty)$, 式(3.3)成立

$$S(\sigma(t_2),\ \boldsymbol{x}(t_2))-S(\sigma(t_1),\ \boldsymbol{x}(t_1))\leqslant\int_{t_1}^{t_2}\boldsymbol{u}^{\mathrm{T}}\boldsymbol{y}\mathrm{d}t. \tag{3.3}$$

其中, $\boldsymbol{x}(t)=\phi(t,\ \boldsymbol{x}^0,\ \boldsymbol{u})\in\mathbf{R}^n$ 是系统(3.1)的解, $S(\sigma(t),\ \boldsymbol{x})$被称作储能函数.

定义 3.2[54]　对于切换系统(3.1), 称为强无源的, 如果在$(0,\ \infty)\times\mathbf{R}^n$ 上对任意的切换规则 $\sigma(t)$, 式(3.3)成立.

3.2.2　无源性条件

引理 3.1[54]　对于切换系统(3.1), 满足 A1-A2 条件, 如果所有的子系统在$(0,\ \infty)\times\mathbf{R}^n$ 上是无源的且有一个公共的存储函数定义在 X 上, 则系统(3.1)在$(0,\ \infty)\times\mathbf{R}^n$ 上强无源.

推论 3.1　对于切换系统(3.1), 满足 A1-A2 条件, 如果在 $\mathbf{R}^n$ 上存在一个半正定函数 $S(\boldsymbol{x})$, 满足下面条件:

$$\boldsymbol{L}_{f_i}S(\boldsymbol{x})\leqslant 0,\ \boldsymbol{L}_{g_i}S(\boldsymbol{x})=\boldsymbol{h}_i^{\mathrm{T}}(\boldsymbol{x})\ \ (i=1,\ 2,\ \cdots,\ m),$$

则切换系统(3.1)是全局强无源性的, 其中 $S(\boldsymbol{x})$为储能函数.

可见, 推论 3.1 提供了一种求解公共存储函数的方法, 需要解一族偏微分方程和不等式, 一般情况下是非常困难的, 可是, 对于切换线性系统, 求解一个公共储能函数就是求解一族矩阵不等式, 相对来说更容易些.

推论 3.2　对于切换系统(3.2), 若满足给出 A1-A2 的假设, 如果存在一个矩阵 $\boldsymbol{P}$ 满足

$$\boldsymbol{P}\boldsymbol{A}_i+\boldsymbol{A}_i^{\mathrm{T}}\boldsymbol{P}\leqslant 0,\ \boldsymbol{B}_i^{\mathrm{T}}\boldsymbol{P}=\boldsymbol{C}_i\quad(i=1,\ 2,\ \cdots,\ m),$$

则切换系统(3.2)是强无源的, 其中存储函数为 $S(\boldsymbol{x})=\boldsymbol{x}^{\mathrm{T}}\boldsymbol{P}x$.

3.2.3　Lyapunov 稳定性之间的关系

对于非切换系统而言, 无源性与李雅普诺夫稳定性的关系已经很好地建立起来了. 下面考虑切换系统无源与稳定性的关系.

定义 3.3　$S(\sigma(t),\ \boldsymbol{x})$满足 $S(\sigma(t),\ \boldsymbol{0})=0$, 称作正定的, 如果 $S(\sigma(t),\ \boldsymbol{x})>0$ 对任何 $t\geqslant 0$ 和 $\boldsymbol{x}\neq\boldsymbol{0}$ 都成立.

定义 3.4　$S(\sigma(t),\ \boldsymbol{x})$满足 $S(\sigma(t),\ \boldsymbol{0})=0$, 称作径向无界的, 如果 $\boldsymbol{x}$ 有界, 则 $S(\sigma(t),\ \boldsymbol{x})$也有界.

定义 3.5　$S(\sigma(t),\ \boldsymbol{x})$满足 $S(\sigma(t),\ \boldsymbol{0})=0$, 称作半正定, 如果 $S(\sigma(t),\ \boldsymbol{x})\geqslant 0$ 对任意的 $t\geqslant 0$ 和 $\boldsymbol{x}\neq\boldsymbol{0}$ 成立.

对于具有正定储能函数无源的切换系统, 有以下结果.

引理 3.2[54]　设系统(3.1)是无源的, 储能函数 $S(\sigma(t),\ \boldsymbol{x})$关于 $\boldsymbol{x}$ 是正定的, 则当 $\boldsymbol{u}=\boldsymbol{0}$ 时, $\boldsymbol{x}=\boldsymbol{0}$ 是李雅普诺夫稳定的. 当 $S(\sigma(t),\ \boldsymbol{x})$是径向无界时,

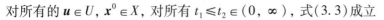

$\boldsymbol{x}=\mathbf{0}$是全局稳定.

证明 由无源定义得到，当$\boldsymbol{u}=\mathbf{0}$时，沿着系统轨迹$\boldsymbol{x}(t)$储能函数$S(\sigma(t), \boldsymbol{x}(t))$是递减的，与非切换系统证明方法相类似.

由定义 3.5 可知$S(\sigma(t), \boldsymbol{x}(t))$是有界的. 当$S(\sigma(t), \boldsymbol{x}(t))$是径向无界的时，解$\boldsymbol{x}(t)$是有界的. 这证明了当$\boldsymbol{u}=\mathbf{0}$解$\boldsymbol{x}=\mathbf{0}$的全局稳定性.

下面是引理 3.2 的一个直接推论.

推论 3.3 设切换系统(3.2)满足假设 A1-A2，如果它是无源的且存储函数$S(\boldsymbol{x})=\boldsymbol{x}^{\mathrm{T}}\boldsymbol{P}\boldsymbol{x}$，其中$\boldsymbol{P}$是正定矩阵，则切换系统(3.2)全局稳定的.

下面将建立一个带有半正定存储函数的无源性与李雅普诺夫稳定性的关系. 为了考虑该问题，给出定义 3.6.

定义 3.6 当$\boldsymbol{u}=\mathbf{0}$时，切换系统(3.1)成为下面系统：

$$\begin{aligned} \boldsymbol{x}' &= \boldsymbol{f}_{\sigma(t)}(\boldsymbol{x}), \\ \boldsymbol{y} &= \boldsymbol{h}_{\sigma(t)}(\boldsymbol{x}). \end{aligned}$$

设$Z\subset\mathbf{R}^n$为包含在$\bigcap_{i=1}^{m}\{\boldsymbol{x}\in\mathbf{R}^n \mid \boldsymbol{y}=\boldsymbol{h}_i(\boldsymbol{x})=\mathbf{0}\}$的最大正不变集. 如果在集合$Z$中的解渐近趋近于稳$\boldsymbol{x}=\mathbf{0}$，那么称系统为相对于$Z$零状态可检测的. 如果$Z=\{\mathbf{0}\}$，那么称为零状态可观测的.

切换系统(3.1)只在$[0, \infty)$上的定义，为了证明结果，需要作出这样的系统，当$t=0$开始进行，初始条件$\boldsymbol{x}_0$开始向后逆时间演化.

$$\begin{aligned} \boldsymbol{x}' &= \boldsymbol{f}_{\sigma(t)}(\boldsymbol{x})+\boldsymbol{g}_{\sigma(t)}(\boldsymbol{x})\boldsymbol{u}, \\ \boldsymbol{y} &= \boldsymbol{h}_{\sigma(t)}(\boldsymbol{x}). \end{aligned}$$

其中，$\boldsymbol{x}\in\mathbf{R}^n$，$\boldsymbol{u}$和$\boldsymbol{y}\in\mathbf{R}^m$，$t\leqslant 0$，对$t\leqslant 0$的切换规则$\sigma(t)$被定义和$t\geqslant 0$对$\sigma(t)$是一样的，如$\sigma(t)$只取决于$t$，将定义$\sigma(t)=\sigma(-t)$对所有的$t<0$成立，如果对$t\geqslant 0$，$\sigma(t)=\sigma(\boldsymbol{x}(t))$，定义$\sigma(t)=\sigma(\boldsymbol{x}(-t_1))$，如果$\boldsymbol{x}(t)=\boldsymbol{x}(-t_1)$，当$t$，$t_1<0$.

利用引理 3.2 证明中的技巧，可以证明引理 3.3. 对于具有半正定储能函数无源的切换系统，有以下结果.

引理 3.3 设切换系统(3.1)是满足 A1-A2 的无源系统. 储能函数$S(\sigma(t), \boldsymbol{x})$为半正定且对$\boldsymbol{x}$是连续的，同时满足$S(\sigma(t), \mathbf{0})=0$. 假设对任意轨迹$\boldsymbol{x}(t)$，$S(\sigma(t), \boldsymbol{x})$减少. 设$Z$为包含在$\{\boldsymbol{x} \mid S(\sigma(t), \boldsymbol{x})=0\}$中的最大正不变集. 如果切换系统(3.1)是相对于Z零状态可检测的，那么当$\boldsymbol{u}=\mathbf{0}$时，切换系统(3.1)的解$\boldsymbol{x}=\mathbf{0}$是稳定的.

注 3.1 将经典非线性系统结果推广到弱条件下的切换系统，在引理 3.3 中$S(\sigma(t), \boldsymbol{x})$只需要与$\boldsymbol{x}$有关，沿着所有的轨迹递减. 由于这些较弱的需求，上述结果可以用来分析一类具有半正定储能函数的无源性与稳定性关系.

引理 3.4 设切换系统(3.1)满足 A1-A2 条件. 假设它是无源的，其中储能

函数 $S(\sigma(t), \boldsymbol{x})$ 是连续的、对 $\boldsymbol{x}$ 仅半正定的. 如果系统(3.1)是相对于 Z 零状态可检测的且 $\{\boldsymbol{x} \mid S(\sigma(t), \boldsymbol{x})=0\} \subset \bigcap_{i=1}^{M}\{\boldsymbol{x} \in \mathbf{R}^n \mid \boldsymbol{y}=\boldsymbol{h}_i(\boldsymbol{x})=\mathbf{0}\}$，那么当 $\boldsymbol{u}=\mathbf{0}$ 时，切换系统(3.1)的解 $\boldsymbol{x}=\mathbf{0}$ 是稳定的.

证明　由于切换系统(3.1)是无源的，当 $\boldsymbol{u}=\mathbf{0}$ 时，$S(\sigma(t), \boldsymbol{x})$ 沿着轨迹减小. Z 为包含在 $\{\boldsymbol{x} \mid S(\sigma(t), \boldsymbol{x})=0\}$ 里的最大不变集. 因为系统(3.1)是相对于 Z 零状态可检测的且 $\{\boldsymbol{x} \mid S(\sigma(t), \boldsymbol{x})=0\} \subset \bigcap_{i=1}^{M}\{\boldsymbol{x} \in \mathbf{R}^n \mid \boldsymbol{y}=\boldsymbol{h}_i(x)=\mathbf{0}\}$，当 $\boldsymbol{u}=\mathbf{0}$ 时，切换系统(3.1)是渐近稳定的. 现在，引理 3.3 的所有条件都满足，得证.

3.2.4　基于无源性的镇定

本节将采用基于无源性的控制器设计的优点，可以获得更强的稳定结果. 对于具有正定存储功能的切换系统，可以得到引理 3.5.

引理 3.5[54]　设切换系统(3.1)是满足 A1-A2 的无源系统，假设是相对于 Z 零状态可检测的及其存储函数 $S(\sigma(t), \boldsymbol{x})=S(\boldsymbol{x})$ 是正定且连续的，满足 $S(\mathbf{0})=0$. 设 $\boldsymbol{\phi}(\boldsymbol{y})$ 是一个连续的向量函数，使 $\boldsymbol{\phi}(\mathbf{0})=\mathbf{0}$，对于每一个非零的 $\boldsymbol{y}$，$\boldsymbol{y}^{\mathrm{T}}\boldsymbol{\phi}(\boldsymbol{y})>0$

设计控制器

$$\boldsymbol{u}=-\boldsymbol{\phi}(\boldsymbol{y}),$$

则闭环的解 $\boldsymbol{x}=\mathbf{0}$ 是渐近稳定的. 此外，如果 $S(\boldsymbol{x})$ 也是径向无界的，那么它也是全局渐近稳定的.

证明　为了证明切换系统(3.1)闭环的解 $\boldsymbol{x}=\mathbf{0}$ 是渐近稳定的，需要证明它既稳定又有吸引力. 稳定性已经证明，下面要证明解 $\boldsymbol{x}=\mathbf{0}$ 是有吸引力的.

因为解 $\boldsymbol{x}=\mathbf{0}$ 是稳定的，对任意小的 $\varepsilon_0=0$，存在一个正数 $\delta_0>0$，当 $\|\boldsymbol{x}_0\|<\delta_0$，所有的解 $\boldsymbol{x}(t, \boldsymbol{x}_0)$ 有界. 对 $\|\boldsymbol{x}_0\|<\delta_0$，设 $\boldsymbol{x}(t, \boldsymbol{x}_0)$ 成为其对应的解. 如果令 s_{limit} 表示它的 ω 极限集. 现在证明 s_{limit} 对 $\boldsymbol{x}(t, \boldsymbol{x}_0)$ 和 $\|\boldsymbol{x}_0\|<\delta_0$ 是非空的、紧的和不变的，

如果 $\|\boldsymbol{x}_0\|<\delta_0$，那么 $\boldsymbol{x}(t, \boldsymbol{x}_0)$ 是有界的，因此，s_{limit} 是非空的且有界的，从 s_{limit} 的定义来说，可以很容易地证明它是闭的，也可证明它是紧的.

在 A1-A2 的假设下，可以得出结论：对于每个初始条件都存在唯一解，并且该解对于初始条件具有连续性. 让 $\bar{\boldsymbol{x}}$ 为 s_{limit} 的点，假设通过 $\bar{\boldsymbol{x}}$ 的解为 $\bar{\boldsymbol{x}}(t, \bar{\boldsymbol{x}})$. 由定义，存在一个递增的无界序列 $\{t_n\}_0^{\infty}$，使 $\lim_{n\to\infty}\boldsymbol{x}(t_n, \boldsymbol{x}_0)=\bar{\boldsymbol{x}}$. 根据连续性，得到对所有的 t 有 $\lim_{n\to\infty}\boldsymbol{x}(t, \boldsymbol{x}(t_n, \boldsymbol{x}_0))=\boldsymbol{x}(t, \bar{\boldsymbol{x}})$. 由解的唯一性，得到 $\bar{\boldsymbol{x}}(t, \bar{\boldsymbol{x}})=\boldsymbol{x}(t, \bar{\boldsymbol{x}})$. 再由解的唯一性，有 $\boldsymbol{x}(t, \boldsymbol{x}(t_n, \boldsymbol{x}_0))=\boldsymbol{x}(t+t_n, \boldsymbol{x}_0)$ 对所有的 t，这意味着 $\boldsymbol{x}(t, \bar{\boldsymbol{x}})$ 属于 s_{limit}，意味着 $\bar{\boldsymbol{x}}(\boldsymbol{x}, \bar{\boldsymbol{x}})$ 属于 s_{limit} 对所有的 t，这证明 s_{limit} 是不变的.

因为对所有的解 $\boldsymbol{x}(t, \boldsymbol{x}_0)$ 在 $\|\boldsymbol{x}_0\|<\delta_0$, $S(\boldsymbol{x}(t))$ 是递减且非负的, 有 $\lim_{t\to\infty} S(\boldsymbol{x}(t))=a(\boldsymbol{x}_0)\geqslant 0$, 这里 $a(\boldsymbol{x}_0)$ 是一个常数.

对于任意的 $\bar{\boldsymbol{x}}\in s_{\text{limit}}$, 已经证明了 $\bar{\boldsymbol{x}}(t, \bar{\boldsymbol{x}})\in s_{\text{limit}}$. 因此, $S(\bar{\boldsymbol{x}}(t, \bar{\boldsymbol{x}}))=a(\boldsymbol{x}_0)$ 对所有的 t. 利用无源性有式(3.4)成立

$$0=S(\bar{\boldsymbol{x}}(t, \bar{\boldsymbol{x}}))-S(\bar{\boldsymbol{x}})\leqslant -\int_0^t \boldsymbol{y}^{\mathrm{T}}(s)\boldsymbol{\phi}(\boldsymbol{y}(s))\mathrm{d}s\leqslant 0. \tag{3.4}$$

因为 $\bar{\boldsymbol{x}}(t, \bar{\boldsymbol{x}})$ 是连续的. $\boldsymbol{y}(t)$ 是分段连续的. 由式(3.4)可知, $\boldsymbol{y}(t)=\boldsymbol{0}$ 对所有的 $t>0$. 由相对于 Z 零状态可检测的, 可得 $\lim_{t\to\infty}\bar{\boldsymbol{x}}(t, \bar{\boldsymbol{x}})=\boldsymbol{0}$. 因此 $a(\boldsymbol{x}_0)=0$, 这意味 $\lim_{t\to\infty} S(\boldsymbol{x}(t))=a(\boldsymbol{x}_0)=0$, 可得 $\lim_{t\to\infty}\boldsymbol{x}(t)=\boldsymbol{0}$.

已经证明 $\lim_{t\to\infty}\boldsymbol{x}(t, \boldsymbol{x}_0)=\boldsymbol{0}$, 任意的 $\|\boldsymbol{x}_0\|<\delta_0$, 也就是说, 证明了解 $\boldsymbol{x}=\boldsymbol{0}$ 是有吸引力的. 因此解是渐近稳定的.

因为 $S(\boldsymbol{x})$ 是径向无界的, $S(\boldsymbol{x}(t))$ 的有界性意味着所有函数 $\boldsymbol{x}(t)$ 的有界性, 这证明了解 $\boldsymbol{x}=\boldsymbol{0}$ 是全局渐近稳定的.

注 3.2 与 3.2.3 节的稳定性结果进行比较, 得到一个渐近稳定性结果. 这表明, 对于被动系统, 可以从控制器设计中作出调整. 条件 $S(\sigma(t), \boldsymbol{x})=S(\boldsymbol{x})$ 有一些限制, 虽然一般无源系统的渐近稳定性还没有被证明, 但仍然得到引理 3.6.

引理 3.6[54] 对于切换系统(3.1)满足 A1-A2, 它的存储函数 $S(\sigma(t), \boldsymbol{x})$ 和 $S(\sigma(t), \boldsymbol{x})=0$ 是正定的且连续的. 令 $\boldsymbol{\phi}(\boldsymbol{y})$ 为一个连续的向量函数, 使 $\boldsymbol{\phi}(\boldsymbol{0})=\boldsymbol{0}$, 对于每一个非零的 $\boldsymbol{y}$, 有 $\boldsymbol{y}^{\mathrm{T}}\boldsymbol{\phi}(\boldsymbol{y})>0$. 如果控制率选择 $\boldsymbol{u}=-\boldsymbol{\phi}(\boldsymbol{y})$, 则闭环系统是稳定的. 同时, 有 $\lim_{t\to\infty}\boldsymbol{y}(t)=\boldsymbol{0}$, 即实现了输出调节.

证明 稳定性的证明已经在引理 3.4 中给出, 沿着初始状态为 $\boldsymbol{x}(0)$ 的轨迹 $\boldsymbol{x}(t)$, 根据无源性, 有 $S(t)=S(\sigma(t), \boldsymbol{x}(t))$ 是递减和有界的且式(3.5)成立:

$$S(t)-S(0)\leqslant -\int_0^t \boldsymbol{y}^{\mathrm{T}}(s)\boldsymbol{\phi}(\boldsymbol{y}(s))\mathrm{d}s\leqslant 0.$$

因此, 有

$$0\leqslant \int_0^{\infty} \boldsymbol{y}^{\mathrm{T}}(s)\boldsymbol{\phi}(\boldsymbol{y}(s))\mathrm{d}s<\infty. \tag{3.5}$$

$\boldsymbol{y}(t)$ 是分段连续的且 $\boldsymbol{y}^{\mathrm{T}}\boldsymbol{\phi}(\boldsymbol{y})>0$, 由式(3.5)可知 $\lim_{t\to\infty}\boldsymbol{y}(t)=\boldsymbol{0}$, 引理得证.

从引理 3.5 得到下面的结果.

推论 3.4 对于式(3.2)满足假设 A1-A2, 假设它是相对于 Z 零状态可检测的. 如果它是无源的, 存储函数 $S(\boldsymbol{x})=\boldsymbol{x}^{\mathrm{T}}\boldsymbol{P}\boldsymbol{x}$. 其中, $\boldsymbol{P}$ 为正定矩阵, 选择控制律 $\boldsymbol{u}=-k\boldsymbol{y}$, 则解 $\boldsymbol{x}=\boldsymbol{0}$ 是全局渐近稳定的.

引理 3.7[54] 考虑通过式(3.1)满足 A1-A2, 假设它是无源的, 且存储函

数 $S(\sigma(t), \boldsymbol{x})=S(\boldsymbol{x})$ 是连续的并且半正定. 令 $\boldsymbol{\phi}(\boldsymbol{y})$ 为任意连续函数, 令 $\boldsymbol{\phi}(\boldsymbol{0})=\boldsymbol{0}$, 对每一个 $\boldsymbol{y}\neq\boldsymbol{0}$, 有 $\boldsymbol{y}^{\mathrm{T}}\boldsymbol{\phi}(\boldsymbol{y})>0$. 如果相对于 Z 零状态可检测的且 $\{\boldsymbol{x}\mid S(\boldsymbol{x})=0\}\subset\bigcap_{i=1}^{M}\{\boldsymbol{x}\in\mathbf{R}^n\mid \boldsymbol{y}=\boldsymbol{h}_i(\boldsymbol{x})=\boldsymbol{0}\}$, 则当 $\boldsymbol{u}=-\boldsymbol{\phi}(\boldsymbol{y})$ 时, 解 $\boldsymbol{x}=\boldsymbol{0}$ 是渐近稳定的.

下面通过仿真验证基于无源性的控制器的有效性.

例 3.1　考虑下面的切换系统

$$\boldsymbol{x}'=\boldsymbol{f}_{\sigma(t)}(\boldsymbol{x})+\boldsymbol{g}_{\sigma(t)}u,$$
$$y=x_2.$$

切换律为

$$\sigma(t)=1,\ t\in[2kT,(2k+1)T];$$
$$\sigma(t)=2,\ t\in[(2k+1)T,(2k+2)T].$$

其中,

$$K=0,1,2,\cdots;\ T=0.01;$$
$$\boldsymbol{f}_1(\boldsymbol{x})=\begin{bmatrix}x_1^2x_2\\0\end{bmatrix};\ \boldsymbol{g}_1=\begin{bmatrix}0\\1\end{bmatrix};$$
$$\boldsymbol{f}_2(\boldsymbol{x})=\begin{bmatrix}-x_1^3+x_2\\x_1\end{bmatrix};\ \boldsymbol{g}_2=\begin{bmatrix}0\\1\end{bmatrix}.$$

设计控制器

$$u=-x_1^3-\phi(y),\ \sigma(t)=1,$$
$$u=-2x_1-\phi(y),\ \sigma(t)=2.$$

其中, $\phi(y)=2y$[71-73].

3.3　基于类储能函数的耗散性

由于切换系统中带有切换信号, 对切换系统的无源性定义有别于非切换系统. 一个切换系统的存储函数也许是一个共同的存储函数, 也许是由多个存储函数和切换律构成的分段函数. 通常, 对于所有子系统, 找到一个共同的存储函数是很困难的, 但是每个子系统都有相应的存储函数. 本节将用多存储函数方法研究切换系统的无源性[71-73].

定义 3.7[73]　考虑在一个给定的切换信号 $\sigma(t)$ 下的切换系统(3.1), 如果存在正半定函数 $S(\sigma,\boldsymbol{x})$ 且 $S(\sigma,\boldsymbol{0})=0$, 满足下列不等式

$$S(\sigma(t),\boldsymbol{x}(t))-S(\sigma(s),\boldsymbol{x}(s))\leqslant\int_s^t\boldsymbol{h}_\sigma^{\mathrm{T}}(\boldsymbol{x}(\tau))\boldsymbol{u}_\sigma(\tau)\mathrm{d}\tau,$$
$$\forall\boldsymbol{u}_\sigma,\ 0\leqslant s\leqslant t<\infty.$$

那么系统(3.1)在$[0,+\infty)\times\mathbf{R}^n$上是无源的. 正半定函数$S(\sigma, \boldsymbol{x})$称为存储函数，此不等式称为无源不等式.

一个切换系统的存储函数也许是一个共同的存储函数，也许是由多个存储函数和切换律构成的分段函数. 通常,对于所有子系统找到一个共同的存储函数是很困难的，但是每个子系统都有相应的存储函数.

定义 3.8[73] 令S_i，$i\in\{1,\cdots,M\}$为一个半正定函数，如果不等式(3.6)成立

$$S_{i_k}(\boldsymbol{x}(t))-S_{i_k}(\boldsymbol{x}(s))\leqslant\int_s^t\boldsymbol{h}_i^{\mathrm{T}}(\boldsymbol{x}(\tau))\boldsymbol{u}_i(\tau)\mathrm{d}\tau$$
$$(\forall\boldsymbol{u}_i;\ k=0,1,2,\cdots;\ t_k\leqslant s\leqslant t\leqslant t_{k+1}),\tag{3.6}$$

函数S_i称为第i个子系统的类储能函数.

定义 3.8 表明，在第i个子系统被激活时相应的无源不等式成立. 显然，这个定义与传统无源性的定义相比较弱. 如果被激活时间为整个时间域，那么类存储函数就是传统的存储函数.

3.3.1 无源性分析

本节将利用多存储函数研究满足切换非线性系统的无源性的充分条件.

引理 3.8[73] 假设存在半正定光滑函数$S_i(\boldsymbol{x})$和函数$\lambda_{ij}(\boldsymbol{x})\geqslant 0$，其中$i$，$j\in\{1,\cdots,M\}$，满足式(3.7)

$$\boldsymbol{L}_{\boldsymbol{f}_i(\boldsymbol{x})}S_i(\boldsymbol{x})+\boldsymbol{L}_{\boldsymbol{g}_i(\boldsymbol{x})}S_i(\boldsymbol{x})\boldsymbol{u}_i-\boldsymbol{h}_i^{\mathrm{T}}(\boldsymbol{x})\boldsymbol{u}_i+\sum_{j=1}^{M}\lambda_{ij}(\boldsymbol{x})(S_i(\boldsymbol{x})-S_j(\boldsymbol{x}))\leqslant 0$$
$$(\forall\boldsymbol{u}_i,\ i\in\{1,\cdots,M\}),\tag{3.7}$$

其中，$\boldsymbol{L}_{\boldsymbol{f}_i(\boldsymbol{x})}S_i(\boldsymbol{x})=\dfrac{\partial S_i(\boldsymbol{x})}{\partial\boldsymbol{x}}\boldsymbol{f}_i(\boldsymbol{x})$是函数$S_i(\boldsymbol{x})$沿向量场$\boldsymbol{f}_i(\boldsymbol{x})$的李导数，那么系统在某一切换信号下是无源的.

证明 当$S_i(\boldsymbol{x})\geqslant S_j(\boldsymbol{x})$，$\forall j$成立时，从式(3.7)可得

$$\boldsymbol{L}_{\boldsymbol{f}_i(\boldsymbol{x})}S_i(\boldsymbol{x})+\boldsymbol{L}_{\boldsymbol{g}_i(\boldsymbol{x})}S_i(\boldsymbol{x})\boldsymbol{u}_i-\boldsymbol{h}_i^{\mathrm{T}}(\boldsymbol{x})\boldsymbol{u}_i\leqslant 0,\ \forall\boldsymbol{u}_i\tag{3.8}$$

那么对于所有$\boldsymbol{x}$成立

$$\boldsymbol{L}_{\boldsymbol{g}_i(\boldsymbol{x})}S_i(\boldsymbol{x})=\boldsymbol{h}_i^{\mathrm{T}}(\boldsymbol{x}).\tag{3.9}$$

因此

$$\boldsymbol{L}_{\boldsymbol{f}_i(\boldsymbol{x})}S_i(\boldsymbol{x})+\sum_{j=1}^{M}\lambda_{ij}(\boldsymbol{x})(S_i(\boldsymbol{x})-S_j(\boldsymbol{x}))\leqslant 0,\tag{3.10}$$

$$(\boldsymbol{L}_{\boldsymbol{g}_i(\boldsymbol{x})}S_i(\boldsymbol{x})-\boldsymbol{h}_i^{\mathrm{T}}(\boldsymbol{x}))\max\{0,\min_j\{S_i(\boldsymbol{x})-S_j(\boldsymbol{x})\}\}=0.\tag{3.11}$$

如果选择切换信号为

$$\sigma=\sigma(\boldsymbol{x})=\min\{i\mid i=\arg\max_{i\in\{1,\cdots,M\}}S_i(\boldsymbol{x})\}.\tag{3.12}$$

那么

$$\begin{aligned}\dot{S}_{\sigma}(\boldsymbol{x})&=\boldsymbol{L}_{f_{\sigma}(\boldsymbol{x})}S_{\sigma}(\boldsymbol{x})+\boldsymbol{L}_{g_{\sigma}(\boldsymbol{x})}S_{\sigma}(\boldsymbol{x})\boldsymbol{u}_{\sigma}\\&\leqslant\boldsymbol{h}_{\sigma}^{\mathrm{T}}(\boldsymbol{x})\boldsymbol{u}_{\sigma}\end{aligned}\tag{3.13}$$

根据式(3.12)和式(3.13)，存储函数 $S_{\sigma}(\boldsymbol{x})$ 是连续的. 因此，无源不等式成立且系统(3.1)是无源的.

注 3.3　在引理 3.8 中，无源性是基于文献[73]中针对切换系统给出的无源性. 文献[73]假设所有的子系统存在一个共同的存储函数，且每个子系统在整个时间域上满足传统的无源性不等式，从而得到切换系统的无源性结果. 事实上，共同的存储函数可能不存在或者并不容易找出. 然而，每个子系统都有相应的存储函数. 引理 3.1 就是利用每个子系统的存储函数来研究切换系统的无源性，并且不需要假设所有的子系统都满足传统意义的无源性. 因此，引理 3.8 所给出切换非线性系统满足无源性的充分条件较文献[73]的结果更宽松且更符合实际.

3.3.2　反馈无源化

3.3.1 节研究了切换系统满足无源性的条件，但有不少系统本身不是无源的，却有可能经过反馈转换成为无源系统，从而可以利用无源性对系统进行分析和控制设计，以得到稳定性或者其他结果，这一问题又称为反馈无源化，是一个十分重要的问题. 对于非切换系统，已有较为完善的反馈无源化方面的结果[72-73]；对于切换系统，尚未见到关于反馈无源化结果的报道. 本节将讨论怎样能够利用多存储函数，使一个切换系统经过反馈等价于无源的切换系统，即切换系统的反馈无源化.

考虑非线性系统

$$\begin{aligned}&\dot{\boldsymbol{x}}=\boldsymbol{f}(\boldsymbol{x})+\boldsymbol{g}(\boldsymbol{x})\boldsymbol{u},\ \boldsymbol{x}\in X,\ \boldsymbol{u}\in\mathbf{R}^{m},\\&\boldsymbol{y}=\boldsymbol{h}(\boldsymbol{x}),\ y\in\mathbf{R}^{m}.\end{aligned}\tag{3.14}$$

如果系统(3.14)满足文献[65]中的条件，那么它可以转换为如下标准型

$$\begin{aligned}&\dot{z}=\boldsymbol{q}(z,\ \boldsymbol{y}),\\&\dot{\boldsymbol{y}}=\boldsymbol{b}(z,\ \boldsymbol{y})+\boldsymbol{a}(z,\ \boldsymbol{y})\boldsymbol{u}.\end{aligned}\tag{3.15}$$

如果 $\operatorname{rank}\{\boldsymbol{L}_{g}\boldsymbol{h}(\boldsymbol{x})\}$ 在 $\boldsymbol{x}_0$ 的邻域内是常数，那么称 $\boldsymbol{x}_0$ 是系统(3.14)的一个正则点.

引理 3.9[73]　假设 $\boldsymbol{x}_0$ 是系统(3.14)的正则点. 系统(3.14)能局部反馈等价于一个无源系统，且存在正定存储函数 V，仅当系统(3.14)在 $\boldsymbol{x}_0$ 点相对阶为 $\{1,\ \cdots,\ 1\}$，且是弱最小相位.

下面研究切换非线性系统的反馈无源化问题. 考虑如下所示的一类切换非线性系统

$$\dot{\boldsymbol{x}}=\boldsymbol{f}_{\sigma(t)}(\boldsymbol{x})+\boldsymbol{g}_{\sigma(t)}(\boldsymbol{x})\boldsymbol{u}_{\sigma(t)},\ \boldsymbol{u}_{\sigma(t)}\in\mathbf{R}^m,$$
$$\boldsymbol{y}=\boldsymbol{h}(\boldsymbol{x}),\ \boldsymbol{y}\in\mathbf{R}^m \tag{3.16}$$

其中，$\sigma(T)$：$[0,\infty)\to\{1,\cdots,M\}$是切换信号. 显然，系统(3.16)是由 m 个如下子系统构成

$$\dot{\boldsymbol{x}}=\boldsymbol{f}_i(\boldsymbol{x})+\boldsymbol{g}_i(\boldsymbol{x})\boldsymbol{u}_i,\ \boldsymbol{u}_i\in\mathbf{R}^m,$$
$$\boldsymbol{y}=\boldsymbol{h}(\boldsymbol{x}),\ \boldsymbol{y}\in\mathbf{R}^m, \tag{3.17}$$
$$1\leqslant i\leqslant m.$$

对子系统作如下假设.

假设 3.4 矩阵 $\boldsymbol{L}_{g_i}h(\boldsymbol{x})$是非奇异的，$\forall\boldsymbol{x}\in X$.

假设 3.5 存在一个坐标变换 $z=\boldsymbol{\eta}(\boldsymbol{x})$，$z\in\mathbf{R}^{n-m}$，满足 $\boldsymbol{L}_{g_j^i}\boldsymbol{\eta}(\boldsymbol{x})=\mathbf{0}$，其中 $\boldsymbol{g}_i=[g_1^i,\cdots,g_m^i]$，$1\leqslant i\leqslant M$，$1\leqslant j\leqslant m$.

选取共同的状态变换 $\boldsymbol{y}=\boldsymbol{h}(\boldsymbol{x})$和 $z=\boldsymbol{\eta}(\boldsymbol{x})$，这样系统(3.17)可以转换成

$$\dot{z}=\boldsymbol{L}_{f_i}\boldsymbol{\eta}(\boldsymbol{x})+\boldsymbol{L}_{g_i}\boldsymbol{\eta}(\boldsymbol{x})\boldsymbol{u}_i,$$
$$\dot{\boldsymbol{y}}=\boldsymbol{L}_{f_i}\boldsymbol{h}(\boldsymbol{x})+\boldsymbol{L}_{g_i}\boldsymbol{h}(\boldsymbol{x})\boldsymbol{u}_i, \tag{3.18}$$
$$1\leqslant i\leqslant M.$$

因为 $\boldsymbol{L}_{g_j^i}\boldsymbol{\eta}(\boldsymbol{x})=\mathbf{0}$，子系统(3.18)可以转换成如下结构(标准型)

$$\dot{z}=\boldsymbol{q}_i(z,\boldsymbol{y}),$$
$$\dot{\boldsymbol{y}}=\boldsymbol{b}_i(z,\boldsymbol{y})+\boldsymbol{a}_i(z,\boldsymbol{y})\boldsymbol{u}_i, \tag{3.19}$$
$$1\leqslant i\leqslant M.$$

其中，$\dot{z}=\boldsymbol{q}_i(z,\mathbf{0})$是第 i 个子系统的零动态.

切换非线性系统(3.16)称为反馈等价于一个无源的切换系统，如果存在状态反馈 $\boldsymbol{u}_i=\boldsymbol{\alpha}_i(\boldsymbol{x})+\boldsymbol{\beta}_i(\boldsymbol{x})\boldsymbol{v}_i$，使系统

$$\dot{\boldsymbol{x}}=\boldsymbol{f}_i(\boldsymbol{x})+\boldsymbol{g}_i(\boldsymbol{x})\boldsymbol{\alpha}_i(\boldsymbol{x})+\boldsymbol{g}_i(\boldsymbol{x})\boldsymbol{\beta}_i(\boldsymbol{x})\boldsymbol{v}_i,$$
$$\boldsymbol{y}=\boldsymbol{h}(\boldsymbol{x}), \tag{3.20}$$
$$1\leqslant i\leqslant M,$$

对于新的输入 $\boldsymbol{v}_i$ 和输出 $\boldsymbol{y}$ 在一定的切换律下满足无源不等式.

引理 3.10[73] 假设所有的子系统都满足假设 3.4 和假设 3.5. 如果存在正定光滑函数 $W_i(z)$和函数 $\lambda_{ij}(z)\geqslant 0(i,j\in\{1,\cdots,M\})$，满足 $W_i(\mathbf{0})=0$，以及不等式(3.21)成立

$$\boldsymbol{L}_{\boldsymbol{q}_i(z,0)}W_i(z)+\sum_{j=1}^{M}\lambda_{ij}(z)(W_i(z)-W_j(z))\leqslant 0,\ i\in\{1,\cdots,M\}, \tag{3.21}$$

那么系统(3.16)在一定的切换律下反馈等价于一个无源的切换系统.

证明 在假设 3.4 和假设 3.5 下，系统可以转换为存储函数

$$S_\sigma(z, y) = W_\sigma(z) + \frac{1}{2}\boldsymbol{y}^{\mathrm{T}}\boldsymbol{y}. \tag{3.22}$$

将 $\boldsymbol{q}_i(z, \boldsymbol{y})$ 表示为

$$\boldsymbol{q}_i(z, \boldsymbol{y}) = \boldsymbol{q}_i(z, \boldsymbol{0}) + \boldsymbol{p}_i(z, \boldsymbol{y})\boldsymbol{y}. \tag{3.23}$$

选取反馈控制器为

$$\boldsymbol{u}_i = \boldsymbol{a}_i^{-1}(z, \boldsymbol{y})\left[-(\boldsymbol{L}_{\boldsymbol{p}_i(z, y)} W_i(z))^{\mathrm{T}} - \boldsymbol{b}_i(z, \boldsymbol{y}) + \boldsymbol{v}_i\right], \tag{3.24}$$

那么能够得到

$$\begin{aligned} &\boldsymbol{L}_{\boldsymbol{q}_i(z, \boldsymbol{0})} W_i(z) + \boldsymbol{L}_{\boldsymbol{p}_i(z, y)} W_i(z)\boldsymbol{y} + \boldsymbol{y}^{\mathrm{T}}(\boldsymbol{b}_i(z, \boldsymbol{y}) + \boldsymbol{a}_i(z, \boldsymbol{y})\boldsymbol{u}_i) \\ &= \boldsymbol{L}_{\boldsymbol{q}_i(z, \boldsymbol{0})} W_i(z) + \boldsymbol{y}^{\mathrm{T}}\boldsymbol{v}_i \\ &\leqslant -\sum_{j=1}^{N} \lambda_{ij}(z)(W_i(z) - W_j(z)) + \boldsymbol{y}^{\mathrm{T}}\boldsymbol{v}_i. \end{aligned} \tag{3.25}$$

选取切换律为

$$\sigma = \sigma(\boldsymbol{x}) = \min\{i \mid i = \arg \max_{i \in \{1, \cdots, M\}} W_i(z)\}. \tag{3.26}$$

根据引理 3.1，式(3.27)成立

$$\begin{aligned} &\boldsymbol{L}_{\boldsymbol{q}_i(z, y)} W_i(z)\boldsymbol{y} + \boldsymbol{y}(\boldsymbol{b}_i(z, \boldsymbol{y}) + \boldsymbol{a}_i(z, \boldsymbol{y})\boldsymbol{u}_i) - \boldsymbol{y}^{\mathrm{T}}\boldsymbol{v}_i + \\ &\sum_{j=1}^{M} \lambda_{ij}(z)(W_i(z) - W_j(z)) \leqslant 0. \end{aligned} \tag{3.27}$$

那么

$$\dot{S}_\sigma(z, \boldsymbol{y}) \leqslant \boldsymbol{y}^{\mathrm{T}}\boldsymbol{v}_\sigma. \tag{3.28}$$

根据切换律[式(3.26)]，$S_\sigma(z, \boldsymbol{y})$ 是连续的，所以系统(3.16)在切换律[式(3.26)]下是无源的. 因此，系统(3.16)反馈等价于一个无源系统.

注 3.4　对于非切换系统，需要假设系统是弱最小相位的，来得到非线性系统的反馈无源化结果. 在引理 3.9 中，对于切换系统，并不需要这个假设达到切换非线性系统的反馈无源化. 共同的坐标变换 $z = \boldsymbol{\eta}(\boldsymbol{x})$ 有时是比较难构造的. 但是，在 $\boldsymbol{g}_i(\boldsymbol{x}) = \gamma_{ij}\boldsymbol{g}_j(\boldsymbol{x})$ 对于所有 $i, j \in \{1, \cdots, m\}$ 成立的情况下，很容易找到 $z = \boldsymbol{\eta}(\boldsymbol{x})$.

注 3.5　考虑有 m 个子系统的切换线性系统

$$\begin{aligned} &\dot{\boldsymbol{x}} = \boldsymbol{A}_i\boldsymbol{x} + \boldsymbol{B}_i\boldsymbol{u}_i, \\ &\boldsymbol{y} = \boldsymbol{C}\boldsymbol{x}, \\ &1 \leqslant i \leqslant m. \end{aligned} \tag{3.29}$$

假设 $\boldsymbol{CB}_i$ 对于所有 i 非奇异，并且存在一个非奇异的矩阵 $\boldsymbol{Q}$，满足 $\boldsymbol{QB}_i = \boldsymbol{O}$. 那么通过坐标变换 $z = \boldsymbol{Qx}$ 和 $\boldsymbol{y} = \boldsymbol{Cx}$，子系统(3.29)可以转换成

$$\begin{bmatrix} \dot{z} \\ \dot{y} \end{bmatrix} = \widetilde{A}_i \begin{bmatrix} z \\ y \end{bmatrix} + \begin{bmatrix} O \\ CB_i \end{bmatrix} u_i = \begin{bmatrix} \widetilde{A}_{11}^i & \widetilde{A}_{12}^i \\ \widetilde{A}_{21}^i & \widetilde{A}_{22}^i \end{bmatrix} \begin{bmatrix} z \\ y \end{bmatrix} + \begin{bmatrix} O \\ CB_i \end{bmatrix} u_i, \tag{3.30}$$

其中, $1 \leqslant i \leqslant m$.

另外, 假设存在正定矩阵 P_i 和常数 $\lambda_{ij} \geqslant 0 (i, j \in \{1, \cdots, m\})$ 满足

$$(\widetilde{A}_{11}^i)^{\mathrm{T}} P_i + P_i \widetilde{A}_{11}^i + \sum_{j=1}^{M} \lambda_{ij} (P_i - P_j) \leqslant 0 (i \in \{1, \cdots, m\}) \tag{3.31}$$

那么切换线性系统(3.29)在一定的切换律下反馈等价于一个无源系统.

3.3.3 切换级联系统的无源性及反馈无源化

级联系统是一类具有特殊形式的非线性系统, 它的分析和控制问题近年来被广泛研究[71-73]. 在工程中, 许多实际系统的驱动装置都具有级联结构的动态特性, 因此对这类非线性系统进行研究是非常有意义的. 同样, 在切换非线性系统的研究中, 具有级联结构的系统是一类典型的、有用的结构, 它对系统的分析和设计都有很大帮助. 因此, 对切换级联非线性系统的无源性以及反馈无源化的研究是非常必要的. 但目前未见相关报道. 本节将前面所得出的方法与结果应用于切换级联非线性系统的无源性分析当中.

考虑如下所示的切换级联系统[80]

$$\dot{\xi} = f_\sigma^0(\xi) + f_\sigma^1(\xi, y) y, \tag{3.32}$$

$$\dot{x} = f_\sigma(x) + g_\sigma(x) u_\sigma, \tag{3.33}$$

$$y = h_\sigma(x), \tag{3.34}$$

其中, $\sigma(t): [0, \infty] \rightarrow \{1, \cdots, m\}$ 是切换信号. 式(3.33)和式(3.34)构成的系统称为驱动系统(driving system), 式(3.32)称为被动系统(driven system).

对系统需要作如下假设.

假设 3.6 对每个 $i \in \{1, \cdots, M\}$, $\xi = f_i^0(\xi)$ 是稳定的, 并且存在一个正定光滑的函数 $U(\xi)$, 满足 $L_{f_i^0} U(\xi) \leqslant 0$. 这样, 能得到引理 3.11.

引理 3.11 假设 3.5 成立.

(1) 如果存在半正定光滑函数 $S_i(x)$ 和函数 $\lambda_{ij}(x) \geqslant 0 (i, j \in \{1, \cdots, M\})$, 使不等式

$$L_{f_i(x)} S_i(x) + L_{g_i(x)} S_i(x) u_i - h_i^{\mathrm{T}}(x) u_i + \sum_{j=1}^{M} \lambda_{ij}(x) (S_i(x) - S_j(x)) \leqslant 0$$
$$(\forall u_i, i \in \{1, \cdots, M\}) \tag{3.35}$$

成立, 则切换系统(3.32)~(3.34)在一定切换律下是无源的.

(2) 考虑系统(3.32)~(3.34)(其中输出是共同的), 如果每个子系统中的驱动系统(3.33)~(3.34)满足假设 3.3~3.5, 并且存在正定光滑函数 $W_i(z)$,

$W_i(\mathbf{0})=0$，以及函数 $\lambda_{ij}(z)\geqslant 0(i,j\in\{1,\cdots,M\})$，使不等式

$$l_{q_i(z,\mathbf{0})}W_i(z)+\sum_{j=1}^{M}\lambda_{ij}(z)(W_i(z)-W_j(z))\leqslant 0\quad(i\in\{1,\cdots,M\})\tag{3.36}$$

成立，则系统(3.32)~(3.34)能在一定的切换律下反馈等价于一个无源系统.

证明　(1)选取存储函数

$$V_\sigma(\boldsymbol{\xi},\boldsymbol{x})=U(\boldsymbol{\xi})+S_\sigma(\boldsymbol{x}),\tag{3.37}$$

设计控制器为

$$\boldsymbol{u}_i=-(\boldsymbol{L}_{f_i^1(\xi,y)}U(\boldsymbol{\xi}))^{\mathrm{T}}+\boldsymbol{v}_i.\tag{3.38}$$

则有

$$\begin{aligned}&\boldsymbol{L}_{f_i^0}U_i(\boldsymbol{\xi})+\boldsymbol{L}_{f_i^1(\xi,y)}U(\boldsymbol{\xi})\boldsymbol{y}+\boldsymbol{L}_{f_i(x)}S_i(\boldsymbol{x})+\boldsymbol{L}_{g_i(x)}S_i(\boldsymbol{x})\boldsymbol{u}_i\\&\leqslant \boldsymbol{L}_{f_i^1(\xi,y)}U(\boldsymbol{\xi})\boldsymbol{y}+\boldsymbol{y}^{\mathrm{T}}\boldsymbol{u}_i-\sum_{j=1}^{M}\lambda_{ij}(\boldsymbol{x})(S_i(\boldsymbol{x})-S_j(\boldsymbol{x}))\\&\leqslant \boldsymbol{y}^{\mathrm{T}}\boldsymbol{v}_i-\sum_{j=1}^{M}\lambda_{ij}(\boldsymbol{x})(S_i(\boldsymbol{x})-S_j(\boldsymbol{x})).\end{aligned}\tag{3.39}$$

切换律选取如下形式

$$\sigma=\sigma(\boldsymbol{x})=\min\{i\mid i=\arg\max_{i\in\{1,\cdots,M\}}S_i(\boldsymbol{x})\}\tag{3.40}$$

那么，$\dot{V}_\sigma(\boldsymbol{\xi},\boldsymbol{x})\leqslant\boldsymbol{y}^{\mathrm{T}}\boldsymbol{v}_\sigma$. 因为 $V_\sigma(\boldsymbol{\xi},\boldsymbol{x})$是连续的，所以系统(3.32)~(3.34)在切换律(3.40)下反馈等价于一个无源系统.

(2)在假设 3.3~3.5 下，系统(3.32)~(3.34)的每个子系统可以转换为

$$\begin{aligned}&\dot{\boldsymbol{\xi}}=\boldsymbol{f}_i^0(\boldsymbol{\xi})+\boldsymbol{f}_i^1(\boldsymbol{\xi},\boldsymbol{y})\boldsymbol{y},\\&\dot{z}=\boldsymbol{q}_i(z,\mathbf{0})+\boldsymbol{p}_i(z,\boldsymbol{y})\boldsymbol{y},\\&\dot{\boldsymbol{y}}=\boldsymbol{b}_i(z,\boldsymbol{y})+\boldsymbol{a}_i(z,\boldsymbol{y})\boldsymbol{u}_i\\&1\leqslant i\leqslant M.\end{aligned}\tag{3.41}$$

选取存储函数

$$V_\sigma(\boldsymbol{\xi},z,\boldsymbol{y})=U(\boldsymbol{\xi})+W_\sigma(z)+\frac{1}{2}\boldsymbol{y}^{\mathrm{T}}\boldsymbol{y}.\tag{3.42}$$

选取反馈控制器

$$\boldsymbol{u}_i=\boldsymbol{a}_i^{-1}(z,\boldsymbol{y})[-(\boldsymbol{L}_{f_i^1(\xi,y)}\boldsymbol{U}(\boldsymbol{\xi}))^{\mathrm{T}}-(\boldsymbol{L}_{p_i(x,y)}W_i(z))^{\mathrm{T}}-\boldsymbol{b}_i(z,\boldsymbol{y})+\boldsymbol{v}_i],\tag{3.43}$$

那么能够得到

$$\begin{aligned}&\boldsymbol{L}_{f_i^0(\xi)}U_i(\boldsymbol{\xi})+\boldsymbol{L}_{f_i^1(\xi,y)}U(\boldsymbol{\xi})\boldsymbol{y}+\boldsymbol{L}_{q_i(z,\mathbf{0})}W_i(z)+\boldsymbol{L}_{p_i(z,y)}W_i(z)\boldsymbol{y}+\\&\boldsymbol{y}^{\mathrm{T}}(\boldsymbol{b}_i(z,\boldsymbol{y})+\boldsymbol{a}_i(z,\boldsymbol{y})\boldsymbol{u}_i)\\&=\boldsymbol{L}_{q_i(z,\mathbf{0})}W_i(z)+\boldsymbol{y}^{\mathrm{T}}\boldsymbol{v}_i\\&\leqslant-\sum_{j=1}^{M}\lambda_{ij}(z)(W_i(z)-W_j(z))+\boldsymbol{y}^{\mathrm{T}}\boldsymbol{v}_i.\end{aligned}\tag{3.44}$$

选取切换律为

$$\sigma=\sigma(x)=\min\{i\mid i=\arg\max_{i\in\{1,\cdots,M\}}W_i(z)\}. \tag{3.45}$$

那么

$$\dot{S}_\sigma(z,y)\leqslant \boldsymbol{y}^{\mathrm{T}}\boldsymbol{v}_\sigma. \tag{3.46}$$

根据切换律(3.45)，$S_\sigma(z,y)$是连续的，所以系统(3.41)在切换律(3.45)下是无源的. 因此，系统(3.32)～(3.34)反馈等价于一个无源系统.

注 3.6 对于带有线性结构驱动系统的切换级联系统

$$\begin{aligned}\dot{\boldsymbol{\xi}}&=\boldsymbol{f}_\sigma^0(\boldsymbol{\xi})+\boldsymbol{f}_\sigma^1(\boldsymbol{\xi},\boldsymbol{y})\boldsymbol{y},\\ \dot{\boldsymbol{x}}&=\boldsymbol{A}_\sigma\boldsymbol{x}+\boldsymbol{B}_\sigma\boldsymbol{u}_\sigma,\\ \boldsymbol{y}&=\boldsymbol{C}_\sigma\boldsymbol{x},\end{aligned} \tag{3.47}$$

相关的无源性及反馈无源化结果也可以得到.

注 3.7 利用引理 3.6，系统(3.32)～(3.34)在控制器选取为$\boldsymbol{v}_i=-\boldsymbol{h}_i(\boldsymbol{x})$的情况下是稳定的. 如果系统的零状态是可检测的，并且存在一个正定光滑的函数$U(\boldsymbol{\xi})$，满足$\boldsymbol{L}_{f_i^0}U(\boldsymbol{\xi})$，系统是渐近稳定的.

3.3.4 数值例子

本节通过数值例子来说明方法的有效性.

例 3.2 考虑切换系统

$$\begin{aligned}\dot{\boldsymbol{x}}&=\boldsymbol{A}_\sigma\boldsymbol{x}+\boldsymbol{B}_\sigma\boldsymbol{u}_\sigma,\\ \boldsymbol{y}&=\boldsymbol{C}_{1,2}\boldsymbol{x},\\ \sigma&\in\{1,2\}.\end{aligned} \tag{3.48}$$

其中，

$$\boldsymbol{A}_1=\begin{bmatrix}0 & 2 & 0\\ -2.8 & -0.9 & 1.5\\ -3.8 & 8.1 & 0.5\end{bmatrix},\ \boldsymbol{B}_1=\begin{bmatrix}-1 & 2\\ -0.5 & 1\\ -2.5 & 5\end{bmatrix},$$

$$\boldsymbol{A}_2=\begin{bmatrix}0 & -1 & 1\\ -0.78 & -0.015 & 0.515\\ -2.72 & 0.985 & -0.515\end{bmatrix},\ \boldsymbol{B}_2=\begin{bmatrix}1 & 2\\ 0.5 & 1\\ 2.5 & 5\end{bmatrix},$$

$$\boldsymbol{C}_{1,2}=[1\quad 0\quad 0].$$

选取坐标变换

$$\begin{cases}z_1=2x_1+x_2-x_3\\ z_2=x_1-2x_2\\ y=x_1\end{cases}$$

在这组坐标变换下，系统(3.48)的子系统可以转换为标准型

$$\begin{bmatrix}\dot{z}\\ \dot{y}\end{bmatrix}=\widetilde{\boldsymbol{A}}_i\begin{bmatrix}z\\ y\end{bmatrix}+\begin{bmatrix}\boldsymbol{O}\\ \boldsymbol{CB}_i\end{bmatrix}\boldsymbol{u}_i.$$

其中，

$$\widetilde{\boldsymbol{A}}_1=\begin{bmatrix}-1 & 2 & 1\\ 3 & -0.4 & 0\\ 0 & -1 & 1\end{bmatrix},\ \widetilde{\boldsymbol{A}}_2=\begin{bmatrix}-2 & 1 & 0\\ 0.03 & 0.5 & 1\\ -1 & 0 & 2\end{bmatrix},$$

$$\boldsymbol{CB}_1=[-1\quad 2],\ \boldsymbol{CB}_2=[1\quad 2].$$

选择矩阵

$$\boldsymbol{P}_1=1.0e+0.008\begin{bmatrix}3.2680 & -2.3614\\ -2.3614 & 1.7064\end{bmatrix},$$

$$\boldsymbol{P}_2=1.0e+0.008\begin{bmatrix}-1.6168 & -1.4917\\ -1.4917 & -1.3762\end{bmatrix},$$

$$\boldsymbol{Q}_{12}=1.0e+0.008\begin{bmatrix}2.8809 & -1.3572\\ -1.492 & -3.2026\end{bmatrix},$$

$$\boldsymbol{Q}_{21}=1.0e+0.008\begin{bmatrix}2.8809 & -1.3572\\ -1.492 & -3.2026\end{bmatrix},$$

以及 $\lambda_{12}=\lambda_{21}=-10$. 可以验证子系统满足引理 3.5 的条件，因此，系统(3.48)在一定的切换律下能够通过反馈等价于一个广义无源的系统.

例 3.3　考虑切换非线性系统

$$\begin{aligned}&\dot{\boldsymbol{x}}=\boldsymbol{f}_\sigma(\boldsymbol{x})+\boldsymbol{g}_\sigma(\boldsymbol{x})\boldsymbol{u}_\sigma,\ \boldsymbol{u}_\sigma\in\mathbf{R}^m,\\ &\boldsymbol{y}=\boldsymbol{h}(\boldsymbol{x}),\ \boldsymbol{y}\in\mathbf{R}^m,\\ &\sigma\in\{1,\ \cdots,\ M\},\end{aligned}\tag{3.49}$$

由两个子系统构成. 令 $\boldsymbol{f}_i(\boldsymbol{x})=[f_{i1}(\boldsymbol{x})\quad f_{i2}(\boldsymbol{x})]^{\mathrm{T}}(i=1,\ 2)$. 其中，

$$f_{11}(\boldsymbol{x})=\frac{2}{\sqrt{(x_1+x_2)^2+1}}-x_1-x_2-3x_1x_2-2x_1^2-x_2^2,$$

$$f_{12}(\boldsymbol{x})=(x_1+x_2)^2,$$

$$f_{21}(\boldsymbol{x})=-3(x_1+x_2)\sin^2(x_1+x_2)+(x_1+x_2)^3\sin^2(x_1+x_2)+x_2\cos(x_1+x_2)-x_1x_2-x_2^2,$$

$$f_{22}(\boldsymbol{x})=x_2(x_1+x_2).$$

$$\boldsymbol{g}_1(\boldsymbol{x})=\begin{bmatrix}-1\\ 1\end{bmatrix},\ \boldsymbol{g}_2(\boldsymbol{x})=\begin{bmatrix}1\\ -1\end{bmatrix},$$

$$h(\boldsymbol{x})=x_2.$$

选取坐标变换

$$\begin{cases} z = x_1 + x_2 \\ y = x_2 \end{cases}$$

子系统分别转换为

$$\begin{cases} \dot{z} = \dfrac{2}{\sqrt{z^2+1}} - z + zy \\ \dot{y} = 2z^2 + u_1 \end{cases}$$

和

$$\begin{cases} \dot{z} = -3z\sin^2 z + z^3 \sin^2 z + y\cos z \\ \dot{y} = zy - u_2 \end{cases}$$

选取函数

$$W_1(z) = \frac{1}{4}z^4,\ W_2(z) = \frac{1}{2}z^2,$$

那么子系统的存储函数分别为

$$V_1(z,\ y) = \frac{1}{4}z^4 + \frac{1}{2}y^2,$$

和

$$V_2(z,\ y) = \frac{1}{2}(z^2 + y^2),$$

则有

$$\dot{V}_1(z,\ y) \leqslant 4\left(\frac{1}{2}z^2 - \frac{1}{4}z^4\right) + 2z^2 y + z^4 y + yu_1,$$

$$\dot{V}_2(z,\ y) \leqslant 4\sin^2 z\left(\frac{1}{4}z^4 - \frac{1}{2}z^2\right) + zy\cos z + y^2 z - yu_2.$$

对于每个子系统，容易验证引理 3.6 中的条件成立. 反馈控制器选取为

$$u_1 = -z^4 - 2z^2 + v_1,$$

$$u_2 = z\cos z + zy - v_2.$$

其中，v_1 和 v_2 是对应子系统的新的输入. 构造切换律为

$$\sigma(t) = \begin{cases} 1, & \text{如果 } W_1(z) \geqslant W_2(z), \\ 2, & \text{其他}. \end{cases} \tag{3.50}$$

这样，由子系统(3.49)构成的切换系统在切换律(3.50)下是无源的. 那么，切换系统在切换律(3.50)下反馈等价于一个无源系统. 如果新的控制输入选为 $v_1 = v_2 = -y$，切换系统是渐近稳定的.

第 4 章　基于多储能函数切换系统的耗散性

4.1 引　言

耗散性是系统的一个重要特性，给系统的稳定性分析与镇定问题的求解提供了一种有效的方法. 随着切换系统的研究日渐受到学者的广泛关注，对切换系统的耗散性的研究也逐渐成为一个更有意义的课题. 无源性是耗散性的特例，它是研究切换系统的一种重要工具. 第 3 章主要叙述了公共储能函数的耗散性，可是公共储能函数不容易找到，或者根本不存在.

本章主要应用多储能函数考虑切换非线性系统的耗散性. 首先，考虑基于多储能函数的耗散性；其次，考虑基于多储能函数与交叉供给率的切换系统耗散性；最后，把连续多储能函数与交叉供给率耗散性推广到离散切换系统中.

4.2 基于多储能函数的耗散性

考虑下面切换系统[57]

$$H:\begin{array}{l}\dot{\boldsymbol{x}}=\boldsymbol{f}_{\sigma}(\boldsymbol{x},\ \boldsymbol{u}_{\sigma}),\\ \boldsymbol{y}=\boldsymbol{h}_{\sigma}(\boldsymbol{x}).\end{array}\tag{4.1}$$

其中，$\sigma:\mathbf{R}_{+}\rightarrow M=\{1,\ 2,\ \cdots,\ m\}$ 是切换信号，$\boldsymbol{x}\in\mathbf{R}^{n}$ 是状态，$\boldsymbol{u}_i=(u_{i1},\ \cdots,\ u_{im_i})^{\mathrm{T}}\in\mathbf{R}^{m_i}$ 和 $\boldsymbol{h}_i(\boldsymbol{x})=(h_{i1}(\boldsymbol{x}),\ \cdots,\ h_{im_i}(\boldsymbol{x}))^{\mathrm{T}}\in\mathbf{R}^{m_i}$ 分别是第 i 个子系统的控制输入和输出. 此外，$\boldsymbol{f}_i(\boldsymbol{0};\ \boldsymbol{0})=\boldsymbol{0}$ 和 $\boldsymbol{h}_i(\boldsymbol{0})=\boldsymbol{0}(i=1,\ 2,\ \cdots,\ m)$. 切换信号 σ 形成切换列

$$\Sigma=\{\boldsymbol{x}_0;\ (i_0,\ t_0),\ (i_1,\ t_1),\ \cdots,\ (i_j,\ t_j),\ \cdots,\ |\ i_j\in M,\ j\in\mathbf{N}\},\tag{4.2}$$

其中，t_0 是初始时间，$\boldsymbol{x}_0$ 是初始状态，$\mathbf{N}$ 是非负整数的集合. 当 $t\in[t_k,\ t_{k+1})$，第 i_k 个子系统被激活，因此，当 $t\in[t_k,\ t_{k+1})$，切换系统(4.1)的轨迹 $\boldsymbol{x}(t)$ 是第 i_k

个子系统的轨迹 $x_{i_k}(t)$ ，用 x_k 表示 $\boldsymbol{x}(t_k)$.

假设切换系统(4.1)的状态在切换瞬间不跳动，即 $\boldsymbol{x}(t)$ 的轨迹是连续的. 同样，对任何 k 而言，在 $i_k \neq i_{k+1}$ 的意义上，假设切换序列 Σ 最小. 对于任何 $j \in M$ ，令 $\Sigma_t(j) = \{t_{j_1}, t_{j_2}, \cdots, t_{j_k}, \cdots\}$ 是 $\{t_0, t_1, \cdots, t_k, \cdots\}$ 的子序列，使 $t_{j_1} < t_{j_2} < \cdots < t_{j_k} < \cdots$ 第 j 个子系统在 $[t_k, t_{k+1})$ 上被激活，当且仅当 $t_k \in \Sigma_t(j)$.

定义 4.1[57]　称系统(4.1)在切换律 Σ 下是耗散的，如果存在半正定连续函数 $S_1(\boldsymbol{x})$, $S_2(\boldsymbol{x})$, $\cdots$, $S_m(\boldsymbol{x})$ ，称为存储功能，函数 $\omega_j^i(\boldsymbol{u}_i, \boldsymbol{h}_i)(1 \leqslant i, j \leqslant m)$ 称为供给率，使下面条件成立.

(i)
$$S_{i_k}(\boldsymbol{x}(t)) - S_{i_k}(\boldsymbol{x}(s)) \leqslant \int_s^t \omega_{i_k}^{i_k}(\boldsymbol{u}_{i_k}, \boldsymbol{h}_{i_k})\,\mathrm{d}t, \tag{4.3}$$
$$\forall \boldsymbol{u}_i;\ k = 0, 1, 2, \cdots;\ t_k \leqslant s \leqslant t < t_{k+1};$$

(ii)
$$S_j(\boldsymbol{x}(t_{j_{k+1}})) - S_j(\boldsymbol{x}(s_{j_{k+1}})) \leqslant \sum_{\lambda=1}^{j_{k+1}-j_k-1} \int_{t_{j_k+\lambda}}^{t_{j_k+\lambda+1}} \omega_j^{i_{j_k+\lambda}}(\boldsymbol{u}_{i_{j_k+\lambda}}, \boldsymbol{h}_{i_{j_k+\lambda}})\,\mathrm{d}t \tag{4.4}$$
$$\forall \boldsymbol{u}_i;\ j = 1, 2, \cdots, m;\ k = 1, 2, \cdots;$$

(iii) 存在 $\boldsymbol{u}_1(t)$, $\boldsymbol{u}_2(t)$, $\cdots$, $\boldsymbol{u}_m(t)$ ，满足
$$\omega_i^i(\boldsymbol{u}_i, \boldsymbol{h}_i) \leqslant 0,\ i = 1, 2, \cdots, m \tag{4.5}$$
对于每一个 j 都成立，且级数
$$Q_j(\boldsymbol{x}_0) = \sum_{k=1}^{\infty} \max\left\{0,\ \sum_{\lambda=1}^{j_{k+1}-j_k-1} \int_{t_{j_k+\lambda}}^{t_{j_k+\lambda+1}} \omega_j^{i_{j_k+\lambda}}(\boldsymbol{u}_{i_{j_k+\lambda}}, \boldsymbol{h}_{i_{j_k+\lambda}})\,\mathrm{d}t\right\} \tag{4.6}$$
是收敛的，并且作为初始状态 $\boldsymbol{x}_0$ 的函数，当 $\boldsymbol{x}_0$ 趋近于原点时，$Q_j(\boldsymbol{x}_0)$ 趋于零.

注 4.1　在定义 4.1 中，当第 j 个子系统被激活时，S_j 和 ω_j^j 分别表示通常的储能函数与供给率. 值得注意的是子系统在时间间隔 $[t_{j_k+1}, t_{j_{k+1}})$ 未被激活时，能量 $S_j(\boldsymbol{x})$ 可能保持不变. 然而，由于所有子系统共享相同的状态变量，$S_j(\boldsymbol{x})$ 可能从 $S_j(\boldsymbol{x}(t_{j_{k+1}}))$ 变为 $S_j(\boldsymbol{x}(s_{j_{k+1}}))$ ，这可以看作来自第 j 个子系统外部的能量注入到该子系统的结果.

第 i 个子系统对第 j 个子系统的影响，能量与供给率 ω_j^i 有关. 条件 (iii) 表明，在特定的 $\boldsymbol{u}_j$ 下，当相应的子系统被激活时，S_j 函数是减少的. 当 j 子系统未被激活时，来自 j 子系统外面总能量是有界的. 当 $\boldsymbol{x}_0$ 趋近于原点时，其作为初始状态的函数，衰减到零.

注 4.2　当所有子系统共享一个公共的供给率时，即 $\omega_j^i(\boldsymbol{g}, \boldsymbol{g}) = \omega(\boldsymbol{g}, \boldsymbol{g})$ ，从而共享一个公共存储函数 $S_j(\boldsymbol{x}) = S(\boldsymbol{x})$ ，则 (ii) 和 (iii) 自动满足. 因此耗散系统是对经典理论的自然推广.

定义 4.2　系统(4.1)在切换律 Σ 下是无源的，如果它是耗散的，供给率为 $\omega_j^j(\boldsymbol{u}_j, \boldsymbol{h}_j) = \boldsymbol{u}_j^{\mathrm{T}}\boldsymbol{h}_j(j = 1, 2, \cdots, m)$.

注 4.3　只需要供给率 $\omega_j^j(\boldsymbol{u}_j, \boldsymbol{h}_j)$ 是双线性的，而代表不同子系统之间能量交换的供给率 ω_j^i 可以取不同形式，使无源的概念更加广泛. 作为一个特例，假设 $S_j(\boldsymbol{x}(t_{j_{k+1}})) - S_j(\boldsymbol{x}(t_{j_k+1})) \leqslant 0 (j = 1, 2, \cdots, m)$. 这在切换系统文献中常用，令 $\omega_j^i(\boldsymbol{u}_i, \boldsymbol{h}_i) = 0 (i \neq j;\ i, j = 1, 2, \cdots, m)$，条件 (ii) 和 (iii) 自然成立.

4.2.1　无源切换系统的级联

无源性紧密联系系统的稳定性，不仅因为它可以提供候选的 Lyapunov 函数，从而保证了稳定性，而且因为它在反馈级联的情况下仍然保持无源性. 下面将证明任何两个无源交换系统的反馈级联，只要兼容，仍然是一个无源交换系统.

考虑无源切换系统[57]

$$H_1: \begin{array}{l} x^{1'} = f_{\sigma 1}^1(x^1, u_{\sigma 1}^1) \\ y^1 = h_{\sigma 1}^1(x^1) \end{array} \tag{4.7}$$

切换律为

$$\Sigma_1 = \{x_0^1;\ (i_0^1, t_0^1), (i_1^1, t_1^1), \cdots, (i_j^1, t_j^1), \cdots \mid i_j^1 \in M_1 = \{1, 2, \cdots, m_1\}, j \in \mathbf{N}\}$$

以及供给率 $\omega_{1j}^i(u_i^1, h_i^1)$，$\omega_{1j}^i = (u_j^1)^{\mathrm{T}} h_j^1$.

另一个无源切换系统

$$H_2: \begin{array}{l} x^{2'} = f_{\sigma 2}^2(x^2, u_{\sigma 2}^2), \\ y^2 = h_{\sigma 2}^2(x^2) \end{array} \tag{4.8}$$

切换律为

$$\Sigma_2 = \{x_0^2;\ (i_0^2, t_0^2), (i_1^2, t_1^2), \cdots, (i_j^2, t_j^2), \cdots \mid t_j^2 \in M_2 = \{1, 2, \cdots, m_2\}, j \in \mathbf{N}\}$$

以及供给率

$$\omega_{2j}^i(u_i^2, h_i^2), \omega_{2j}^j = (u_j^2)^{\mathrm{T}} h_j^2.$$

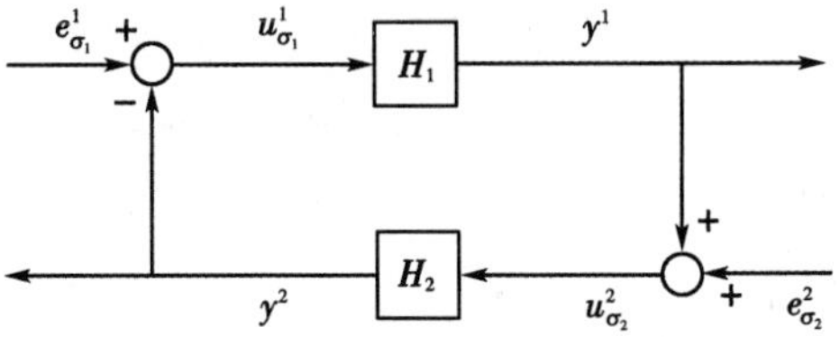

图 4.1　反馈级联示意图

H_1 与 H_2 反馈级联如图 4.1 所示，则反馈级联系统用状态空间表示

$$\overline{H}: \boldsymbol{x}' = \begin{pmatrix} x^{1'} \\ x^{2'} \end{pmatrix} = \begin{pmatrix} f_{\sigma 1}^{1}(x^{1}, e_{\sigma 1}^{1} - y^{2}), \\ f_{\sigma 2}^{2}(x^{2}, e_{\sigma 2}^{2} + y^{1}) \end{pmatrix} = \boldsymbol{f_{\sigma}}(\boldsymbol{x}, \boldsymbol{u_{\sigma}}),$$

$$\boldsymbol{y} = \begin{pmatrix} y^{1} \\ y^{2} \end{pmatrix} = \begin{pmatrix} h_{\sigma_1}^{1} \\ h_{\sigma_2}^{2} \end{pmatrix} = \boldsymbol{h_{\sigma}}(\boldsymbol{x}),$$

$$\boldsymbol{u_{\sigma}} = \begin{pmatrix} e_{\sigma_1}^{1} \\ e_{\sigma_2}^{2} \end{pmatrix}, \boldsymbol{\sigma} = \begin{pmatrix} \sigma_1 \\ \sigma_2 \end{pmatrix}: [0, \infty) \to M = M_1 \times M_2.$$

假设 H_1 与 H_2 系统在图 4.1 所示级联意义上是兼容的，即在任何时候满足下面兼容条件

$$\dim e_{\sigma 1}^{1} = \dim h_{\sigma 2}^{2} = \dim u_{\sigma 1}^{1}, \ \dim e_{\sigma 2}^{2} = \dim h_{\sigma 1}^{1} = \dim u_{\sigma 2}^{2}.$$

Σ_1 和 Σ_2 形成的复合切换率为

$$\Sigma = \{\boldsymbol{x}_0; (i_0, t_0), (i_1, t_1), \cdots, (i_j, t_j), \cdots \mid i_j \in M, j \in \mathbf{N}\}.$$

$\boldsymbol{x}_0 = (x_0^{1\mathrm{T}}, x_0^{2\mathrm{T}})^{\mathrm{T}}$, $t_0 < t_1 < t_2 < \cdots < t_j < \cdots$ 通过整合重新排序集合中的元素 $\{t_i^1, t_j^2, i, j = 0, 1, 2, \cdots\}$. 忽略重复的时间 $i_j = (\sigma_1(t_j); \sigma_2(t_j))$. 定义 $S_{ij}(\boldsymbol{x}) = S_i(x^1) + S_j(x^2)$, $(i, j) \in M_1 \times M_2$, $\omega_{ij}^{pq}(\boldsymbol{u}_{(p,q)^{\mathrm{T}}}, \boldsymbol{h}_{(p,q)^{\mathrm{T}}}) = \omega_i^p(e_p^1 - h_q^2, h_p^1) + \omega_j^q(e_q^2 + h_p^1, h_q^2)$.

因为 $\boldsymbol{u}_{\boldsymbol{\sigma}}^{\mathrm{T}}\boldsymbol{h}_{\boldsymbol{\sigma}} = u_{\sigma 1}^{1\mathrm{T}} h_{\sigma 1}^{1} + u_{\sigma 2}^{2\mathrm{T}} h_{\sigma 2}^{2}$，很容易检查定义 4.1 的条件 (i)(ii) (iii) 都满足. 因此，反馈级联系统是无源的.

4.2.2 稳定性分析

研究无源性可以用来获得稳定性. 这里放宽了 Lyapunov 函数在切换点处的非递增条件，也就是推广了 Branicky 提出的多 Lyapunov 函数稳定性判定定理.

引理 4.1[57] 当 $\boldsymbol{u_{\sigma}} \equiv \boldsymbol{0}$ 时，考虑系统(4.1). 假设存在连续的正定函数 $V_1(\boldsymbol{x})$, $V_2(\boldsymbol{x})$, $\cdots$, $V_m(\boldsymbol{x})$ 在原点附近有定义且 $V_i(\boldsymbol{0}) = 0 (i = 1, 2, \cdots, m)$. 如果对于任意的 $j \in M$, 在 $[t_{j_k}, t_{j_{k+1}})$ 时 $V_j(\boldsymbol{x}(t))$ 递减. 序列 $Q_j(\boldsymbol{x}_0) = \sum_{k=1}^{\infty} \max\{0, V_j(\boldsymbol{x}(t_{j_{k+1}})) - V_j(\boldsymbol{x}(t_{j_k}))\}$ 是收敛的. 当 $\boldsymbol{x}_0$ 趋向原点时，作为初始状态 $\boldsymbol{x}_0$ 的函数 $Q_j(\boldsymbol{x}_0)$ 趋于零，则在 Lyapunov 意义下原点是稳定的.

证明 对于任意的常数 $c > 0$, 令 $B(c) = \{\boldsymbol{x} \mid \|\boldsymbol{x}\| \leqslant c\}$, $r_i(c) = \min_{\boldsymbol{x}}\{V_i(\boldsymbol{x}) \mid \|\boldsymbol{x}\| = c\}$ 和 $r(c) = \min_i\{r_i(c)\}$. 对任意的 $\varepsilon > 0$, 因为 $Q_i(\boldsymbol{x}_0)$ 在 $\boldsymbol{x}$ 趋于原点时趋于零，所以可以选择 $\lambda_0 > 0$, $\lambda_0 < \varepsilon$, 当 $\boldsymbol{x}_0 \in B(\lambda_0)$ 时，得到 $Q_i(\boldsymbol{x}_0) < \dfrac{1}{2} r(\varepsilon) (i = 1, 2, \cdots, m)$. 由于 V_i 是连续的，且 $V_i(\boldsymbol{0}) = 0$, 所以总是可以选择 $\delta_1 > 0$, $\delta_1 < \lambda_0$ 和 $r(\delta_1) < r(\varepsilon)$, 当 $\boldsymbol{x} \in B(\delta_1)$ 时，$V_i(\boldsymbol{x}) < \dfrac{1}{2} r(\varepsilon)$.

因此，$\forall \boldsymbol{x}, \boldsymbol{x}_0 \in B(\delta_1)$，$V_i(\boldsymbol{x}) + Q_i(\boldsymbol{x}_0) < r(\varepsilon)$. 对这个选定的 δ_1，使用相同的过程得到 $\delta_2 > 0$，$\delta_2 < \delta_1$ 和 $r(\delta_2) < r(\delta_1)$，当任意的 $\boldsymbol{x}, \boldsymbol{x}_0 \in B(\delta_2)$ 时，能得到 $V_i(\boldsymbol{x}) + Q_i(\boldsymbol{x}_0) < r(\delta_1)$.

继续上面过程，得出 $\varepsilon = \delta_0 > \delta_1 > \delta_2 > \cdots > \delta_m > 0$，如果 $\boldsymbol{x}, \boldsymbol{x}_0 \in B(\delta_{j+1})$，$j = 0, 1, \cdots, m-1$，$\forall i$，式(4.9)成立

$$V_i(\boldsymbol{x}) + Q_i(\boldsymbol{x}_0) < r(\delta_j). \tag{4.9}$$

将证明对于任何 $t \in [0, \infty)$，如果 $\boldsymbol{x}_0 \in B(\delta_m)$，有 $\boldsymbol{x}(t) \in B(\varepsilon)$. 对于任何 $k \geqslant 0$，设 R_k 为集合 $\{i_0, i_1, \cdots, i_k\} \cap \{1, 2, \cdots, m\}$ 中不同元素的个数. 实际上，它是在 $[t_0, t_{k+1})$ 上被激活了一段时间的不同子系统的总数. 现在，可以断言(a)和(b)成立.

(a) 如果 $i_k \neq i_{k_0}$ 对任意的 $k_0 < k$，有 $V_{i_k}(\boldsymbol{x}_k) + Q_{i_k}(\boldsymbol{x}_0) < r(\delta_{m-R_k})$；

(b) 如果 $i_k = i_{k_0}$ 对任意的 $k_0 < k$，有 $V_{i_k}(\boldsymbol{x}_k) < r(\delta_{m-R_k})$.

实际上，当 $k=0$，$R_k = 1$ 时，根据式(4.9)，有 $V_{i_0}(\boldsymbol{x}_0) + Q_{i_0}(\boldsymbol{x}_0) < r(\delta_{m-1})$ 成立. $V_{i_0}(\boldsymbol{x}(t))$ 在 $[t_0, t_1)$ 上是递减的. 给出 $\boldsymbol{x}(t) \in B(\delta_{m-1})$，$\forall t \in [t_0, t_1)$. 特别是，$\boldsymbol{x}_2 = \boldsymbol{x}(t_2) \in B(\delta_{m-2})$，当 $k = 2$，对 i_2 有两种情况：如果 $i_2 \neq i_0$，当然是 $i_2 \neq i_1$，$R_k = 3$，通过类似的推理，得到 $V_{i_2}(\boldsymbol{x}_2) + Q_{i_2}(\boldsymbol{x}_0) < r(\delta_{m-3})$；如果 $i_2 = i_0$，$R_k = 2$，从 $Q_i(\boldsymbol{x}_0)$ 的定义来看，它是成立的，即 $V_{i_2}(\boldsymbol{x}_2) < V_{i_0}(\boldsymbol{x}_0) + Q_{i_0}(\boldsymbol{x}_0) < r(\delta_{m-1}) < r(\delta_{m-2})$.

假设 $k < K$ 成立，考虑 $k = K$ 的情况，如果 $i_k \neq i_{k_0}$ 对任意的 $k_0 < k$，然后 $R_k = R_{k-1} + 1$. 根据这个假定，(a) 和 (b) 对 $k-1$ 成立，无论如何，都能做到 $V_{i_{k-1}}(\boldsymbol{x}_{k-1}) < r(\delta_{m-R_{k-1}})$，$\boldsymbol{x}(t) \in B(\delta_{m-R_{k-1}})$，$\forall t \in [t_{k-1}, t_k)$. 因此，$\boldsymbol{x}_k \in B(\delta_{m-R_{k-1}})$. 由式(4.9)可知，$V_{i_k}(\boldsymbol{x}_k) + Q_{i_k}(\boldsymbol{x}_0) < r(\delta_{m-R_{k-1}-1}) = r(\delta_{m-R_k})$.

如果 $i_k = i_{k_0}$ 对某个 $k_0 < k$，不失一般性，假定 $i_{k_0} \neq i_j$，$j < k_0$，由假设得到 $V_{i_{k_0}}(\boldsymbol{x}_{k_0}) + Q_{i_{k_0}}(\boldsymbol{x}_0) < r(\delta_{m-R_{k_0}})$. $Q_i(\boldsymbol{x}_0)$ 的定义中很容易得出 $V_{i_k}(\boldsymbol{x}_k) \leqslant V_{i_{k_0}}(\boldsymbol{x}_{k_0}) + Q_{i_{k_0}}(\boldsymbol{x}_0) < r(\delta_{m-R_{k_0}}) \leqslant r(\delta_{m-R_k})$. 因此，$k = K$ 成立.

因为 $V_{i_k}(\boldsymbol{x}(t))$ 在 $[t_k, t_{k+1})$ 上递减，有 $\boldsymbol{x}(t) \in B(\delta_{m-R_k})$，$\forall t \in [t_k, t_{k+1})$. 因为 $R_k \leqslant m$，$\boldsymbol{x}(t) \in B(\delta_0) = B(\varepsilon)$. 这就完成了证明.

注 4.4　当 $V_j(\boldsymbol{x}(t_{j_{k+1}})) - V_j(\boldsymbol{x}(t_{j_k})) \leqslant 0$ 成立，则有 $Q_i(\boldsymbol{x}_0) = 0$. 因此，此引理是对 Branicky 定理的推广.

考虑如何从无源性推导出稳定性，需要满足条件 (iii) 的特定输入. 此外，考虑渐近稳定时，需要可观测性等假设条件，这是通过无源性研究渐近稳定性的必要假设.下面引入系统渐近可检测性的概念.

定义 4.3　系统

$$\boldsymbol{x}' = \boldsymbol{f}(\boldsymbol{x})$$
$$\boldsymbol{y} = \boldsymbol{h}(\boldsymbol{x})$$

是渐近可检测的，如果对 $\forall \varepsilon > 0$，存在 $\delta > 0$，对 $t \geqslant 0$，$\Delta > 0$ 和 $0 \leqslant s \leqslant \Delta$，$\| \boldsymbol{y}(t+s) \| \leqslant \delta$ 成立时，有 $\| \boldsymbol{x}(t) \| \leqslant \varepsilon$.

注 4.5 这种渐近可检测性是小尺度范数可观测性[12]的一个较弱的版本.

引理 4.2 系统(4.1)在切换律 Σ 下是无源的且正定存储函数为 $S_i(\boldsymbol{x})$，则系统(4.1)在满足条件 (iii) 的任意控制输入 $\boldsymbol{u}_i$ ($i = 1, 2, \cdots, m$)下都是稳定的.

证明 对任意的 j，由条件 (iii) 得

$$
\begin{aligned}
& S_j(\boldsymbol{x}(t_{j_{k+1}})) - S_j(\boldsymbol{x}(t_{j_k})) \leqslant S_j(\boldsymbol{x}(t_{j_{k+1}})) - S_j(\boldsymbol{x}(t_{j_k+1})) \\
& \leqslant \sum_{\lambda=1}^{j_{k+1}-j_k-1} \int_{t_{j_k+\lambda}}^{t_{j_k+\lambda+1}} \omega_j^{i_{jk+\lambda}}(\boldsymbol{u}_{i_{j_k+\lambda}}, \boldsymbol{h}_{i_{j_k+\lambda}})\,\mathrm{d}t
\end{aligned} \tag{4.10}
$$

然后，有下面式子成立

$$
\begin{aligned}
& \max\{0, S_j(\boldsymbol{x}(t_{j_{k+1}})) - S_j(\boldsymbol{x}(t_{j_k}))\} \\
& \leqslant \max\left\{0, \sum_{\lambda=1}^{j_{k+1}-j_k-1} \int_{t_{j_k+\lambda}}^{t_{j_k+\lambda+1}} \omega_j^{i_{jk+\lambda}}(\boldsymbol{u}_{i_{j_k+\lambda}}, \boldsymbol{h}_{i_{j_k+\lambda}})\,\mathrm{d}t\right\} = Q_j(\boldsymbol{x}_0).
\end{aligned}
$$

则系统(4.1)的稳定性由定义 4.1 的条件 (iii) 和在文献[41]中、定理 4.1 中得到.

引理 4.3[57] 设系统(4.1)在切换律 Σ 下是无源的，且控制器 $\boldsymbol{u}_i = -\boldsymbol{y}_i (i = 1, 2, \cdots, m)$ 满足条件 (iii)，如果 $S_i(\boldsymbol{x}) (i = 1, 2, \cdots, m)$ 是全局定义的正定径向无界 C^1 函数，系统(4.1)的所有子系统都是渐近可检测的，且存在 j，使 $\lim\limits_{k\to\infty}(t_{j_{k+1}} - t_{j_k}) \neq 0$ 成立，则闭环系统在反馈控制 $\boldsymbol{u}_i = -\boldsymbol{y}_i (i = 1, 2, \cdots, m)$ 下是全局渐近稳定的.

证明 稳定性由引理 4.2 得到，下面将证明全局吸引性. 因为 $S_i(\boldsymbol{x}) (i = 1, 2, \cdots, m)$ 是全局定义的正定径向无界 C^1 函数，式(4.3)等价于

$$
S'_{i_k}(\boldsymbol{x}(t)) + \boldsymbol{h}_{i_k}^{\mathrm{T}} \boldsymbol{h}_{i_k} \leqslant 0,\ t_k \leqslant t < t_{k+1}, \tag{4.11}
$$

对于 j，满足 $\lim\limits_{k\to\infty}(t_{j_{k+1}} - t_{j_k}) \neq 0$，能选择 $\delta > 0$，使集合 $\Lambda = \{k \mid t_{j_{k+1}} - t_{j_k} \geqslant \delta\}$ 是无限的，定义一个函数

$$
\widetilde{\boldsymbol{y}}_j(t) = \begin{cases} \boldsymbol{h}_j(\boldsymbol{x}(t)),\ t \in \bigcup\limits_{k\in\Lambda} [t_{j_k}, t_{j_{k+1}}), \\ \boldsymbol{0},\ t \notin \bigcup\limits_{k\in\Lambda} [t_{j_k}, t_{j_{k+1}}). \end{cases} \tag{4.12}
$$

对于任意的 $t > 0$，当 $t_{j_k} \leqslant t < t_{j_{k+1}}$，对于 $k \in \Lambda$，根据式(4.11)得

$$
\begin{aligned}
\int_{t_0}^{t} \widetilde{\boldsymbol{y}}_j^{\mathrm{T}}(t) \widetilde{\boldsymbol{y}}_j(t)\,\mathrm{d}t &= \int_{[t_0, t] \cap \bigcup_{k\in\Lambda}[t_{j_k}, t_{j_{k+1}})} \widetilde{\boldsymbol{y}}_j^{\mathrm{T}}(t) \widetilde{\boldsymbol{y}}_j(t)\,\mathrm{d}t \\
&\leqslant \int_{[t_0, t] \cap \bigcup_{k\in\Lambda}[t_{j_k}, t_{j_{k+1}})} \boldsymbol{h}_j^{\mathrm{T}}(t) \boldsymbol{h}_j(t)\,\mathrm{d}t
\end{aligned}
$$

$$
\begin{aligned}
&\leqslant \int_{[t_0,\, t]\cap \bigcup_{k\in\Lambda}[t_{j_k},\, t_{j_k+1})} -S_j'(\boldsymbol{x}(t))\,\mathrm{d}t \\
&= \sum_{p=1}^{k-1}\int_{t_{j_p}}^{t_{j_p+1}} -S_j'(\boldsymbol{x}(t))\,\mathrm{d}t + \int_{t_{j_k}}^{t} -S_j'(\boldsymbol{x}(t))\,\mathrm{d}t \\
&= \sum_{p=1}^{k-1}(S_j(\boldsymbol{x}(t_{j_p})) - S_j(\boldsymbol{x}(t_{j_p+1}))) + S_j(\boldsymbol{x}(t_{j_k})) - S_j(\boldsymbol{x}(t)) \\
&\leqslant \sum_{p=1}^{k}(S_j(\boldsymbol{x}(t_{j_p})) - S_j(\boldsymbol{x}(t_{j_p+1}))) \\
&= S_j(\boldsymbol{x}(t_{j_1})) - S_j(\boldsymbol{x}(t_{j_{k+1}})) + \sum_{p=1}^{k-1}(S_j(\boldsymbol{x}(t_{j_{p+1}})) - S_j(\boldsymbol{x}(t_{j_p+1}))).
\end{aligned} \tag{4.13}
$$

当 $t \notin [t_{j_k},\, t_{j_{k+1}})$，对于任意的 $k \in \Lambda$，存在 $k \in \Lambda$，当 $t \geqslant t_{j_k+1}$ 和 $t < t_{j_q}$ 时，对任意的 $q \in \Lambda$ 和 $q > k$ 在此情况下，有 $\widetilde{\boldsymbol{y}}_j(s) \equiv \boldsymbol{0}$，$s \in [t_{j_k+1},\, t)$ 和式(4.13)成立，根据定义 4.1 中的 (ii) 和 (iii)，对于任意 k 得

$$
\sum_{p=1}^{k-1}(S_j(\boldsymbol{x}(t_{j_{p+1}})) - S_j(\boldsymbol{x}(t_{j_p+1}))) \leqslant Q_j(\boldsymbol{x}_0).
$$

因此

$$
\int_{t_0}^{t}\widetilde{\boldsymbol{y}}_j^{\mathrm{T}}(t)\widetilde{\boldsymbol{y}}_j(t)\,\mathrm{d}t \leqslant S_j(\boldsymbol{x}(t_{j_1})) + Q_j(\boldsymbol{x}_0). \tag{4.14}
$$

当 $\widetilde{\boldsymbol{y}}_j^{\mathrm{T}}(t)\widetilde{\boldsymbol{y}}_j(t) \geqslant 0$，$\int_{t_0}^{t}\widetilde{\boldsymbol{y}}_j^{\mathrm{T}}(t)\widetilde{\boldsymbol{y}}_j(t)\,\mathrm{d}t$ 不随着 t 的变化而增长时，通过式(4.14)的有界性得到 $\int_{t_0}^{\infty}\widetilde{\boldsymbol{y}}_j^{\mathrm{T}}(t)\widetilde{\boldsymbol{y}}_j(t)\,\mathrm{d}t$ 是有限的. 当 $t \to \infty$ 时，$\widetilde{\boldsymbol{y}}_j(t) \to \boldsymbol{0}$，假设它是错误的，那么存在 $\varepsilon > 0$ 和时间 t 的序列，如 $q_1,\, q_2,\, \cdots,\, q_k \to \infty$ 满足 $\widetilde{\boldsymbol{y}}_j^{\mathrm{T}}(q_i)\widetilde{\boldsymbol{y}}_j(q_i) \geqslant \varepsilon$，$\forall i$. 由定义 4.1 保证了 $\boldsymbol{x}(t)$ 的有界性，$\boldsymbol{x}'$（在 t_k 的左右导数）也是有界的，因此在 $\bigcup_{k\in\Lambda}[t_{j_k},\, t_{j_{k+1}})$ 之上，$\widetilde{\boldsymbol{y}}_j(t)$ 是一致连续的，鉴于 $t_{j_{k+1}} - t_{j_k} \geqslant \delta$，$k \in \Lambda$，有 $\int_{t_0}^{t}\widetilde{\boldsymbol{y}}_j^{\mathrm{T}}(t)\widetilde{\boldsymbol{y}}_j(t)\,\mathrm{d}t = \infty$. 这与 $\int_{t_0}^{\infty}\widetilde{\boldsymbol{y}}_j^{\mathrm{T}}(t)\widetilde{\boldsymbol{y}}_j(t)\,\mathrm{d}t$ 是有限的相矛盾. 因此，$\widetilde{\boldsymbol{y}}_j(t) \to \boldsymbol{0}$. 由式(4.14)可知，第 j 个子系统当 $k \to \infty$ 和 $k \in \Lambda$ 时，$\boldsymbol{x}(t_{j_k}) \to 0$，由于闭环系统的稳定性和 $\boldsymbol{x}(t)$ 的连续性，当 $t \to \infty$ 时，$\boldsymbol{x}(t) \to \boldsymbol{0}$.

注 4.6　反馈可以取非线性的形式 $\boldsymbol{u}_j = -\boldsymbol{\phi}_j(\boldsymbol{y}_j)$，其中 $\boldsymbol{\phi}_j$ 满足对任意的 $\boldsymbol{y}_j \neq \boldsymbol{0}$ 有 $\boldsymbol{y}_j^{\mathrm{T}}\boldsymbol{\phi}_j(\boldsymbol{y}_j) > 0$ 成立，这样也可以得到相应的稳定性.

4.3 基于交叉供给率的耗散性

考虑切换系统[59]

$$\begin{aligned} \boldsymbol{x}' &= \boldsymbol{f}_{\sigma}(\boldsymbol{x}, \boldsymbol{u}_{\sigma}), \\ \boldsymbol{y} &= \boldsymbol{h}_{\boldsymbol{\sigma}}(\boldsymbol{x}). \end{aligned} \tag{4.15}$$

其中, σ 是切换信号, 取值于 $M = \{1, 2, \cdots, m\}$, 这可能依赖于时间, 或状态, 或两者并存. $\boldsymbol{x} \in \mathbf{R}^n$ 是状态, $\boldsymbol{u}_i$ 和 $\boldsymbol{h}_i$ 是第 i 个子系统的输入和输出向量, 且 $\boldsymbol{f}_i = (\boldsymbol{x}, \boldsymbol{u})$ 与 $\boldsymbol{h}_i = (\boldsymbol{x})$ 是连续的, 满足 $\boldsymbol{f}_i(\boldsymbol{0}, \boldsymbol{0}) = \boldsymbol{0}$ 和 $\boldsymbol{h}_i = (\boldsymbol{0})(i = 1, 2, \cdots, m)$. 在这里采用文献 [3] 和文献 [18] 中的表示方法. 切换信号 σ 由切换序列来表征

$$\Sigma = \{(\boldsymbol{x}_0, t_0); (\boldsymbol{x}_1, t_1), \cdots, (\boldsymbol{x}_n, t_n), \cdots \mid i_n \in M, n \in \mathbf{N}\}. \tag{4.16}$$

其中, t_0 是初始时间, $\boldsymbol{x}_0$ 是初始状态, $\mathbf{N}$ 是非负整数的集合. 当 $t \in [t_k, t_{k+1})$, $\sigma(t) = i_k$ 时, 即第 i_k 个子系统被激活. 因此, 当 $t \in [t_k, t_{k+1})$ 时, 切换系统(4.15)的轨线 $\boldsymbol{x}(t)$ 被定义为第 i_k 个子系统的轨线 $x_{t_k}(t)$. 设切换系统(4.15)的状态在切换瞬间不跳跃, 即轨线 $\boldsymbol{x}(t)$ 处处是连续的. 切换序列 Σ 既可能是有限的, 也可能是无限的, 在有限情况下, 可以取 $t_{n+1} = \infty$, 下面的定义和结果仍然有效. 对任意 $j \in M$, 设

$$\Sigma \mid_j \| \{t_{j_1}, t_{j_2}, \cdots, t_{j_n}, \cdots, i_{j_q} = j, q \in \mathbf{N}\} \tag{4.17}$$

是第 j 个子系统切换时的切入时间序列, 因此

$$\{t_{j_{1+1}}, t_{j_{2+1}}, \cdots, t_{j_{n+1}}, \cdots, i_{j_q} = j, q \in \mathbf{N}\} \tag{4.18}$$

是第 j 个子系统关闭时的切出时间序列.

假设 4.1 对任何有限的 $T > t_0$, 存在一个正整数 K_T , 依赖于 T , 使在时间间隔 $[t_0, T]$, 系统切换不超过 K_T 次.

正如切换系统文献中通常假设的那样, 简单地说, 这个假设在任何有限时间内, 只能发生有限次切换. 这个假设是非常普遍的, 因为有限的时间间隔内可以任意快地切换, 这在实践中显然是不可接受的.

4.3.1 基于交叉供给率耗散性的定义

定义 4.4[59] 在切换律 Σ 下系统(4.15)是耗散的, 如果存在正定连续函数 $S_1(\boldsymbol{x}), S_2(\boldsymbol{x}), \cdots, S_m(\boldsymbol{x})$ 称为存储函数, 局部可积函数 $\omega_i^i(\boldsymbol{u}_i, \boldsymbol{h}_i)(1 \leqslant i \leqslant m)$ 称为供应率, 局部可积函数 $\omega_i^i(\boldsymbol{x}, \boldsymbol{u}_i, \boldsymbol{h}_i, t)(1 \leqslant i; j \leqslant m; i \neq j)$ 称为交叉供应率, 满足条件

(i) $$S_{i_k}(\boldsymbol{x}(t)) - S_{i_k}(\boldsymbol{x}(s))$$

$$\leqslant \int_s^t \omega_{i_k}^{i_k}(\boldsymbol{u}_{i_k}(\tau), \boldsymbol{h}_{i_k}(x(\tau)))\mathrm{d}\tau \tag{4.19}$$

$$(k = 0, 1, 2, \cdots; t_k \leqslant s \leqslant t < t_{k+1});$$

(ii)

$$S_j(\boldsymbol{x}(t)) - S_j(\boldsymbol{x}(s))$$

$$\leqslant \int_s^t \omega_j^{i_k}(\boldsymbol{x}(\tau), \boldsymbol{u}_{i_k}(\tau), \boldsymbol{h}_{i_k}(x(\tau)), \tau)\mathrm{d}\tau \tag{4.20}$$

$$(j \neq i_k; k = 0, 1, 2, \cdots; t_k \leqslant s \leqslant t < t_{k+1}).$$

(iii) 对任意 i, j，存在 $\boldsymbol{u}_i(t) = \boldsymbol{\alpha}_i(\boldsymbol{x}(t), t)$ 和 $\boldsymbol{\phi}_j^i(t) \in L_1^+[0, \infty)$，这些可能依赖于 u_i 和切换律 $\boldsymbol{\Sigma}$，使式(4.21)~(4.23)成立

$$\boldsymbol{f}_i(\boldsymbol{0}, \boldsymbol{\alpha}_i(\boldsymbol{0}, t)) \equiv \boldsymbol{0}, \ \forall t \geqslant t_0 \tag{4.21}$$

$$\omega_i^i(\boldsymbol{u}_i(t), \boldsymbol{h}_i(\boldsymbol{x}(t))) \leqslant 0, \ \forall t \geqslant t_0 \tag{4.22}$$

$$\omega_j^i(\boldsymbol{x}(t), \boldsymbol{u}_i(t), \boldsymbol{h}_i(\boldsymbol{x}(t)), t) - \boldsymbol{\phi}_j^i(t) \leqslant 0, \ \forall j \neq i, \ \forall t \geqslant t_0. \tag{4.23}$$

注 4.7　在定义 4.4 中，$S_i(\boldsymbol{x})$ 和 ω_j^i 分别是第 j 个子系统被激活时的常用存储函数和供给率. 与经典耗散性定义中存储函数为半正定不同，这里需要正定的存储函数来诱导切换系统的稳定性和输出稳定性，这与多 Lyapunov 函数的情形相同[2]，其中子系统的所有 Lyapunov 函数都需要为正定. 值得注意的是第 j 个子系统在时间间隔 $[t_k, t_{k+1}]$ 上处于非被激活状态，因此“能量” $S_i(\boldsymbol{x})$ 可能明显保持不变. 但是由于所有子系统共享相同的状态变量，$S_j(\boldsymbol{x})$ 实际上从 $S_j(\boldsymbol{x}(t_k))$ 到 $S_j(\boldsymbol{x}(t_{k+1}))$ 有变化. 这可能看作从被激活子系统到非被激活第 j 个子系统的“输入能量”. 该“能量”由“交叉供应” ω_j^i 从第 i 个子系统到第 j 个子系统描述并满足耗散不等式(4.20).

在条件(iii)中，式(4.21)需要保证原点是控制 $\boldsymbol{u}_i(t) = \boldsymbol{0}$ 时系统具有平衡点 $\boldsymbol{x} = \boldsymbol{0}$. 式(4.22)对于一类控制器都满足. 例如任何状态反馈控制器 $\boldsymbol{u}_i(t) = \boldsymbol{\alpha}_i(\boldsymbol{x})$ 和 $\boldsymbol{\alpha}_i(\boldsymbol{0}) = \boldsymbol{0}$ 满足式(4.22). 此外，式(4.23)意味着对于至少存在 $\boldsymbol{u}_i(t)$，如果没有外部能量，当被激活时提供给第 i 个子系统，那么从被激活的第 i 个子系统到非被激活的第 j 个子系统的总“能量”是有限的. 这个条件是自然的、合理的，否则第 i 个子系统在没有外部能量的情况下会产生无穷大的能量

$$\omega_j^i(\boldsymbol{x}, \boldsymbol{u}_i, \boldsymbol{h}_i, t) = \boldsymbol{\nu}_j^i(\boldsymbol{x})\omega_i^i(\boldsymbol{u}_i, \boldsymbol{h}_i) + \boldsymbol{\phi}_j^i(t),$$

具有正定函数 $\boldsymbol{\nu}_j^i(\boldsymbol{x})$ 和 $\boldsymbol{\phi}_j^i \in L_1^+[0, \infty)$，条件(iii)自动满足.

虽然假设所有子系统都是时不变的，但由于切换的原因，整个切换系统都具有时变特性，这在时变切换律的情况下更是如此，考虑到这一点，交叉供给率被定义为时变，以涵盖更一般的情况. 这种时变交叉供给率还表明在第 i 个子系统的不同活动时间间隔内，第 i 个子系统到第 j 个子系统的供给率可能不同.

注 4.8　当(i)适用于公共存储函数 $S_i(\boldsymbol{x}) = S(\boldsymbol{x})$ 和公共供给率时，$\omega_j^i(\boldsymbol{u}_i, \boldsymbol{h}_i) = \omega(\boldsymbol{u}_i, \boldsymbol{h}_i)$，对 $\omega_j^i(\boldsymbol{0}, \boldsymbol{h}_i) \leqslant 0$ 时，(ii)满足 $\omega_j^i(\boldsymbol{x}, \boldsymbol{u}_i, \boldsymbol{h}_i, t) = \omega_i^i(\boldsymbol{u}_i, \boldsymbol{h}_i)$

且(iii)在 $\boldsymbol{u}_i(t)=\boldsymbol{0}$ 和 $\phi_j^i(t)=0$ 时成立. 因此耗散性的概念是具有正定存储函数的经典概念的自然推广.

4.3.2 稳定性分析

本节讨论 Lyapunov 意义下的稳定性, 将展示如何利用耗散性来推导切换系统(4.15)的稳定性.

引理 4.4[59] 在假设 4.1 下, 如果系统(4.15)是耗散的且存储函数 $S_i(\boldsymbol{x})$ 满足 $S_i(\boldsymbol{0})=0$, 那么对于满足条件(iii)的任何控制 $\boldsymbol{u}_i(t)$, 原点在 Lyapunov 意义下是稳定的.

证明 对于任何常数 $c>0$, 设 $B(c)=\{\boldsymbol{x}\mid \|\boldsymbol{x}\|\leqslant c\}$, $r_i(c)=\min\{S_i(\boldsymbol{x})\mid \|\boldsymbol{x}\|=c\}$ 和 $r(c)=\min\{r_i(c)\}$. 对于任意给定的 $\varepsilon>0$, 将证明 $i\in M$ 和 $t>t_0$ 的 $S_i(\boldsymbol{x}(t))<r(\varepsilon)$, 前提是初始状态 $\boldsymbol{x}_0$ 在原点的一小领域内. 为此将分三步给出证明.

(a)存在 $T>0$, 因此对于满足 $T_{K+1}\geqslant T$ 的所有整数 K, 对于任何 $j\in M$, $t_{j_q}\in\Sigma\mid j$ 和 $t_{j_q}>t_{K+1}$, 使

$$S_j(\boldsymbol{x}(t_{j_q}))-S_j(\boldsymbol{x}(t_{K+1}))<\frac{1}{2}r(\varepsilon).$$

(b)对于某些整数 $T_{K+1}\geqslant T$, 原点附近的任何 $\boldsymbol{x}_0$, $t\in[t_0,t_{K+1}]$ 和 $i\in M$

$$S_i(\boldsymbol{x}(t))<\frac{1}{2}r(\varepsilon).$$

(c)对于(b)中的整数 K, 任意 $j\in M$, $t_{j_q}\in\Sigma\mid j$ 和 $t_{j_q}>t_{K+1}$, 有

$$S_j(\boldsymbol{x}(t_{j_q}))<r(\varepsilon).$$

首先证明(a). 条件(iii)表明, 为了 u_i 满足 $\omega_i^i(\boldsymbol{u}_i(t),\boldsymbol{h}_i(\boldsymbol{x}(t)))\leqslant 0$. 存在 $\phi_j^i(t)\in L_1^+[0,\infty)$, $i\neq j$, 使 $\omega_j^i(\boldsymbol{x}(t),\boldsymbol{u}_i(t),\boldsymbol{h}_i(\boldsymbol{x}(t)),t)\leqslant\phi_j^i(t)$. 由 $\phi_j^i(t)\in L_1^+[0,\infty)$, 存在 $T>0$, 因此对于任何 T_1, T_2, $T\leqslant T_1\leqslant T_2\leqslant\infty$ 得

$$\int_{T_1}^{T_2}\phi_j^i(t)\,\mathrm{d}t<\frac{1}{2m}r(\varepsilon)\quad(i,j\in M;\ i\neq j),\tag{4.24}$$

其中, m 是子系统的个数. 对任何 $j\in M$, 让 $t_{j_q}\in\Sigma\mid j$ 和 $t_{j_q}>t_{K+1}$. 很显然, $j_q\geqslant K+2$. 从式(4.19)和式(4.20)推出

$$\begin{aligned}&S_j(\boldsymbol{x}(t_{j_q}))-S_j(\boldsymbol{x}(t_{K+1}))\\&=\sum_{\lambda=1}^{j_q-K-1}S_j(\boldsymbol{x}(t_{K+\lambda+1}))-S_j(\boldsymbol{x}(t_{K+\lambda}))\\&\leqslant\sum_{\lambda=1}^{j_q-K-1}\int_{t_{K+\lambda}}^{t_{K+\lambda+1}}\psi_j^{i_{K+\lambda}}(t)\,\mathrm{d}t,\end{aligned}\tag{4.25}$$

其中，

$$\psi_j^{i_{K+\lambda}}(t)=\begin{cases}\omega_j^j(\boldsymbol{u}_j(\boldsymbol{x}(t),t),\boldsymbol{h}_i(\boldsymbol{x}(t))),\ \text{if}\ i_{K+\lambda}=j,\\ \omega_j^{i_{K+\lambda}}(\boldsymbol{x}(t),\boldsymbol{u}_{i_{K+\lambda}}(\boldsymbol{x}(t),t),\boldsymbol{h}_{i_{K+\lambda}}(\boldsymbol{x}(t)),t),\ \text{if}\ i_{K+\lambda}\neq j.\end{cases}\tag{4.26}$$

注意 $\omega_j^j\leqslant 0$ 和 $\omega_j^{i_{K+\lambda}}\leqslant\phi_j^{i_{K+\lambda}}$，所以知道 $\psi_j^{i_{K+\lambda}}\leqslant\phi_j^{i_{K+\lambda}}$. 考虑到式(4.24)有

$$\begin{aligned}&S_j(\boldsymbol{x}(t_{j_q}))-S_j(\boldsymbol{x}(t_{K+1}))\\&\leqslant\sum_{\lambda=1}^{j_q-K-1}\int_{t_{K+\lambda}}^{t_{K+\lambda+1}}\phi_j^{i_{K+\lambda}}(t)\,\mathrm{d}t\\&\leqslant\sum_{t=1}^{m}\int_{t_{K+1}}^{\infty}\phi_j^i(t)\,\mathrm{d}t\\&<\frac{1}{2}r(\varepsilon)\end{aligned}\tag{4.27}$$

现在证明(b). 假设 4.1 是在时间间隔 $[t_0,T]$ 上，系统(4.15)对某个依赖 T 的整数 K_T，最多切换 K_T 次. 为了表示简单，去掉下标 T 并用 K 表示 K_T. 因此，第 $(K+1)$ 次切换时间 t_{K+1} 满足 $t_{K+1}\geqslant T$，S_i 是正定的且 $S_i(\boldsymbol{0})=0$，可以找到 $\delta_1>0$, $\delta_1<\varepsilon$，有 $S_i(\boldsymbol{x})<\frac{1}{2}r(\varepsilon)$，当 $\boldsymbol{x}\in B(\delta_1)$. 对任意 $\delta_1>0$，可以找到 $\delta_2>0$, $\delta_2<\delta_1$，有 $S_i(\boldsymbol{x})<r(\delta_1)$，其中 $\boldsymbol{x}\in B(\delta_2)$.

继续以上过程，最终得到一个序列 $\varepsilon=\delta_0>\delta_1>\delta_2>\cdots>\delta_K>\delta_{K+1}>\delta_{K+2}>0$ 与 $S_i(\boldsymbol{x})<r(\delta_p)$，当 $\boldsymbol{x}\in B(\delta_{p+1})(p=1,2,\cdots,K+1)$，$\forall i$,

$$S_i(\boldsymbol{x})<\frac{1}{2}r(\varepsilon)\text{，当}\ \boldsymbol{x}\in B(\delta_1),\ \forall i,\tag{4.28}$$

如图 4.2 所示. 式(4.19)和式(4.22)意味着 $S_{i_k}(\boldsymbol{x}(t))$ 递减，当第 i_k 个子系统处于被激活状态. 因此

$$S_{i_k}(\boldsymbol{x}(t))\leqslant S_{i_k}(\boldsymbol{x}(t_k)),\ t\in[t_k,t_{k+1})\quad(k=0,1,2,\cdots)\tag{4.29}$$

特别是基于式(4.28)，如果 $\boldsymbol{x}_0\in B(\delta_{K+2})$，有

$$S_{i_0}(\boldsymbol{x}(t))\leqslant S_{i_0}(\boldsymbol{x}_0)<r(\delta_{K+1}),\ t\in[t_0,t_1).\tag{4.30}$$

假设式(4.31)成立

$$\boldsymbol{x}(t)\in B(\delta_{K+1}),\ t\in[t_0,t_1).\tag{4.31}$$

事实上，如果式(4.31)不成立，则存在 $t^*\in[t_0,t_1)$，使 $\boldsymbol{x}(t^*)\notin B(\delta_{K+1})$. 必须存在 $\bar{t}\in[t_0,t_1)$ 满足 $\|\boldsymbol{x}(\bar{t})\|=\delta_{K+1}$. 根据 $r(\delta_{K+1})$ 的定义，有 $S_{i_0}(\boldsymbol{x}(\bar{t}))\geqslant r(\delta_{K+1})$，与式(4.30)相矛盾. 显然式(4.28)、式(4.29)与式(4.30)意味着

$$S_{i_1}(\boldsymbol{x}(t))\leqslant S_{i_1}(\boldsymbol{x}_1)<r(\delta_K),\ t\in[t_1,t_2).\tag{4.32}$$

反之

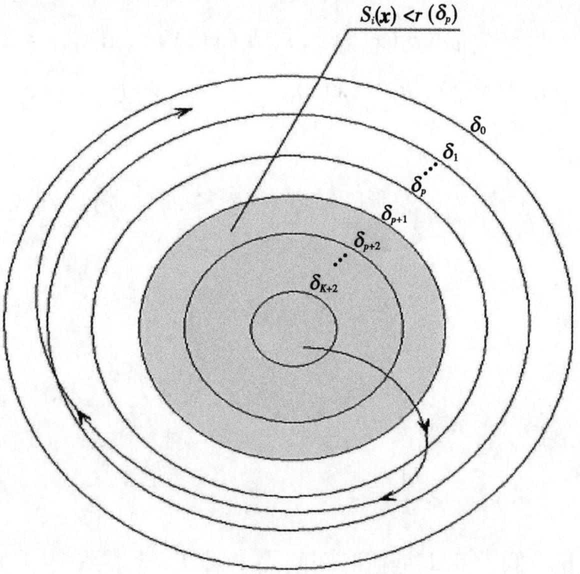

图 4.2　引理 4.4 证明示意图

$$\boldsymbol{x}(t) \in B(\delta_K),\ t \in [t_1,\ t_2). \tag{4.33}$$

重复这些步骤，得

$$S_{i_k}(\boldsymbol{x}(t)) \leqslant S_{i_k}(\boldsymbol{x}_k) < r(\delta_1),\ t \in [t_k,\ t_{k+1}). \tag{4.34}$$

且有式(4.35)成立

$$\boldsymbol{x}(t) \in B(\delta_1),\ t \in [t_k,\ t_{k+1}). \tag{4.35}$$

由 $\varepsilon = \delta_0 > \delta_1 > \delta_2 > \cdots > \delta_K > \delta_{K+1} > \delta_{K+2} > 0$，可知

$$\boldsymbol{x}(t) \in B(\delta_1),\ t \in [t_0,\ t_{K+1}). \tag{4.36}$$

因此任意的 $i \in M = \{1, 2, \cdots, m\}$，有

$$S_i(\boldsymbol{x}(t)) < \frac{1}{2}r(\varepsilon),\ t \in [t_0,\ t_{K+1}). \tag{4.37}$$

由(a)和(b)有 $S_j(\boldsymbol{x}(t_{j_q})) \leqslant S_j(\boldsymbol{x}(t_{K+1})) + \frac{1}{2}r(\varepsilon) < r(\varepsilon)$，则(c)成立. 因此很容易证明对于 $\forall t$ 有 $\boldsymbol{x}(t) \in B(\varepsilon)$ 成立.

4.3.3 无源性

无源性是耗散性的最有用的形式之一，与稳定性紧密相连. 在这一节中将定义系统(4.15)的无源性，并建立一个无源性定理. 假设 $\boldsymbol{u}_i$ 和 $\boldsymbol{y}_i$ 有相同的维数.

定义 4.5[59]　如果系统(4.15)在切换律 Σ 下是无源的，如果它在下面供给率下是耗散的

$$\omega_j^j(\boldsymbol{u}_j, \boldsymbol{h}_j) = \boldsymbol{u}_j^{\mathrm{T}}\boldsymbol{h}_j - \delta_j \boldsymbol{u}_i^{\mathrm{T}}\boldsymbol{u}_j - \varepsilon_j \boldsymbol{h}_j^{\mathrm{T}}\boldsymbol{h}_j \quad (j = 1, 2, \cdots, m),$$

其中任意的 $\delta_j \geqslant 0$, $\varepsilon_j \geqslant 0$. 如果 $\delta_j > 0(\varepsilon_j > 0)$，则称为严格输入(输出)无源的，这里交叉供给率可以采取任何形式.

注 4.9　供给率 $\omega_j^j(\boldsymbol{u}_j, \boldsymbol{h}_j)$ 为二次型，因为表示不同子系统之间能量交换的交叉供给率可以采用任意形式，所以这样无源性的定义就非常广泛.

4.3.4　无源性 KYP 判定条件

研究如下形式切换系统[81]

$$\begin{aligned} \dot{\boldsymbol{x}} &= \boldsymbol{f}_\sigma(\boldsymbol{x}) + \boldsymbol{g}_\sigma(\boldsymbol{x})\boldsymbol{u}_\sigma, \\ \boldsymbol{y} &= \boldsymbol{h}_\sigma(\boldsymbol{x}). \end{aligned} \tag{4.38}$$

切换信号 σ 取值于 $M = \{1, 2, \cdots, m\}$. 考虑具有如下形式供应率的系统无源性

$$\omega_i^i(\boldsymbol{u}_i, \boldsymbol{h}_i) = \boldsymbol{u}_i^{\mathrm{T}}\boldsymbol{h}_i - \varepsilon_i \boldsymbol{h}_i^{\mathrm{T}}\boldsymbol{h}_i.$$

因为有无穷多个交叉供给率的选择，为了将经典 KYP 条件推广到切换系统，为简单起见，将交叉供给率限定为

$$\omega_j^i(\boldsymbol{x}, \boldsymbol{u}_j, \boldsymbol{h}_j, t) = \varphi_j^i(\boldsymbol{x})\omega_i^i(\boldsymbol{u}_i, \boldsymbol{h}_i) = \varphi_j^i(\boldsymbol{x})(\boldsymbol{u}_i^{\mathrm{T}}\boldsymbol{h}_i - \varepsilon_i \boldsymbol{h}_i^{\mathrm{T}}\boldsymbol{h}_i). \tag{4.39}$$

其中，$\varphi_j^i(\boldsymbol{x})$ 为正定连续函数. 另外，只考虑两种类型的切换律：一种是时间依赖型切换律，其中 $\sigma(t) = i_k$, $t \in [t_k, t_{k+1})$ 和切换时刻 $\{t_k, k = 1, 2, \cdots\}$ 是预先设计. 另一个依赖于状态的切换定律，其中 $\sigma(t) = \sigma(\boldsymbol{x}(t)) = i$，如果 $\boldsymbol{x}(t) \in \Omega_i$，且 $\bigcup_{i=1}^{m} \Omega_i = \mathbf{R}^n$, $\mathrm{Int}\Omega_i \cap \Omega_j = \varnothing (i \neq j)$.

在这些情况下定义 4.1 中的条件 (i) (ii) 可以写成统一形式

$$\begin{aligned} & S_j(\boldsymbol{x}(t)) - S_j(\boldsymbol{x}(s)) \\ \leqslant & \int_s^t \varphi_j^{i_k}(\boldsymbol{x}(\tau)) \times (\boldsymbol{u}_{i_k}^{\mathrm{T}}(\tau)\boldsymbol{h}_{i_k}(\boldsymbol{x}(\tau)) - \varepsilon_{i_k}\boldsymbol{h}_{i_k}(\boldsymbol{x}(\tau))^{\mathrm{T}}\boldsymbol{h}_{i_k}(\boldsymbol{x}(\tau)))\mathrm{d}\tau, \\ & (\forall j, k;\ t_k \leqslant s \leqslant t < t_{k+1}). \end{aligned} \tag{4.40}$$

且 $\phi_i^i(\boldsymbol{x}) = 1$. 对于时间依赖型切换与状态依赖型切换，分别有

$$\begin{aligned} \boldsymbol{L}_{f_{i_k}} S_j &\leqslant -\varepsilon_{i_k}\varphi_j^{i_k}\boldsymbol{h}_{i_k}^{\mathrm{T}}\boldsymbol{h}_{i_k},\ t \in [t_k, t_{k+1}), \\ \boldsymbol{L}_{g_{i_k}} S_j &\leqslant \varphi_j^{i_k}\boldsymbol{h}_{i_k}^{\mathrm{T}},\ t \in [t_k, t_{k+1}) \end{aligned} \tag{4.41}$$

和

$$\begin{aligned} \boldsymbol{L}_{f_i} S_j &\leqslant -\varepsilon_{i_k}\varphi_j^{i}\boldsymbol{h}_i^{\mathrm{T}}\boldsymbol{h}_i,\ \boldsymbol{x} \in \Omega_i, \\ \boldsymbol{L}_{g_i} S_j &\leqslant \varphi_j^{i}\boldsymbol{h}_i^{\mathrm{T}},\ \boldsymbol{x} \in \Omega_i, \end{aligned} \tag{4.42}$$

其中，$\boldsymbol{L}_{f_{i_k}} S_j$ 是 S_j 沿向量场 $\boldsymbol{f}_{i_k}$ Lie 导数，而条件 (iii) 显然满足. 不等式(4.41)和式(4.42)是已知 KYP 条件的局部形式化.

4.3.5 输出反馈镇定

在这一节中将展示无源性如何通过输出反馈来诱导渐近稳定，就像在非切换的情况下一样. 首先需要引入非线性系统渐近零状态可检测性的概念，这将有助于证明切换系统的渐近稳定性.

定义 4.6[81] 系统

$$\begin{aligned}\dot{\boldsymbol{x}} &= \boldsymbol{f}(\boldsymbol{x}),\\ \boldsymbol{y} &= \boldsymbol{h}(\boldsymbol{x})\end{aligned} \tag{4.43}$$

称为渐近零状态可检测. 如果任何 $\varepsilon > 0$, 存在 $\delta > 0$, 使当 $\|\boldsymbol{y}(t+s)\| < \delta$ 成立时, 对任意 $t \geqslant 0$, $\Delta \geqslant 0$ 和 $0 \leqslant s \leqslant \Delta$, 有 $\|\boldsymbol{x}(t)\| < \varepsilon$.

注 4.10 这种渐近零状态可检测性是小时间范数可观测性的弱形式.

引理 4.5[59] 如果系统(4.15)是无源的，那么原点由下面任意形式的控制器 u_i 镇定

$$\boldsymbol{u}_i(t) = \boldsymbol{\alpha}_i(\boldsymbol{x}(t), t),$$

要求该控制器满足 $\boldsymbol{f}_i(\boldsymbol{0}, \boldsymbol{\alpha}_i(\boldsymbol{0}, t)) \equiv \boldsymbol{0}$ 和 $\boldsymbol{u}_i^{\mathrm{T}}(t)\boldsymbol{h}_i(\boldsymbol{x}(t)) \leqslant 0$. 此外，如果所有 S_j 都是全局定义的径向无界的，则至少存在一个 j，使 $\lim\limits_{k\to\infty}(t_{j_k+1} - t_{j_k}) \neq 0$ 且系统(4.15)的所有子系统都是渐近零状态可检测的，那么原点通过输出反馈 $\boldsymbol{u}_i = -\boldsymbol{h}_i$ 是全局渐近稳定的.

证明 稳定性直接由引理 4.4 得到，下面只需要证明吸引性. 首先，定义一个在无穷多个长度不小于某个正常数的区间上等于 $\boldsymbol{h}_j(\boldsymbol{x}(t))$ 的函数 $\widetilde{\boldsymbol{h}}_j(t)$；然后通过无源性证明当 $t \to \infty$ 时，$\widetilde{\boldsymbol{h}}_j(t) \to \boldsymbol{0}$；最后，用渐近零状态可检测证明当 $t \to \infty$ 时，$x(t) \to \boldsymbol{0}$.

将输出反馈 $\boldsymbol{u}_i = -\boldsymbol{h}_i$ 代入无源性不等式(4.19)得

$$\begin{aligned}&S_{i_k}(\boldsymbol{x}(t)) - S_{i_k}(\boldsymbol{x}(s))\\ &\leqslant -\zeta_{i_k}\int_s^t \|\boldsymbol{h}_{i_k}(\boldsymbol{x}(t))\|^2 \mathrm{d}t,\ t_k \leqslant s \leqslant t \leqslant t_{k+1},\end{aligned} \tag{4.44}$$

其中，$\zeta_{i_k} = 1 + \delta_i + \varepsilon_i$，或者如下等价形式

$$\begin{aligned}&\zeta_{i_k}\int_s^t \|\boldsymbol{h}_{i_k}(\boldsymbol{x}(t))\|^2 \mathrm{d}t\\ &\leqslant S_{i_k}(\boldsymbol{x}(s)) - S_{i_k}(\boldsymbol{x}(t)),\ t_k \leqslant s \leqslant t \leqslant t_{k+1}.\end{aligned} \tag{4.45}$$

整数 j 满足 $\lim\limits_{k\to\infty}(t_{j_k+1} - t_{j_k}) \neq 0$，选择 $\delta > 0$，使集合 $\Lambda = \{k \mid t_{j_k+1} - t_{j_k} \geqslant \delta\}$ 是无限的. 定义函数

$$\widetilde{\boldsymbol{h}}_j(t)=\begin{cases}\boldsymbol{h}_j(\boldsymbol{x}(t)), & t\in\bigcup\limits_{k\in\Lambda}[t_{j_k},\ t_{j_k+1}),\\ \boldsymbol{0}, & t\notin\bigcup\limits_{k\in\Lambda}[t_{j_k},\ t_{j_k+1}).\end{cases}\tag{4.46}$$

对于任意 $t>0$，如果对于某些 $k\in\Lambda$，$t_{j_k}\leqslant t\leqslant t_{j_k+1}$ 由式(4.45)得

$$\begin{aligned}&\zeta_j\int_{t_0}^{t}\widetilde{\boldsymbol{h}}_j^{\mathrm{T}}(t)\widetilde{\boldsymbol{h}}_j(t)\,\mathrm{d}t\\ &=\zeta_j\int_{[t_0,\ t]\cap\bigcup\limits_{p\in\Lambda}[t_{j_p},\ t_{j_p+1})}\widetilde{\boldsymbol{h}}_j^{\mathrm{T}}(t)\widetilde{\boldsymbol{h}}_j(t)\,\mathrm{d}t\\ &=\zeta_j\sum_{p\in\Lambda,\ p<k}\int_{t_{j_p}}^{t_{j_p+1}}\boldsymbol{h}_j^{\mathrm{T}}(\boldsymbol{x}(t))\boldsymbol{h}_j(\boldsymbol{x}(t))\,\mathrm{d}t+\int_{t_{j_k}}^{t}\boldsymbol{h}_j^{\mathrm{T}}(\boldsymbol{x}(t))\boldsymbol{h}_j(\boldsymbol{x}(t))\,\mathrm{d}t\\ &\leqslant\zeta_j\sum_{p=1}^{k-1}\int_{t_{j_p}}^{t_{j_p+1}}\boldsymbol{h}_j^{\mathrm{T}}(\boldsymbol{x}(t))\boldsymbol{h}_j(\boldsymbol{x}(t))\,\mathrm{d}t+\int_{t_{j_k}}^{t}\boldsymbol{h}_j^{\mathrm{T}}(\boldsymbol{x}(t))\boldsymbol{h}_j(\boldsymbol{x}(t))\,\mathrm{d}t\\ &\leqslant\sum_{p=1}^{k-1}(S_j(\boldsymbol{x}(t_{j_p}))-S_j(\boldsymbol{x}(t_{j_p+1})))+S_j(\boldsymbol{x}(t_{j_k}))-S_j(\boldsymbol{x}(t))\\ &\leqslant\sum_{p=1}^{k}(S_j(\boldsymbol{x}(t_{j_p}))-S_j(\boldsymbol{x}(t_{j_p+1})))\end{aligned}\tag{4.47}$$

很容易得出

$$\begin{aligned}&S_j(\boldsymbol{x}(t_{j_{p+1}}))-S_j(\boldsymbol{x}(t_{j_p+1}))\\ &=\sum_{\lambda=1}^{j_{p+1}-j_p-1}(S_j(\boldsymbol{x}(t_{j_p+1+\lambda}))-S_j(\boldsymbol{x}(t_{j_p+\lambda})))\\ &\leqslant\sum_{\lambda=1}^{j_{p+1}-j_p-1}\int_{t_{j_p+\lambda}}^{t_{j_p+1+\lambda}}(\omega_j^{i_{j_p+\lambda}}(\boldsymbol{x}(t),\ \boldsymbol{u}_{i_{j_p+\lambda}}(t),\ \boldsymbol{h}_{i_{j_p+\lambda}}(\boldsymbol{x}(t)),\ t))\,\mathrm{d}t\\ &\leqslant\sum_{\lambda=1}^{j_{p+1}-j_p-1}\int_{t_{j_p+\lambda}}^{t_{j_p+1+\lambda}}\phi_j^{i_{j_p+\lambda}}\,\mathrm{d}t.\end{aligned}\tag{4.48}$$

因此

$$\begin{aligned}&\sum_{p=1}^{k-1}(S_j(\boldsymbol{x}(t_{j_{p+1}}))-S_j(\boldsymbol{x}(t_{j_p+1})))\\ &\leqslant\sum_{p=1}^{k-1}\sum_{\lambda=1}^{j_{p+1}-j_p-1}\int_{t_{j_p+\lambda}}^{t_{j_p+1+\lambda}}\phi_j^{i_{j_p+\lambda}}(t)\,\mathrm{d}t\\ &\leqslant\sum_{\lambda=1}^{j_{p+1}-j_p-1}\sum_{p=1}^{k-1}\int_{t_{j_p+\lambda}}^{t_{j_p+1+\lambda}}\phi_j^{i_{j_p+\lambda}}(t)\,\mathrm{d}t\\ &\leqslant\sum_{i=1,\ i\neq j}^{m}\int_{t_0}^{\infty}\phi_i^{j}(t)\,\mathrm{d}t<\infty.\end{aligned}\tag{4.49}$$

如果对于任意 $k\in\Lambda$, $t\notin[t_{j_k},t_{j_{k+1}})$，则对任何 $q\in\Lambda$ 和 $q>k$，存在 $k\in\Lambda$，使 $t\geqslant t_{j_{k+1}}$ 和 $t<t_{j_q}$. 在此情况下，有 $\widetilde{\boldsymbol{h}}_j(s)\equiv\boldsymbol{0}$, $s\in[t_{j_{k+1}},t)$ 和式(4.47)仍然成立. 从式(4.48)和式(4.49)可以看出 $\int_{t_0}^{\infty}\widetilde{\boldsymbol{h}}_j^{\mathrm{T}}(t)\widetilde{\boldsymbol{h}}_j(t)\mathrm{d}t$ 是有限的. 现在将证明当 $t\to\infty$ 时，$\widetilde{\boldsymbol{h}}_j(t)\to\boldsymbol{0}$ 成立. 假设这是错误的，那么存在 $\varepsilon>0$ 和一个时间序列 t. $q_1, q_2, \cdots, q_k\to\infty$ 满足 $\widetilde{\boldsymbol{h}}_j^{\mathrm{T}}(t)\widetilde{\boldsymbol{h}}_j(t)\geqslant\varepsilon$, $\forall i$. 注意式(4.44)和定义 4.4 的条件 (ii) 保证了 $\boldsymbol{x}(t)$ 的有界性，并且 $\dot{\boldsymbol{x}}(t)=\boldsymbol{f}_\sigma(\boldsymbol{x}(t))$ 也有界. 因此 $\widetilde{\boldsymbol{h}}_j(t)$ 在 $\bigcup_{k\in\Lambda}[t_{j_k}, t_{j_{k+1}})$ 上一致连续. 由于 $t_{j_{k+1}}-t_{j_k}\geqslant\delta$, $k\in\Lambda$，有 $\int_{t_0}^{\infty}\widetilde{\boldsymbol{h}}_j^{\mathrm{T}}(t)\widetilde{\boldsymbol{h}}_j(t)\mathrm{d}t=\infty$，这与 $\int_{t_0}^{\infty}\widetilde{\boldsymbol{h}}_j^{\mathrm{T}}(t)\widetilde{\boldsymbol{h}}_j(t)\mathrm{d}t$ 是有限的事实相矛盾. 因此，由第 j 个子系统的渐近零状态可检测性，由 $\widetilde{\boldsymbol{h}}_j(t)\to\boldsymbol{0}$ 得当 $k\to\infty$ 时 $\boldsymbol{x}(t_{j_k})\to\boldsymbol{0}$. 这意味着由于闭环系统的稳定性和 $\boldsymbol{x}(t)$ 的连续性得当 $t\to\infty$ 时 $\boldsymbol{x}(t)\to\boldsymbol{0}$.

注 4.11 反馈控制器设计如下形式，$\boldsymbol{u}_i=-\boldsymbol{\xi}_i(\boldsymbol{h}_i)$，其中对于任意 $\boldsymbol{y}$ 满足 $\boldsymbol{\xi}_i(\boldsymbol{y})\boldsymbol{y}>0$.

4.3.6 反馈级联

在这一节中将考虑无源切换系统的反馈级联定理.

考虑切换系统

$$H_1:\begin{cases}\dot{\boldsymbol{x}}^1=\boldsymbol{f}_{\sigma_1}^1(\boldsymbol{x}^1,\boldsymbol{u}_{\sigma_1}^1)\\ \boldsymbol{y}^1=\boldsymbol{h}_{\sigma_1}^1(\boldsymbol{x}^1)\end{cases}\tag{4.50}$$

(其中，$\boldsymbol{x}^1\in\mathbf{R}^n$ 和切换信号 σ_1.)

和

$$H_2:\begin{cases}\dot{\boldsymbol{x}}^2=\boldsymbol{f}_{\sigma_2}^2(\boldsymbol{x}^2,\boldsymbol{u}_{\sigma_2}^2)\\ \boldsymbol{y}^2=\boldsymbol{h}_{\sigma_2}^2(\boldsymbol{x}^2)\end{cases}\tag{4.51}$$

(其中，$\boldsymbol{x}^2\in\mathbf{R}^{n_2}$ 和切换信号 σ_2.) 假设 $\boldsymbol{f}_{\sigma_i}^i$ 和 $\boldsymbol{h}_{\sigma_i}^i$ 是连续的. 图 4.3 描述了 H_1 和 H_2 的反馈级联.

引理 4.6 假设切换系统 H_1 和 H_2 是无源的，且相应的级联子系统在维数上是相容的，那么图 4.3 所示的反馈级联系统也是无源切换系统.

$$\dim\boldsymbol{r}_{\sigma_1}^1=\dim\boldsymbol{h}_{\sigma_2}^2=\dim\boldsymbol{u}_{\sigma_1}^1,$$
$$\dim\boldsymbol{r}_{\sigma_2}^2=\dim\boldsymbol{h}_{\sigma_1}^1=\dim\boldsymbol{u}_{\sigma_2}^2.$$

此外，如果 H_1 和 H_2 都是严格输出无源的，那么级联系统也是严格输出无源的.

证明　与无切换情况相似，此处证明省略.

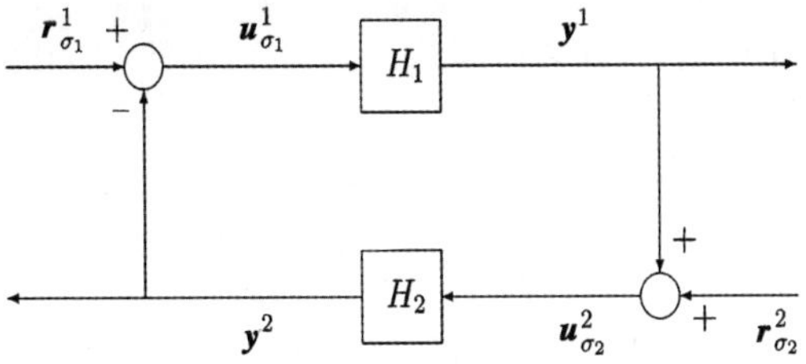

图 4.3　两个无源系统的级联

4.3.7　L_2 增益判定

作为另一种有用的耗散形式，本节研究切换系统的 L_2 增益.

定义 4.7[59]　系统(4.15)有 L_2 增益 $\gamma > 0$，如果对于供给率 $\omega_i^i = \frac{1}{2}\gamma^2\boldsymbol{u}_i^{\mathrm{T}}\boldsymbol{u}_i - \frac{1}{2}\boldsymbol{h}_i^{\mathrm{T}}\boldsymbol{h}_i (i = 1, 2, \cdots, m)$ 是耗散的. 与无源性相似，没有指定交叉供应率 ω_i^j $(i \neq j)$ 的形式.

现在寻找系统(4.15)具有 L_2 增益的条件，考虑具有如下形式的交叉供给率

$$\omega_j^i(\boldsymbol{x}, \boldsymbol{u}_i, \boldsymbol{h}_i, t) = \varphi_j^i(\boldsymbol{x})\omega_i^i(\boldsymbol{u}_i, \boldsymbol{h}_i) = \frac{1}{2}\varphi_j^i(\boldsymbol{x})(\gamma^2\boldsymbol{u}_i^{\mathrm{T}}\boldsymbol{u}_i - \boldsymbol{h}_i^{\mathrm{T}}\boldsymbol{h}_i) \tag{4.52}$$

对于某些正连续函数 $\varphi_j^i(\boldsymbol{x})$. 类似地，定义 4.4 中的条件 (i) 和 (ii) 同样可以写成统一形式

$$\begin{aligned} & S_j(\boldsymbol{x}(t)) - S_j(\boldsymbol{x}(s)) \\ \leqslant & \frac{1}{2}\int_s^t \varphi_j^{i_k}(\boldsymbol{x}(\tau)) \times (\gamma^2\boldsymbol{u}_{i_k}^{\mathrm{T}}(\tau)\boldsymbol{u}_{i_k} - \boldsymbol{h}_{i_k}(\boldsymbol{x}(\tau))^{\mathrm{T}}\boldsymbol{h}_{i_k}(\boldsymbol{x}(\tau)))\mathrm{d}\tau \\ & (\forall j, k; t_k \leqslant s \leqslant t_{k+1}). \end{aligned} \tag{4.53}$$

其中，$\varphi_i^i = 1$. 分别得到时间依赖型切换律与状态依赖型切换律的 Hamilton-Jacobi 不等式

$$\boldsymbol{L}_{f_{i_k}}S_j + \frac{1}{2\varphi_j^{i_k}\gamma^2}(\boldsymbol{L}_{g_{i_k}}S_j)(\boldsymbol{L}_{g_{i_k}}S_j)^{\mathrm{T}} + \frac{1}{2}\varphi_j^{i_k}\boldsymbol{h}_{i_k}^{\mathrm{T}}\boldsymbol{h}_{i_k} \leqslant 0, t \in [t_k, t_{k+1}) \tag{4.54}$$

和

$$\boldsymbol{L}_{f_i}S_j + \frac{1}{2\varphi_j^i\gamma^2}(\boldsymbol{L}_{g_i}S_j)(\boldsymbol{L}_{g_i}S_j)^{\mathrm{T}} + \frac{1}{2}\varphi_j^i\boldsymbol{h}_i^{\mathrm{T}}\boldsymbol{h}_i \leqslant 0, \boldsymbol{x} \in \Omega_i. \tag{4.55}$$

式(4.54)和式(4.55)是 Hamilton-Jacobi 不等式的局部化形式.

4.3.8 与稳定性关系

引理 4.7[59] 如果系统(4.15)具有 L_2 增益，则原点可通过满足下面条件的任意的控制器 $\boldsymbol{u}_i(t)$ 镇定

$$\|\boldsymbol{u}_i(t)\|^2 \leqslant \frac{1-\zeta_i^2}{\gamma^2}\|\boldsymbol{h}_i(t)\|^2, \tag{4.56}$$

其中，ζ_i 满足 $0 \leqslant \zeta_i \leqslant 1$. 此外，如果 $0 < \zeta_i \leqslant 1$，所有 S_i 是全局定义的径向无界的，且至少存在一个 j，使 $\lim\limits_{k\to\infty}(t_{j_{k+1}} - t_{j_k}) \neq 0$，且系统(4.15)的所有子系统都是渐近零状态可检测的，则原点全局渐近可镇定.

证明 类似于引理 4.5 的证明.

4.3.9 小增益定理

本节考虑切换系统的小增益定理. 假设有两个切换系统

$$H_1: \begin{aligned} &\dot{\boldsymbol{x}} = \boldsymbol{f}_{\sigma_1}(\boldsymbol{x}, \boldsymbol{u}_{\sigma_1}), \\ &\boldsymbol{y} = \boldsymbol{h}_{\sigma_1}(\boldsymbol{x}), \end{aligned} \tag{4.57}$$

和

$$H_2: \begin{aligned} &\dot{\boldsymbol{z}} = \boldsymbol{g}_{\sigma_2}(\boldsymbol{z}, \boldsymbol{u}_{\sigma_2}), \\ &\boldsymbol{\omega} = \boldsymbol{l}_{\sigma_2}(\boldsymbol{z}), \end{aligned} \tag{4.58}$$

其中，$\sigma_i: \mathbf{R}_+ \to M_i = \{1, 2, \cdots, m_i\}(i=1, 2)$. 其他变量与系统(4.50)中的含义相同. 假设两个切换系统具有相同的切换序列 $\{t_0, t_1, \cdots, t_k, \cdots\}$，当 $t \in [t_k, t_{k+1})$ 时，H_1 和 H_2 的第 i_k^1 个子系统和第 i_k^2 个子系统分别处于活动状态.

引理 4.8[59] 假设 H_1 具有存储函数 S_{1i} 和交叉供给率 ω_{1j}^i 的 L_2 增益 γ_1，H_2 具有存储函数 S_{2i} 和交叉供给率 ω_{2j}^i 的 L_2 增益 γ_2. 如果 $\gamma_1\gamma_2 < 1$，且对于某个非负函数 $C(t)$，函数 $\varphi_{1j}^i(t)$，$\varphi_{2j}^i \in L_1^+[0, \infty)$，下式成立

$$\begin{aligned} &\omega_{1j}^i(\boldsymbol{x}(t), \boldsymbol{u}_i(t), \boldsymbol{h}_i(\boldsymbol{x}(t)), t) \\ \leqslant\ &\frac{1}{2}C(t)(\gamma_1^2\boldsymbol{u}_i^{\mathrm{T}}\boldsymbol{u}_i(t) - \boldsymbol{h}_i^{\mathrm{T}}(\boldsymbol{x}(t))\boldsymbol{h}_i(\boldsymbol{x}(t))) + \varphi_{1j}^i(t), \\ &\omega_{2j}^i(\boldsymbol{z}(t), \boldsymbol{v}_i(t), \boldsymbol{l}_i(x(t)), t) \\ \leqslant\ &\frac{1}{2}C(t)(\gamma_2^2\boldsymbol{v}_i^{\mathrm{T}}\boldsymbol{v}_i(t) - \boldsymbol{l}_i^{\mathrm{T}}(\boldsymbol{z}(t))\boldsymbol{l}_i(\boldsymbol{z}(t))) + \varphi_{2j}^i(t), \end{aligned}$$

则 H_1 与 H_2 反馈级联系统

$$\boldsymbol{u}_{\sigma_1} = -\boldsymbol{l}_{\sigma_2}(\boldsymbol{z}),\ \boldsymbol{v}_{\sigma_2} = \boldsymbol{h}_{\sigma_1}(\boldsymbol{x})$$

是稳定的. 此外, 如果所有 S_{1i} 和 S_{2i} 都是全局定义的径向无界, 且至少存在一个具有无穷的正驻留时间间隔的子系统, 且 H_1 和 H_2 的所有子系统都是渐近零状态可检测的, 则反馈级联系统是全局渐近稳定的.

证明　类似非切换系统证明方法可证结论.

4.3.10　耗散性实例

例 4.1[59]　考虑图 4.4 所示的具有控制器切换的机械系统. 具有非线性刚度和阻尼的质量-弹簧-阻尼器系统, 由如下非线性系统描述

$$\dot{x}_1 = x_2$$
$$\dot{x}_2 = -\frac{1}{m}f(x_1) - \frac{1}{m}g(x_2) + \frac{1}{m}u$$
$$y = x_2$$

其中, $f(0) = 0$, $g(0) = 0$.

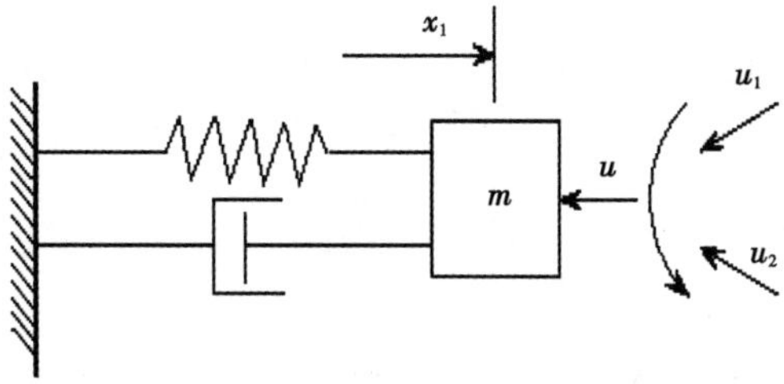

图 4.4　具有切换控制器的弹簧震子

假设只允许应用两个预先指定的候选控制器

$$u_i = -\Delta f_i(x_i) - \Delta g_i(x_2) + \nu_i \quad (i = 1, 2).$$

具有

$$(g(x_2) + \Delta g_i(x_2))x_2 \geqslant 0.$$

满足 $\Delta f_i(0) = 0$ 和 $\Delta g_i(0) = 0$, 控制器之间进行切换, 产生如下切换系统

$$\dot{x}_1 = x_2,$$
$$\dot{x}_2 = -\frac{1}{m}(f(x_1) + \Delta f_i(x_i)) - \frac{1}{m}g(x_2) + \frac{1}{m}\nu_i,$$
$$y = x_2,$$

对于每个 i 和固定 Δf_i, Δg_i, 第 i 个子系统从输入 ν_i 到输出 x_2 是无源的. 两个子系统的能量函数是

$$S_i(\boldsymbol{x}) = \int_0^{x_1}(f(x_1) + \Delta f_i(x_i))\mathrm{d}s + \frac{1}{2}mx_2^2 \quad (i = 1, 2).$$

当第一个子系统在 $[T_1, T_2]$ 上被激活时, 有

$$S_1(\boldsymbol{x}(T_2)) - S_1(\boldsymbol{x}(T_1)) \leqslant \int_{T_1}^{T_2} \omega_1^1(\nu_1(\tau), y(\tau))\mathrm{d}\tau,$$

具有

$$\omega_1^1(\nu_1, y) = \nu_1 y.$$

第二个子系统能量函数变化为

$$S_2(\boldsymbol{x}(T_2)) - S_2(\boldsymbol{x}(T_1)) \leqslant \int_{T_1}^{T_2} \omega_2^1(\boldsymbol{x}(\tau), \nu_1(\tau), y(\tau), \tau)\mathrm{d}\tau$$

具有

$$\omega_2^1(\boldsymbol{x}, \nu_1, y, t) = \nu_1 y + (\Delta f_2(x_1) - \Delta f_1(x_1))x_2$$

同样，在 $[T_1, T_2]$ 上，当第二个子系统活动时，有

$$S_2(\boldsymbol{x}(T_2)) - S_2(\boldsymbol{x}(T_1)) \leqslant \int_{T_1}^{T_2} \omega_2^2(\nu_2(\tau), y(\tau))\mathrm{d}\tau,$$

具有

$$\omega_2^2(\nu_2, y) = \nu_2 y.$$

第一个子系统能量函数变化为

$$S_1(\boldsymbol{x}(T_2)) - S_1(\boldsymbol{x}(T_1)) \leqslant \int_{T_1}^{T_2} \omega_1^2(\boldsymbol{x}(\tau), \nu_2(\tau), y(\tau), \tau)\mathrm{d}\tau,$$

具有

$$\omega_1^2(\boldsymbol{x}, \nu_2, y, t) = \nu_2 y + (\Delta f_1(x_1) - \Delta f_2(x_1))x_2.$$

定义切换律

$$\Pi = \left\{\sigma = \begin{cases} 1, & (\Delta f_2(x_1(t)) - \Delta f_1(x_1(t)))x_2(t) \leqslant \exp(-\lambda t), \\ 2, & (\Delta f_1(x_1(t)) - \Delta f_2(x_1(t)))x_2(t) \leqslant \exp(-\lambda t). \end{cases}\right\} \tag{4.59}$$

其中，$\lambda > 0$ 是任意固定的常数. 在切换律(4.59)下，切换系统是耗散的. 事实上(i) $\omega_i^i(\nu_i, h_i) = \nu_i h_i$，每个子系统是无源性的；(ii)显然成立. 很容易检查(iii)成立.

$$\phi_1^2 = \phi_2^1 = \exp(-\lambda t) \in L_1^+[0, \infty).$$

注意 Π 包含无穷多个切换定律，如果取集合

$$\Omega_1 = \{\boldsymbol{x} \mid (\Delta f_2(x_1) - \Delta f_1(x_1))x_2 \leqslant 0\}$$

和

$$\Omega_2 = \{\boldsymbol{x} \mid (\Delta f_1(x_1) - \Delta f_2(x_1))x_2 \leqslant 0\}.$$

可见 $\Omega_1 \cup \Omega_2 = \mathbf{R}^n$. 可以从 Π 中选择一个依赖于状态的切换定律，同样可以得到依赖于状态的切换律

$$\sigma(t) = \sigma(\boldsymbol{x}(t)) = i\,[\text{如果 } \boldsymbol{x}(t) \in \Omega_i (i = 1, 2)].$$

例 4.2 考虑切换系统

$$\begin{pmatrix}\dot{x}_1\\ \dot{x}_2\end{pmatrix}=\boldsymbol{f}_\sigma(x_1,\ x_2,\ u_\sigma)$$

$$y=h_\sigma(x_1,\ x_2)$$

其中，$\boldsymbol{f}_1(x_1,\ x_2,\ u_1)=\begin{pmatrix}x_2\\ -x_1^3-x_2+u_1\end{pmatrix}$，

$$\boldsymbol{f}_2(x_1,\ x_2,\ u_2)=\begin{pmatrix}x_2\\ (1+x_2^2)(-x_1-2x_2+u_2)\end{pmatrix},$$

$h_1(x_1,\ x_2)=h_2(x_1,\ x_2)=x_2.$

选择

$$S_1(\boldsymbol{x})=\frac{1}{4}x_1^4+\frac{1}{2}x_2^2$$

和

$$S_2(\boldsymbol{x})=\frac{1}{2}x_1^2+\frac{1}{2}\ln(1+x_2^2).$$

在 $[T_1,\ T_2]$，第一个子系统活动时，有

$$S_1(\boldsymbol{x}(T_2))-S_1(\boldsymbol{x}(T_1))\leqslant\int_{T_1}^{T_2}\omega_1^1(u_1(\tau),\ y(\tau))\mathrm{d}\tau,$$

具有

$$\omega_1^1(u_1,\ y)=u_1y,$$

$$S_2(\boldsymbol{x}(T_2))-S_2(\boldsymbol{x}(T_1))\leqslant\int_{T_1}^{T_2}\omega_2^1(x(\tau),\ u_1(\tau),\ h_1(x(\tau)),\ \tau)\mathrm{d}\tau,$$

具有

$$\omega_2^1(\boldsymbol{x},\ u_1,\ t)=x_2\left(x_1-\frac{x_1^3}{1+x_2^2}\right)+\frac{x_2}{1+x_2^2}u_1.$$

同样，当第二个子系统在 $[T_1,\ T_2]$ 上活动时，有

$$S_2(\boldsymbol{x}(T_2))-S_2(\boldsymbol{x}(T_1))\leqslant\int_{T_1}^{T_2}\omega_2^2(u_2(\tau),\ y(\tau))\mathrm{d}\tau$$

具有

$$\omega_2^2(u_2,\ y)=u_2y,$$

$$S_1(\boldsymbol{x}(T_2))-S_1(\boldsymbol{x}(T_1))\leqslant\int_{T_1}^{T_2}\omega_1^2(x(\tau),\ u_2(\tau),\ h_2(x(\tau)),\ \tau)\mathrm{d}\tau,$$

具有

$$\omega_1^2(\boldsymbol{x},\ u_2,\ h_2,\ t)=(1+x_2^2)x_2^2\left(\frac{x_1^3}{1+x_2^2}-x_1\right)+x_2(1+x_2^2)u_2.$$

定义如下切换律

$$\sigma = \begin{cases} 1, & \text{if } 0 \leqslant x_2(t)\left(x_1(t) - \dfrac{x_1^3(t)}{1 + x_2^2(t)}\right) \leqslant \exp t, \\ & \text{or } x_2(t)\left(x_1(t) - \dfrac{x_1^3(t)}{1 + x_2^2(t)}\right) < -\dfrac{1}{1 + x_2^2(t)}\exp(-2t); \\ 2, & \text{if } x_2(t)\left(x_1(t) - \dfrac{x_1^3(t)}{1 + x_2^2(t)}\right) > \exp(-t) \\ & \text{or } -\dfrac{1}{1 + x_2^2(t)}\exp(-2t) \leqslant x_2(t)\left(x_1(t) - \dfrac{x_1^3(t)}{1 + x_2^2(t)}\right) < 0. \end{cases} \tag{4.60}$$

与例 4.1 讨论类似，很容易验证在切换定律(4.60)下，切换系统在 $u_i = 0$，$\phi_1^2 = e^t$ 和 $\phi_1^2 = e^{-2t}$ 条件下是耗散的.

4.4 离散切换非线性系统的耗散性

前面考虑的是切换非线性系统的耗散性，它为系统的分析控制提供了有效的方法. 另一方面，切换离散非线性系统的耗散性是一个既有意义又有挑战的研究方向. 以非线性系统耗散性理论为基础，研究了离散切换非线性系统具有交互供给率的耗散性，该耗散性定义是用控制输入和输出之间的关系来描述的，有利于对系统进行稳定性分析和基于耗散性的控制问题的研究.

4.4.1 问题描述

考虑如下离散切换非线性系统[74]

$$\begin{cases} \boldsymbol{x}(k+1) = \boldsymbol{f}_{\sigma(k)}(\boldsymbol{x}(k), \boldsymbol{u}_{\sigma(k)}(k)), \\ \boldsymbol{y}_{\sigma(k)}(k) = \boldsymbol{h}_{\sigma(k)}(\boldsymbol{x}(k), \boldsymbol{u}_{\sigma(k)}(k)). \end{cases} \tag{4.61}$$

其中，$k \in \mathbf{N}$，$\sigma(k): [0, +\infty) \to I = \{1, 2, \cdots, M\}$ 是切换信号；$\boldsymbol{x}(k) \in X \subset \mathbf{R}^n$ 是系统状态，$\boldsymbol{u}_i(k) \in U_i \subset \mathbf{R}^{m_i}$ 和 $\boldsymbol{y}_i(k) \in Y_i \subset \mathbf{R}^{m_i}$ 分别是第 i 个子系统的输入和输出. X，U_i 和 Y_i 分别是状态、输入和输出空间. $\boldsymbol{f}_i$: $\mathbf{R}^n \times \mathbf{R}^{m_i} \to \mathbf{R}^n$ 和 $\boldsymbol{h}_i$: $\mathbf{R}^n \times \mathbf{R}^{m_i} \to \mathbf{R}^{m_i}$ 是 C^1 函数. 假设 $\boldsymbol{f}_i(\mathbf{0}, \mathbf{0}) = \mathbf{0}$，$\boldsymbol{h}_i(\mathbf{0}, \mathbf{0}) = \mathbf{0}$. 而且原点是系统(4.61)的一个孤立平衡点，假设系统对所有的输出在 $(\boldsymbol{x}^*, \boldsymbol{u}_i^*) = (\mathbf{0}, \mathbf{0})$ 具有局部零相对阶，也就是 $\left.\dfrac{\partial \boldsymbol{h}_i(\boldsymbol{x}, \boldsymbol{u}_i)}{\partial \boldsymbol{u}_i}\right|_{(\boldsymbol{x}^*, \boldsymbol{u}_i^*)} \neq 0$.

本节所考虑的问题都是在原点 $(\boldsymbol{x}^*, \boldsymbol{u}_i^*) = (\mathbf{0}, \mathbf{0})$ 的邻域内，将利用多存

储函数和多供给率给出切换非线性系统(4.61)的可分解耗散性的充分条件.

定义 4.8[74]　考虑在一个给定的切换信号 $\sigma(k)$ 下的切换系统(4.61)，如果存在半正定连续函数 $V_\sigma(\boldsymbol{x})$ 且 $V_\sigma(\boldsymbol{0})=0$ 满足不等式(4.62)

$$V_{\sigma(k+1)}(\boldsymbol{x}(k+1)) - V_{\sigma(k)}(\boldsymbol{x}(k)) \leqslant \gamma_{\sigma(k)}(\boldsymbol{y}_{\sigma(k)}(k),\ \boldsymbol{u}_{\sigma(k)}(k)),\ \forall \boldsymbol{u}_\sigma \tag{4.62}$$

则称系统(4.61)是耗散的. 其中，$V_\sigma(\boldsymbol{x})$ 称为存储函数，$\gamma_{\sigma(k)}(\boldsymbol{y}_{\sigma(k)}(k),\ \boldsymbol{u}_{\sigma(k)}(k))$ 称为供给率.

定义 4.9　对于给定的供给率 $\gamma_{\sigma(k)}(\boldsymbol{y}_{\sigma(k)}(k),\ \boldsymbol{u}_{\sigma(k)}(k))$ 和在一个给定的切换信号 $\sigma(k)$ 下，如果形如式(4.62)的供给率可以分解成

$$\gamma_{\sigma(k)}(\boldsymbol{y}_{\sigma(k)}(k),\ \boldsymbol{u}_{\sigma(k)}(k)) = s_{\sigma(k)}(\boldsymbol{y}_{\sigma(k)}(k),\ \boldsymbol{u}_{\sigma(k)}(k)) + \sum_{r=1,\ r\neq\sigma(k)}^{M} \phi_r^{\sigma(k)}(\boldsymbol{y}_{\sigma(k)}(k),\ \boldsymbol{u}_{\sigma(k)}(k)) \tag{4.63}$$

且不等式(4.64)和(4.65)成立

$$\Delta V_i(\boldsymbol{x}(k)) = V_i(\boldsymbol{f}_i(\boldsymbol{x}(k),\ \boldsymbol{u}_i(k))) - V_i(\boldsymbol{x}(k)) \leqslant s_i(\boldsymbol{y}_i(k),\ \boldsymbol{u}_i(k)), \tag{4.64}$$

$$\begin{aligned}\Delta V_r(\boldsymbol{x}(k)) &= V_r(\boldsymbol{f}_i(\boldsymbol{x}(k),\ \boldsymbol{u}_i(k))) - V_r(\boldsymbol{x}(k)) \\ &\leqslant \phi_r^i(\boldsymbol{y}_i(k),\ \boldsymbol{u}_i(k)) \quad (r\in I,\ r\neq i),\end{aligned} \tag{4.65}$$

则称系统(4.61)是可分解耗散的. 其中，函数 $s_i(\boldsymbol{y}_i(k),\ \boldsymbol{u}_i(k))$ 称为主供给率，函数 $\phi_r^i(\boldsymbol{y}_i(k),\ \boldsymbol{u}_i(k))$ 称为交叉供给率.

本节的目标是设计切换信号 $\sigma(\boldsymbol{x}(k))$，使切换系统(4.61)是可分解耗散的.

注 4.12　在某个切换律下，如果系统(4.61)关于供给率 γ_σ 是可分解耗散的，那么其关于供给率 γ_σ 也是耗散的.

引理 4.9[74]　考虑 $V_i(\boldsymbol{f}_i(\boldsymbol{x},\ \boldsymbol{u}_i))$，$s_i(\boldsymbol{h}_i(\boldsymbol{x},\ \boldsymbol{u}_i),\ \boldsymbol{u}_i)$ 和 $\phi_r^i(\boldsymbol{h}_i(\boldsymbol{x},\ \boldsymbol{u}_i),\ \boldsymbol{u}_i)$ 均是关于 $\boldsymbol{u}_i$ 的二次函数. 如果条件(4.66)~(4.71)

$$V_i(\boldsymbol{f}_i(\boldsymbol{x},\ \boldsymbol{0})) - V_i(\boldsymbol{x}) + \sum_{r=1,\ r\neq i}^{M} \beta_{ir}(V_r(\boldsymbol{x}) - V_i(\boldsymbol{x})) \leqslant s_i(\boldsymbol{h}_i(\boldsymbol{x},\ \boldsymbol{0}),\ \boldsymbol{0}), \tag{4.66}$$

$$\left.\frac{\partial V_i(\boldsymbol{a})}{\partial \boldsymbol{a}}\right|_{\boldsymbol{a}=\boldsymbol{f}_i(\boldsymbol{x},\ \boldsymbol{0})} \left.\frac{\partial \boldsymbol{f}_i(\boldsymbol{x},\ \boldsymbol{u}_i)}{\partial \boldsymbol{u}_i}\right|_{\boldsymbol{u}_i=\boldsymbol{0}} = \left.\frac{\partial s_i(\boldsymbol{h}_i(\boldsymbol{x},\ \boldsymbol{u}_i),\ \boldsymbol{u}_i)}{\partial \boldsymbol{u}_i}\right|_{\boldsymbol{u}_i=\boldsymbol{0}} + \left.\frac{\partial s_i(\boldsymbol{h}_i(\boldsymbol{x},\ \boldsymbol{u}_i),\ \boldsymbol{u}_i)}{\partial \boldsymbol{y}} \frac{\partial \boldsymbol{h}_i(\boldsymbol{x},\ \boldsymbol{u}_i)}{\partial \boldsymbol{u}_i}\right|_{\boldsymbol{u}_i=\boldsymbol{0}}, \tag{4.67}$$

$$\left(\frac{\partial \boldsymbol{f}_i(\boldsymbol{x},\ \boldsymbol{u}_i)}{\partial \boldsymbol{u}_i}\right)^{\mathrm{T}}\Bigg|_{\boldsymbol{u}_i=\boldsymbol{0}} \left.\frac{\partial^2 V_i(\boldsymbol{a})}{\partial \boldsymbol{a}^2}\right|_{\boldsymbol{a}=\boldsymbol{f}_i(\boldsymbol{x},\ \boldsymbol{0})} \left.\frac{\partial \boldsymbol{f}_i(\boldsymbol{x},\ \boldsymbol{u}_i)}{\partial \boldsymbol{u}_i}\right|_{\boldsymbol{u}_i=\boldsymbol{0}} +$$

$$\left.\frac{\partial V_i(\boldsymbol{a})}{\partial \boldsymbol{a}}\right|_{\boldsymbol{a}=\boldsymbol{f}_i(\boldsymbol{x},\,\boldsymbol{0})} \left.\frac{\partial^2 \boldsymbol{f}_i(\boldsymbol{x},\,\boldsymbol{u}_i)}{\partial \boldsymbol{u}_i^2}\right|_{\boldsymbol{u}_i=\boldsymbol{0}}$$

$$= \left.\frac{\partial^2 s_i(\boldsymbol{h}_i(\boldsymbol{x},\,\boldsymbol{u}_i),\,\boldsymbol{u}_i)}{\partial \boldsymbol{u}_i^2}\right|_{\boldsymbol{u}_i=\boldsymbol{0}} + \left.\left(\left(\frac{\partial \boldsymbol{h}_i}{\partial \boldsymbol{u}_i}\right)^{\mathrm{T}} \frac{\partial^2 s_i(\boldsymbol{h}_i(\boldsymbol{x},\,\boldsymbol{u}_i),\,\boldsymbol{u}_i)}{\partial \boldsymbol{y}_i^2} \frac{\partial \boldsymbol{h}_i}{\partial \boldsymbol{u}_i}\right)\right|_{\boldsymbol{u}_i=\boldsymbol{0}} +$$

$$\left.\frac{\partial s_i(\boldsymbol{h}_i(\boldsymbol{x},\,\boldsymbol{u}_i),\,\boldsymbol{u}_i)}{\partial \boldsymbol{y}_i} \frac{\partial^2 \boldsymbol{h}_i(\boldsymbol{x},\,\boldsymbol{u}_i)}{\partial \boldsymbol{u}_i^2}\right|_{\boldsymbol{u}_i=\boldsymbol{0}} +$$

$$\left.\frac{\partial^2 s_i(\boldsymbol{h}_i(\boldsymbol{x},\,\boldsymbol{u}_i),\,\boldsymbol{u}_i)}{\partial \boldsymbol{y}_i \partial \boldsymbol{u}_i} \frac{\partial \boldsymbol{h}_i(\boldsymbol{x},\,\boldsymbol{u}_i)}{\partial \boldsymbol{u}_i}\right|_{\boldsymbol{u}_i=\boldsymbol{0}}, \tag{4.68}$$

$$V_r(\boldsymbol{f}_i(\boldsymbol{x},\,\boldsymbol{0})) - V_r(\boldsymbol{x}) + \sum_{r=1,\, r\neq i}^{M} \beta_{ir}(V_r(\boldsymbol{x}) - V_i(\boldsymbol{x})) \leqslant \phi_r^i(\boldsymbol{h}_i(\boldsymbol{x},\,\boldsymbol{0}),\,\boldsymbol{0}), \tag{4.69}$$

$$\left.\frac{\partial V_r(\boldsymbol{a})}{\partial \boldsymbol{a}}\right|_{\boldsymbol{a}=\boldsymbol{f}_i(\boldsymbol{x},\,\boldsymbol{0})} \left.\frac{\partial \boldsymbol{f}_i(\boldsymbol{x},\,\boldsymbol{u}_i)}{\partial \boldsymbol{u}_i}\right|_{\boldsymbol{u}_i=\boldsymbol{0}} = \left.\frac{\partial \phi_r^i(\boldsymbol{h}_i(\boldsymbol{x},\,\boldsymbol{u}_i),\,\boldsymbol{u}_i)}{\partial \boldsymbol{u}_i}\right|_{\boldsymbol{u}_i=\boldsymbol{0}} +$$

$$\left.\frac{\partial \phi_r^i(\boldsymbol{h}_i(\boldsymbol{x},\,\boldsymbol{u}_i),\,\boldsymbol{u}_i)}{\partial \boldsymbol{y}_i} \frac{\partial \boldsymbol{h}_i(\boldsymbol{x},\,\boldsymbol{u}_i)}{\partial \boldsymbol{u}_i}\right|_{\boldsymbol{u}_i=\boldsymbol{0}}, \tag{4.70}$$

$$\left.\left(\frac{\partial \boldsymbol{f}_i(\boldsymbol{x},\,\boldsymbol{u}_i)}{\partial \boldsymbol{u}_i}\right)^{\mathrm{T}}\right|_{\boldsymbol{u}_i=\boldsymbol{0}} \left.\frac{\partial^2 V_r(\boldsymbol{a})}{\partial \boldsymbol{a}^2}\right|_{\boldsymbol{a}=\boldsymbol{f}_i(\boldsymbol{x},\,\boldsymbol{0})} \left.\frac{\partial \boldsymbol{f}_i(\boldsymbol{x},\,\boldsymbol{u}_i)}{\partial \boldsymbol{u}_i}\right|_{\boldsymbol{u}_i=\boldsymbol{0}} +$$

$$\left.\frac{\partial V_r(\boldsymbol{a})}{\partial \boldsymbol{a}}\right|_{\boldsymbol{a}=\boldsymbol{f}_i(\boldsymbol{x},\,\boldsymbol{0})} \left.\frac{\partial^2 \boldsymbol{f}_i(\boldsymbol{x},\,\boldsymbol{u}_i)}{\partial \boldsymbol{u}_i^2}\right|_{\boldsymbol{u}_i=\boldsymbol{0}}$$

$$= \left.\frac{\partial^2 \phi_r^i(\boldsymbol{h}(\boldsymbol{x},\,\boldsymbol{u}_i),\,\boldsymbol{u}_i)}{\partial \boldsymbol{u}_i^2}\right|_{\boldsymbol{u}_i=\boldsymbol{0}} + \left.\left(\left(\frac{\partial \boldsymbol{h}_i}{\partial \boldsymbol{u}_i}\right)^{\mathrm{T}} \frac{\partial^2 \phi_r^i(\boldsymbol{h}_i(\boldsymbol{x},\,\boldsymbol{u}_i),\,\boldsymbol{u}_i)}{\partial \boldsymbol{y}_i^2} \frac{\partial \boldsymbol{h}_i}{\partial \boldsymbol{u}_i}\right)\right|_{\boldsymbol{u}_i=\boldsymbol{0}} +$$

$$\left.\frac{\partial \phi_r^i(\boldsymbol{h}_i(\boldsymbol{x},\,\boldsymbol{u}_i),\,\boldsymbol{u}_i)}{\partial \boldsymbol{y}_i} \frac{\partial^2 \boldsymbol{h}_i(\boldsymbol{x},\,\boldsymbol{u}_i)}{\partial \boldsymbol{u}_i^2}\right|_{\boldsymbol{u}_i=\boldsymbol{0}} +$$

$$\left.\frac{\partial^2 \phi_r^i(\boldsymbol{h}_i(\boldsymbol{x},\,\boldsymbol{u}_i),\,\boldsymbol{u}_i)}{\partial \boldsymbol{y}_i \partial \boldsymbol{u}_i} \frac{\partial \boldsymbol{h}_i(\boldsymbol{x},\,\boldsymbol{u}_i)}{\partial \boldsymbol{u}_i}\right|_{\boldsymbol{u}_i=\boldsymbol{0}}. \tag{4.71}$$

成立, 那么, 在如下切换律

$$\sigma(\boldsymbol{x}(k)) = \arg\min_{i\in I}\{V_i(\boldsymbol{x}(k))\} \tag{4.72}$$

下, 系统(4.61)是可分解耗散的.

证明 将证明分为如下两种情况.

情况 1: $\sigma(k) = \sigma(k+1) = i$.

对等式(4.68)左右两边分别乘以 $\boldsymbol{u}_i^{\mathrm{T}}$ 和 $\boldsymbol{u}_i$, 可得

$$\frac{1}{2}\boldsymbol{u}_i^{\mathrm{T}}\left(\frac{\partial^2 V_i(\boldsymbol{f}_i(\boldsymbol{x},\ \boldsymbol{u}_i))}{\partial \boldsymbol{u}_i^2}\right)\Bigg|_{\boldsymbol{u}_i=\boldsymbol{0}}\boldsymbol{u}_i = \frac{1}{2}\boldsymbol{u}_i^{\mathrm{T}}\left(\frac{\partial^2 s_i(\boldsymbol{h}_i(\boldsymbol{x},\ \boldsymbol{u}_i))}{\partial \boldsymbol{u}_i^2}\right)\Bigg|_{\boldsymbol{u}_i=\boldsymbol{0}}\boldsymbol{u}_i\ . \tag{4.73}$$

对不等式(4.69)左右两边分别乘以 $\boldsymbol{u}_i^{\mathrm{T}}$ 和 $\boldsymbol{u}_i$，有

$$\boldsymbol{u}_i^{\mathrm{T}}\left(\frac{\partial V_i(\boldsymbol{f}_i(\boldsymbol{x},\ \boldsymbol{u}_i))}{\partial \boldsymbol{u}_i}\right)\Bigg|_{\boldsymbol{u}_i=\boldsymbol{0}} = \boldsymbol{u}_i^{\mathrm{T}}\left(\frac{\partial s_i(\boldsymbol{h}_i(\boldsymbol{x},\ \boldsymbol{u}_i),\ \boldsymbol{u}_i)}{\partial \boldsymbol{u}_i}\right)\Bigg|_{\boldsymbol{u}_i=\boldsymbol{0}}. \tag{4.74}$$

将式(4.66)与式(4.74)相加可得

$$V_i(\boldsymbol{f}_i(\boldsymbol{x},\ \boldsymbol{0})) + \boldsymbol{u}_i^{\mathrm{T}}\frac{\partial V_i(\boldsymbol{f}_i(\boldsymbol{x},\ \boldsymbol{u}_i))}{\partial \boldsymbol{u}_i}\Bigg|_{\boldsymbol{u}_i=\boldsymbol{0}} - V_i(\boldsymbol{x}) + \sum_{r=1,\ r\neq i}^{M}\beta_{ir}(V_r(\boldsymbol{x}) - V_i(\boldsymbol{x}))$$

$$\leqslant s_i(\boldsymbol{h}_i(\boldsymbol{x},\ \boldsymbol{0}),\ \boldsymbol{0}) + \boldsymbol{u}_i^{\mathrm{T}}\frac{\partial s_i(\boldsymbol{h}_i(\boldsymbol{x},\ \boldsymbol{u}_i),\ \boldsymbol{u}_i)}{\partial \boldsymbol{u}_i}\Bigg|_{\boldsymbol{u}_i=\boldsymbol{0}}, \tag{4.75}$$

同时，将式(4.73)与式(4.75)相加可知

$$V_i(\boldsymbol{f}_i(\boldsymbol{x},\ \boldsymbol{0})) + \boldsymbol{u}_i^{\mathrm{T}}\frac{\partial V_i(\boldsymbol{f}_i(\boldsymbol{x},\ \boldsymbol{u}_i))}{\partial \boldsymbol{u}_i}\Bigg|_{\boldsymbol{u}_i=\boldsymbol{0}} +$$

$$\frac{1}{2}\boldsymbol{u}_i^{\mathrm{T}}\left(\frac{\partial^2 V_i(\boldsymbol{f}_i(\boldsymbol{x},\ \boldsymbol{u}_i))}{\partial \boldsymbol{u}_i^2}\right)\Bigg|_{\boldsymbol{u}_i=\boldsymbol{0}}\boldsymbol{u}_i - V_i(\boldsymbol{x}) + \sum_{r=1,\ r\neq i}^{M}\beta_{ir}(V_r(\boldsymbol{x}) - V_i(\boldsymbol{x}))$$

$$\leqslant s_i(\boldsymbol{h}_i(\boldsymbol{x},\ \boldsymbol{0}),\ \boldsymbol{0}) + \boldsymbol{u}_i^{\mathrm{T}}\frac{\partial s_i(\boldsymbol{h}_i(\boldsymbol{x},\ \boldsymbol{u}_i),\ \boldsymbol{u}_i)}{\partial \boldsymbol{u}_i}\Bigg|_{\boldsymbol{u}_i=\boldsymbol{0}} + \frac{1}{2}\boldsymbol{u}_i^{\mathrm{T}}\frac{\partial s_i^2(\boldsymbol{h}_i(\boldsymbol{x},\ \boldsymbol{u}_i),\ \boldsymbol{u}_i)}{\partial \boldsymbol{u}_i^2}\Bigg|_{\boldsymbol{u}_i=\boldsymbol{0}}\boldsymbol{u}_i. \tag{4.76}$$

由于 $V_i(\boldsymbol{f}_i(\boldsymbol{x},\ \boldsymbol{u}_i))$ 和 $s_i(\boldsymbol{h}_i(\boldsymbol{x},\ \boldsymbol{u}_i),\ \boldsymbol{u}_i)$ 关于 $\boldsymbol{u}_i$ ($i\in I$) 都是二次的，所以运用泰勒展开式在 $\boldsymbol{u}_i(k)=\boldsymbol{0}$，有

$$V_i(\boldsymbol{f}_i(\boldsymbol{x},\ \boldsymbol{u}_i)) - V_i(\boldsymbol{x}) + \sum_{r=1,\ r\neq i}^{M}\beta_{ir}(V_r(\boldsymbol{x}) - V_i(\boldsymbol{x})) \leqslant s_i(\boldsymbol{h}_i(\boldsymbol{x},\ \boldsymbol{u}_i),\ \boldsymbol{u}_i)\ .$$

利用切换律(4.72)有

$$\sum_{r=1,\ r\neq i}^{M}\beta_{ir}(V_r(\boldsymbol{x}) - V_i(\boldsymbol{x})) \geqslant 0\ .$$

由上式可得

$$V_i(\boldsymbol{f}_i(\boldsymbol{x},\ \boldsymbol{u}_i)) - V_i(\boldsymbol{x}) \leqslant s_i(\boldsymbol{h}_i(\boldsymbol{x},\ \boldsymbol{u}_i),\ \boldsymbol{u}_i)\ .$$

根据上式和切换律(4.72)，类似上面的证明过程可知

$$\Delta V_r(\boldsymbol{x}) = V_r(\boldsymbol{f}_i(\boldsymbol{x},\ \boldsymbol{u}_i)) - V_r(\boldsymbol{x}) \leqslant \phi_r^i(\boldsymbol{h}_i(\boldsymbol{x},\ \boldsymbol{u}_i),\ \boldsymbol{u}_i)\ .$$

因此下式成立

$$\Delta V(\boldsymbol{x}) = \Delta V_i(\boldsymbol{x}) + \sum_{r=1,\ r\neq i}^{M}\Delta V_r(\boldsymbol{x}) \leqslant s_i(\boldsymbol{h}_i(\boldsymbol{x},\ \boldsymbol{u}_i),\ \boldsymbol{u}_i) + \sum_{r=1,\ r\neq i}^{M}\phi_r^i(\boldsymbol{x})\ .$$

情况 2：$\sigma(k)=i\neq\sigma(k+1)=r$. 基于切换律(4.72)，有

$$V_r(\boldsymbol{f}_i(\boldsymbol{x}, \boldsymbol{u}_i)) - V_i(\boldsymbol{x}) \leqslant V_i(\boldsymbol{f}_i(\boldsymbol{x}, \boldsymbol{u}_i)) - V_i(\boldsymbol{x}).$$

由此可知

$$V_r(\boldsymbol{f}_i(\boldsymbol{x}, \boldsymbol{u}_i)) - V_i(\boldsymbol{x}) \leqslant V_i(\boldsymbol{f}_i(\boldsymbol{x}, \boldsymbol{u}_i)) - V_i(\boldsymbol{x}) \leqslant s_i(\boldsymbol{h}_i(\boldsymbol{x}, \boldsymbol{u}_i), \boldsymbol{u}_i).$$

同样类似上面的证明过程，可得

$$\Delta V(\boldsymbol{x}) \leqslant \Delta V_i(\boldsymbol{x}) + \sum_{r=1, r\neq i}^{M} \Delta V_r(\boldsymbol{x}) \leqslant s_i(\boldsymbol{h}_i(\boldsymbol{x}, \boldsymbol{u}_i), \boldsymbol{u}_i) + \sum_{r=1, r\neq i}^{M} \phi_r^i(\boldsymbol{x}).$$

于是有

$$\Delta V(\boldsymbol{x}(k)) \leqslant \gamma_{\sigma(k)}(\boldsymbol{y}_{\sigma(k)}(k), \boldsymbol{u}_{\sigma(k)}(k)).$$

因此，切换系统(4.37)是可分解耗散的.

4.4.2 离散切换系统的无源性

无源性是耗散性的一种特殊形式，且是一个重要的系统性质. 本节将给出可分解无源的定义以及判断系统是可分解无源的条件.

定义 4.10[74] 如果系统(4.61)在适当的切换律 $\sigma(k)$ 作用下是可分解耗散的，并且

$$s_\sigma(\boldsymbol{y}_\sigma, \boldsymbol{u}_\sigma) = \boldsymbol{y}_\sigma^{\mathrm{T}}\boldsymbol{u}_\sigma,$$

则称系统(4.61)是可分解无源的，其中交互供给率可以是任意形式.

下面将给出可分解无源的条件(切换 KYP 条件).

考虑如下离散切换非线性系统[74]

$$\begin{cases}\boldsymbol{x}(k+1) = \boldsymbol{f}_{\sigma(k)}(\boldsymbol{x}(k)) + \boldsymbol{g}_{\sigma(k)}(\boldsymbol{x}(k))\boldsymbol{u}_{\sigma(k)}(k), \\ \boldsymbol{y}_{\sigma(k)}(k) = \boldsymbol{h}_{\sigma(k)}(\boldsymbol{x}(k)) + \boldsymbol{J}_{\sigma(k)}(\boldsymbol{x}(k))\boldsymbol{u}_{\sigma(k)}(k).\end{cases} \tag{4.77}$$

假设系统(4.77)的每个子系统都满足 $(\boldsymbol{x}^*, \boldsymbol{u}_i^*) = (\boldsymbol{0}, \boldsymbol{0})$，是孤立平衡点. $\boldsymbol{f}_i(\boldsymbol{0}) = \boldsymbol{0}$, $\boldsymbol{h}_i(\boldsymbol{0}) = \boldsymbol{0}$. 系统(4.77)相对阶是零. $\boldsymbol{J}_i$ 是局部可逆的. 引理 4.7 的条件可以写成

$$V_i(\boldsymbol{f}_i(\boldsymbol{x})) - V_i(\boldsymbol{x}) + \sum_{r=1, r\neq i}^{M} \beta_{ir}(V_r(\boldsymbol{x}) - V_i(\boldsymbol{x})) \leqslant 0,$$

$$\left.\frac{\partial V_i(\boldsymbol{a})}{\partial \boldsymbol{a}}\right|_{\boldsymbol{a}=\boldsymbol{f}_i(\boldsymbol{x})} \boldsymbol{g}_i(\boldsymbol{x}) = \boldsymbol{h}_i^{\mathrm{T}}(\boldsymbol{x}),$$

$$\boldsymbol{g}_i^{\mathrm{T}}(\boldsymbol{x}) \left.\frac{\partial^2 V_i(\boldsymbol{a})}{\partial \boldsymbol{a}^2}\right|_{\boldsymbol{a}=\boldsymbol{f}_i(\boldsymbol{x})} \boldsymbol{g}_i(\boldsymbol{x}) = \boldsymbol{J}_i^{\mathrm{T}}(\boldsymbol{x}) + \boldsymbol{J}_i(\boldsymbol{x}),$$

$$V_r(\boldsymbol{f}_i(\boldsymbol{x})) - V_r(\boldsymbol{x}) + \sum_{r=1, r\neq i}^{M} \beta_{ir}(V_r(\boldsymbol{x}) - V_i(\boldsymbol{x})) \leqslant \phi_r^i(\boldsymbol{y}_i, \boldsymbol{0}),$$

$$\left.\frac{\partial V_r(\boldsymbol{a})}{\partial \boldsymbol{a}}\right|_{\boldsymbol{a}=\boldsymbol{f}_i(\boldsymbol{x})} \boldsymbol{g}_i(\boldsymbol{x}) = \left.\frac{\partial \phi_r^i(\boldsymbol{y}_i, \boldsymbol{u}_i)}{\partial \boldsymbol{u}_i}\right|_{\boldsymbol{u}_i=\boldsymbol{0}} + \left.\frac{\partial \phi_r^i(\boldsymbol{y}_i, \boldsymbol{u}_i)}{\partial \boldsymbol{y}_i}\right|_{\boldsymbol{u}_i=\boldsymbol{0}} \boldsymbol{J}_i(\boldsymbol{x}),$$

$$\boldsymbol{g}_i^{\mathrm{T}}(\boldsymbol{x})\left.\frac{\partial^2 V_r(\boldsymbol{a})}{\partial \boldsymbol{a}^2}\right|_{\boldsymbol{a}=\boldsymbol{f}_i(\boldsymbol{x})}\boldsymbol{g}_i(\boldsymbol{x}) = J_i^{\mathrm{T}}(\boldsymbol{x})\left.\frac{\partial^2 \phi_r^i(\boldsymbol{y}_i,\ \boldsymbol{u}_i)}{\partial \boldsymbol{y}_i^2}\right|_{\boldsymbol{u}_i=0}\boldsymbol{J}_i(\boldsymbol{x}) + \left.\frac{\partial^2 \phi_r^i(\boldsymbol{y}_i,\ \boldsymbol{u}_i)}{\partial \boldsymbol{y}_i \partial \boldsymbol{u}_i}\right|_{\boldsymbol{u}_i=0}\boldsymbol{J}_i(\boldsymbol{x}) + \left.\frac{\partial^2 \phi_r^i(\boldsymbol{y}_i,\ \boldsymbol{u}_i)}{\partial \boldsymbol{u}_i^2}\right|_{\boldsymbol{u}_i=0}.$$

在切换律(4.72)作用下，上述条件保证了系统(4.77)是局部可分解无源的.

第 5 章　切换非线性系统的广义 L_2 增益

5.1 引　言

非线性系统的 L_2 增益表示一个系统的最大输入与输出之间的能量增益. 传统的 L_2 增益是一个常数，这样就产生了很多限制. 因为对于一个非线性系统，常数增益可能不存在，但是系统可能存在随着区域的不同而不同的变增益或者随着状态变化而变化的变增益. 这样的 L_2 性质称为非一致 L_2 性质，虽然该性质比传统的性质要弱，可是这个性质对系统的分析与控制综合依然有帮助. 一些研究者对这个问题做了一定的工作，例如积分输入状态稳定或者全局 L_2 增益[75]；通过 L_2 增益是状态的函数，文献[76]把传统的 L_2 性质推广到广义 L_2 性质，并且在此基础上，文献[77]研究了具有广义 L_2 系统的负反馈级联，进而得到延拓的小增益定理，即当两个系统增益乘积不严格小于 1 时，小增益定理依然成立.

由于连续动态和离散动态的相互作用，切换系统的 L_2 增益研究起来变得非常困难，所以成果相对比较少. 文献[78]通过线性矩阵不等式研究时滞切换系统的 L_2 增益性质. 文献[79]利用公共 Lyapunov 函数方法给出了在任意切换信号下 L_2 增益性质. 但是，实际切换系统通常不具有公共 Lyapunov 函数，即使有也可能找不到，只能使用多 Lyapunov 函数方法去研究. 2003 年，基于多 Lyapunov 函数，Zhai 使用平均驻留时间方法研究切换线性系统的 L_2 增益性质. 此时，在切换点处，多 Lyapunov 函数可能不相连，导致切换系统的 L_2 增益被弱化成加权 L_2 增益. 文献[38]首次提出弱 L_2 增益与强 L_2 增益概念，并利用 L_2 增益性质研究系统的稳定性与通过设计切换律使切换系统获得 L_2 增益性质. 此外，文献[59]也通过使用多储能函数来描述每个子系统的能量变化，同时用交叉供应率去刻画被激活子系统与非被激活子系统之间能量的传递，在此框架下，把通常的 L_2 增益与小增益定理推广到切换系统情形，即每个子系统具有相同的常数 L_2 增益. 因为每个子系统可能具有各自不同的常数 L_2 增益，所以相同常数增益的假设太过保守. 为此，文献[80]首次给出向量 L_2 增益性质，即每个子系统在被激活时有不同的常数 L_2 增益. 但是该假设也过于保守，因为每个子系统被激活时，增益可能是随状态变化而改变，而不能用常数来表示，并且 L_2 增益性质只能在某些固定区域存在，即具有局部非一致 L_2 性质. 此外，也可能在某个特定区域内，所有子系统都没有 L_2 增益性质. 因此有必要把非切换系统广义 L_2 性质推广到切换系统中.

本章研究切换非线性系统的广义向量 L_2 性质与设计问题. 首先，通过多 Lyapunov 函数给出切换非线性系统的广义 L_2 增益定义，目的是用来刻画每个子系统单独工作时子系统的非一致 L_2 增益性质，即每个子系统的增益是状态的函数；其次，考虑具有向量广义 L_2 增益的两个切换系统的互联问题；最后，在任意切换律与设计切换律两种情形下，如何获得广义向量 L_2 增益性质. 与现有的研究成果相比，本章有以下三个特点：第一，只要求每个子系统在被激活区域内具有广义 L_2 增益，这推广了传统要求在所考虑的整个区域内有广义 L_2 性质；第二，推广了小增益定理，即使增益之积等于 1 时，也能得到互联系统是稳定的；第三，即使每个子系统都不具有 L_2 增益性质，通过设计状态依赖型切换律来获得广义向量 L_2 增益性质.

5.2　广义 L_2 增益性质分析

本节讨论具有广义向量 L_2 增益的切换非线性系统的性质与两个都具有广义向量 L_2 性质的切换非线性系统的反馈互联性质.

5.2.1　问题描述

考虑如下形式的非线性切换系统

$$\begin{aligned}\dot{\boldsymbol{x}} &= \boldsymbol{f}_{\sigma(t)}(\boldsymbol{x})+\boldsymbol{g}_{\sigma(t)}(\boldsymbol{x})\boldsymbol{u}_{\sigma(t)},\\ \boldsymbol{y} &= \boldsymbol{h}_{\sigma(t)}(\boldsymbol{x}).\end{aligned} \tag{5.1}$$

其中，$\boldsymbol{x}(t)\in\mathbf{R}^n$ 是状态，σ 是切换函数，它可能依赖于时间 t，状态 x 或者其他变量，σ 取值在指标集 $I=\{1,2,\cdots,m\}$，其中 m 是子系统的个数. $\boldsymbol{u}_i(\boldsymbol{x})\in U\subseteq\mathbf{R}^p$ 与 $\boldsymbol{h}_i(\boldsymbol{x})\in\mathbf{R}^q$ 分别为第 i 个子系统输入与输出. 此外，$\boldsymbol{f}_i(\boldsymbol{x})$，$\boldsymbol{g}_i(\boldsymbol{x})$ 是光滑函数且满足 $\boldsymbol{f}_i(\mathbf{0})=\mathbf{0}$，$\boldsymbol{h}_i(\mathbf{0})=\mathbf{0}$. σ 用下面切换序列描述

$$\Sigma=\{\boldsymbol{x}_0;(i_0,t_0),(i_1,t_1),\cdots,(i_k,t_k),\cdots:i_k\in I,k\in\mathbf{N}\} \tag{5.2}$$

下面给出切换系统(5.1)在开集 $\Theta\subset\mathbf{R}^n$ 上的广义向量 L_2 增益的概念. 首先用 $T_{i_k}^{t_k}(\Theta)=\{t:t_k\leqslant t<t_{k+1},x(t)\in\Theta\}$ 表示第 i_k 个子系统在$[t_k,t_{k+1})$上被激活时满足所有状态轨线都在集合 Θ 内的时间. 其中，$i_k\in M$，$k\in\mathbf{N}$.

定义 5.1 设$\mu_1(\boldsymbol{x})$, …, $\mu_m(\boldsymbol{x})$是集合Θ上的非负函数. 如果存在非负连续函数$S_1(\boldsymbol{x})$, $S_2(\boldsymbol{x})$, …, $S_m(\boldsymbol{x})$满足$S_i(\boldsymbol{0})=0$与可积函数$\omega_j^i(\boldsymbol{x}, \boldsymbol{u}_i, \boldsymbol{h}_i, t)$, $1\leqslant i, j\leqslant m, j\neq i$, 使下面不等式成立

(i)对任意$[s, t]\subset T_{i_k}^{t_k}(\Theta)\,(k=0, 1, 2, \cdots)$,

$$S_{i_k}(\boldsymbol{x}(t)) - S_{i_k}(\boldsymbol{x}(s)) \leqslant \frac{1}{2}\int_s^t (\mu_{i_k}^2(\boldsymbol{x}(\tau))\,\|\boldsymbol{u}_{i_k}(\boldsymbol{x}(\tau))\|^2 - \|\boldsymbol{h}_{i_k}(\boldsymbol{x}(\tau))\|^2)\,\mathrm{d}\tau; \tag{5.3}$$

(ii) $\forall j\in M, j\neq i_k\,(k=0, 1, 2, \cdots)$, $t_k\leqslant s\leqslant t<t_{k+1}$,

$$S_j(\boldsymbol{x}(t)) - S_j(\boldsymbol{x}(s)) \leqslant \int_s^t \omega_j^{i_k}(\boldsymbol{x}(\tau), \boldsymbol{u}_{i_k}(\boldsymbol{x}(\tau)), \boldsymbol{h}_{i_k}(\boldsymbol{x}(\tau)), \tau)\,\mathrm{d}\tau, \tag{5.4}$$

则切换系统(5.1)称为在切换信号Σ下在集合Θ内有广义向量L_2增益$(\mu_1(\boldsymbol{x}), \cdots, \mu_m(\boldsymbol{x}))$. 其中, $S_i(\boldsymbol{x})$称为储能函数, $\omega_j^i(\boldsymbol{x}, \boldsymbol{u}_i, \boldsymbol{h}_i, t)$称为交叉供应率.

注 5.1 定义 5.1 刻画了第k次与第$k+1$次切换之间的能量变化. 特别是, 式(5.3)刻画了在$[t_k, t_{k+1})$上并且轨线在集合Θ内被激活子系统能量的变化. 对切换信号Σ, 当$t\in[t_k, t_{k+1})$时, 第i_k个子系统被激活, 所以使用下标i_k代替j, 而$[s, t]\subset T_{i_k}^{t_k}(\Theta)$表明在$[t_k, t_{k+1})$上轨线全部在集合$\Theta$内的时间. 式(5.4)刻画了没有被激活子系统能量变化, 因此$j\neq i_k$. 非一致的L_2性质用函数$\mu_j(\boldsymbol{x})$来表示, 即增益随着状态的不同而变化. 此外, 广义向量L_2增益仅在集合Θ内存在.

注 5.2 如果储能函数$S_i(\boldsymbol{x})$是光滑的, 条件(5.3)等价于条件[146]

$$H_{i_k}(S_{i_k}, \mu_{i_k})(\boldsymbol{x}(t)) = \left(\boldsymbol{L}_{\boldsymbol{f}_{i_k}} S_{i_k} + \frac{\|\boldsymbol{L}_{\boldsymbol{g}_{i_k}} S_{i_k}\|^2}{2\mu_{i_k}^2} + \frac{\|\boldsymbol{h}_{i_k}\|^2}{2}\right)(\boldsymbol{x}(t)) \leqslant 0,$$

$$t \in T_{i_k}^{t_k}(\Theta),\ k\in \mathbf{N}, \tag{5.5}$$

称$H_{i_k}(S_{i_k}(\boldsymbol{x}), \mu_{i_k}(\boldsymbol{x}))$为第$i_k$个子系统在$\Theta$内的 Hamiltonian 函数, $i_k\in M$. 本节假设$S_i(\boldsymbol{x})$是光滑的, $i\in M$.

注 5.3 当$\Theta=\mathbf{R}^n$时, 如果对所有$j\in M$, 函数$\mu_j(\boldsymbol{x})$有共同的上界γ, 定义 5.1 将退化成文献[66]中L_2增益的定义. 对于每个子系统, 函数$\mu_j(\boldsymbol{x})$有各自的上界γ_j, 定义 5.1 包含文献[59]中向量L_2增益的定义. 如果系统(5.1)仅有一个子系统, 定义 5.1 将退化成文献[77]中广义L_2增益. 可见, 定义 5.1 非常广泛.

为研究切换系统的吸引性, 下面定义集合$\mathbb{S}$的弱可观性.

定义 5.2 考虑下面的系统

$$\begin{aligned} \dot{\boldsymbol{x}} &= \boldsymbol{f}(\boldsymbol{x}) + \boldsymbol{g}(\boldsymbol{x})\boldsymbol{u}, \\ \boldsymbol{y} &= \boldsymbol{h}(\boldsymbol{x}). \end{aligned} \tag{5.6}$$

设$\mathbb{S}$是 $\mathbf{R}^n$ 的子集. 当 $\boldsymbol{u}=\mathbf{0}$ 时，系统(5.6)称为弱$\mathbb{S}$可观的，如果存在常数 t_0，t_1，使对所有 $s\in[t_0,\ t_1)$，当 $\boldsymbol{h}(\boldsymbol{x}(s))=\mathbf{0}$ 成立时，则有 $\boldsymbol{x}(s)\in\mathbb{S}$ 成立，其中 $s\in[t_0,\ t_1)$；如果$\mathbb{S}=\{0\}$，系统(5.6)称为弱零状态可观的.

注 5.4　在定义 5.2 中，当 t_1 是任意的，则弱$\mathbb{S}$可观性退化成文献[77]中$\mathbb{S}$可观性；弱零状态可观性成为零状态可观性. 此外，如果系统是 $\mathbf{R}^n/\mathbb{S}$ 零状态可观的，则对任意 $\boldsymbol{x}\in\mathbb{S}$，有 $S_i(\boldsymbol{x})>0$[76].

5.2.2　吸引性

本节将给出有广义向量 L_2 性质的切换非线性系统关于集合吸引的充分条件. 首先，用 $\Omega_{l_j}=\{\boldsymbol{x}\in\mathbf{R}^n;\ S_j(\boldsymbol{x})<l_j\}$ 表示由储能函数 S_j 的等势面围成的包含集合 $\mathbf{R}^n/\Theta$ 的最小区域，即当 $l_j^*<l_j$ 时，则一定存在 $\boldsymbol{x}^*\in\mathbf{R}^n/\Theta$，$\boldsymbol{x}^*\notin\{\boldsymbol{x}\in\mathbf{R}^n:\ S_j(\boldsymbol{x})<l_j^*\}$. 用 $\mathrm{Int}\Omega_{l_j}$表示 Ω_{t_j}的内部.

定理 5.1　假设在切换信号 Σ 下系统(5.1)在 Θ 内有广义向量 L_2 增益 $(\mu_1(\boldsymbol{x}),\ \cdots,\ \mu_m(\boldsymbol{x}))$，集合 $\mathbf{R}^n/\Theta$ 是有界的. 对任意 $l>0$，设集合 $\Omega_l^j=\{\boldsymbol{x}\in\mathbf{R}^n:\ S_j(\boldsymbol{x})<l\}$ 是有界的，并且对任意 $j\in M$，当 $\boldsymbol{u}_j=\mathbf{0}$ 时，不等式(5.1)成立

$$\sum_{\lambda=1}^{j_{k+1}-j_k-1}\int_{t_{j_k}+\lambda}^{t_{j_k+\lambda+1}}\omega_j^{i_{j_k+\lambda}}(\boldsymbol{x}(\tau),\ \mathbf{0},\ \boldsymbol{h}_{i_{j_k+\lambda}}(\tau),\ \tau)\mathrm{d}\tau\leqslant\frac{1}{2}\int_{t_{j_k}}^{\hat{t}_{j_k}}\|\boldsymbol{h}_j(\boldsymbol{x}(\tau))\|^2\mathrm{d}\tau. \tag{5.7}$$

其中，常数 $\hat{t}_{j_k}$满足当 $t\in[t_{j_k},\ \hat{t}_{j_k})\subseteq[t_{j_k},\ t_{j_k+1})$时，$\boldsymbol{x}(t)\in\mathrm{Int}(\mathbf{R}^n/\Omega_{l_j})$ 且 $\boldsymbol{x}(\hat{t}_{j_k})\in\partial\Omega_{l_j}$，$k\in\mathbf{N}$，则系统(5.1)有下面性质.

(i)如果每个子系统都是弱 $\mathbf{R}^n/\Theta$ 可观的，则当 $\boldsymbol{u}_j=\mathbf{0}$ 时，系统(5.1)的解吸引到一个有界集合.

(ii)如果每个子系统都是弱 $\Theta=\mathbf{R}^n/\{\mathbf{0}\}$ 可观的，则当 $\boldsymbol{u}_j=\mathbf{0}$ 时，平衡点是渐近稳定的.

证明　(i)定义集合$\mathbb{F}_{j_k}=\{\hat{t}_{j_k}$：当 $t\in[t_{j_k},\ \hat{t}_{j_k})$时，$\boldsymbol{x}(t)\in\mathrm{Int}(\mathbf{R}^n/\Omega_{l_j})$，其中 $\boldsymbol{x}(\hat{t}_{j_k})\in\partial\Omega_{l_j}\}$，$k\in\mathbf{N}$，$j\in M$. 该集合表示在$[t_{j_k},\ t_{j_k+1})$上，轨线 $x_{j_k}(t)$与$\partial\Omega_{l_j}$相交的所有时刻. 下面分$\mathbb{F}_{j_k}=\phi$ 与$\mathbb{F}_{j_k}\neq\phi$ 两种情况考虑.

情形 1：$\mathbb{F}_{j_k}\neq\phi$

当 $\boldsymbol{u}_j=\mathbf{0}$ 时，在区间$[t_{j_k},\ \hat{t}_{j_k})$上，由定义 5.1 条件(i)得

$$S_j(\boldsymbol{x}(\hat{t}_{j_k}))-S_j(\boldsymbol{x}(t_{j_k}))\leqslant-\frac{1}{2}\int_{t_{j_k}}^{\hat{t}_{j_k}}\|\boldsymbol{h}_j(\boldsymbol{x}(\tau))\|^2\mathrm{d}\tau\leqslant 0 \tag{5.8}$$

因为每个子系统都是弱 $\mathbf{R}^n/\Theta$ 可观的，则在$[t_{j_k},\ t_{j_k+1})$上满足条件(5.8)的时刻是唯一的，设为 $\hat{t}_{j_k}$，也就是轨线 $x_{j_k}(t)$不在集合$\partial\Omega_{l_j}$内停留，并且式(5.9)一定

成立

$$S_j(\boldsymbol{x}(t_{j_{k+1}}))-S_j(\boldsymbol{x}(\hat{t}_{j_k}))\leqslant 0. \tag{5.9}$$

事实上，如果式(5.9)不成立，由 $\boldsymbol{x}(t)$ 的连续性，必存在 $\hat{t}_{j_k}^*$ 满足 $\hat{t}_{j_k}\leqslant\hat{t}_{j_k}^*<t_{j_k+1}$，使 $S_j(\boldsymbol{x}(\hat{t}_{j_k}))=S_j(\boldsymbol{x}(\hat{t}_{j_k}^*))=l_j$，对所有 $t\in[\hat{t}_{j_k}^*, t_{j_k+1})$，$\boldsymbol{x}(t)\in \mathrm{Int}(\mathbf{R}^n/\Omega_{l_j})$ 且

$$S_j(\boldsymbol{x}(t_{j_k+1}))>S_j(\boldsymbol{x}(\hat{t}_{i_k}^*)). \tag{5.10}$$

由集合 Ω_{l_i} 的定义与定义 5.1 中条件(i)得

$$S_j(\boldsymbol{x}(t_{j_k+1}))-S_j(\boldsymbol{x}(\hat{t}_{j_k}^*))\leqslant-\frac{1}{2}\int_{\hat{t}_{j_k}^*}^{t_{j_k+1}}\|\boldsymbol{h}_j(\boldsymbol{x}(\tau))\|^2\mathrm{d}\tau\leqslant 0, \tag{5.11}$$

这与式(5.10)矛盾，所以式(5.9)一定成立.

在 $[t_{j_k+1}, t_{j_{k+1}})$ 上得

$$S_j(t_{j_{k+1}})-S_j(t_{j_k+1})\leqslant\sum_{\lambda=1}^{j_{k+1}-j_k-1}\int_{t_{j_k+\lambda}}^{t_{j_k+\lambda+1}}\omega_j^{i_{j_k+\lambda}}(\boldsymbol{x}(\tau),\mathbf{0},\boldsymbol{h}_{i_{j_k+\lambda}}(\tau),\tau)\mathrm{d}\tau. \tag{5.12}$$

由式(5.8)、式(5.9)、式(5.12)与条件(5.7)得

$$\begin{aligned}&S_i(t_{j_{k+1}})-S_j(t_{j_k})\\&\leqslant\sum_{\lambda=1}^{j_{k+1}-j_k-1}\int_{t_{j_k+\lambda}}^{t_{j_k+\lambda+1}}\omega_j^{i_{j_k+\lambda}}(\boldsymbol{x}(\tau),\mathbf{0},\boldsymbol{h}_{i_{j_k+\lambda}}(\tau),\tau)\mathrm{d}\tau-\frac{1}{2}\int_{t_{j_k}}^{\hat{t}_{j_k}}\|\boldsymbol{h}_j(\boldsymbol{x}(\tau))\|^2\mathrm{d}\tau\\&\leqslant 0.\end{aligned} \tag{5.13}$$

情形 2：$\mathbb{F}_{j_k}=\phi$.

因为 $\mathbb{F}_{j_k}=\phi$，在 $[t_{j_k}, t_{j_{k+1}})$ 上，轨线 $x_{j_k}(t)$ 完全属于集合 $\mathrm{Int}(\mathbf{R}^n/\Omega_{l_j})$. 由条件(5.7)得

$$\sum_{\lambda=1}^{j_{k+1}-j_k-1}\int_{t_{j_k+\lambda}}^{t_{j_k+\lambda+1}}\omega_j^{i_{j_k+\lambda}}(\boldsymbol{x}(\tau),\mathbf{0},\boldsymbol{h}_{i_{j_k+\lambda}}(\tau),\tau)\mathrm{d}\tau\leqslant\frac{1}{2}\int_{t_{j_k}}^{t_{j_k+1}}\|\boldsymbol{h}_j(\boldsymbol{x}(\tau))\|^2\mathrm{d}\tau.$$

在区间 $[t_{j_k}, t_{j_{k+1}})$ 上得

$$\begin{aligned}&S_j(t_{j_{k+1}})-S_j(t_{j_k})\\&\leqslant\sum_{\lambda=1}^{j_{k+1}-j_k-1}\int_{t_{j_k+\lambda}}^{t_{j_k+\lambda+1}}\omega_j^{i_{j_k+\lambda+1}}(\boldsymbol{x}(\tau),\mathbf{0},\boldsymbol{h}_{i_{j_k+\lambda}}(\tau),\tau)\mathrm{d}\tau-\frac{1}{2}\int_{t_{j_k}}^{t_{j_k+1}}\|\boldsymbol{h}_j(\boldsymbol{x}(\tau))\|^2\mathrm{d}\tau\\&\leqslant 0.\end{aligned} \tag{5.14}$$

当 $\boldsymbol{u}_j=\mathbf{0}$ 时，不等式(5.13)与式(5.14)表明在集合 $\mathbf{R}^n/\Omega_{l_j}$ 内储能函数 $S_j(\boldsymbol{x})$，在切换列 Σ_j 上是非增的，并且当在 Θ 内被激活时 $S_j(\boldsymbol{x})$ 也是非增的. 因为每个子系统都是弱 $\mathbf{R}^n/\Theta$ 可观的，所以在 $\{\boldsymbol{x}:\|\boldsymbol{h}_j(\boldsymbol{x})\|=0\}$ 中所有的弱不变集都属于集合 $\mathbf{R}^n/\Omega_{l_j}$，且在 Θ 内每个储能函数都是正的. 因此定理 5.4 所有条件都满足，当 $\boldsymbol{u}_j=\mathbf{0}$ 时，系统的所有轨线都吸引到包含 $\mathbf{R}^n/\Theta$ 的函数 $S_j(\boldsymbol{x})$ 的最小等势面.

(ii)因为结论(i)成立，由文献[81]和定理 2.3 得到系统(5.1)的原点是渐近稳定的.

注 5.5 定义 5.1 中储能函数 $S_i(\boldsymbol{x})$ 是非负的连续函数，而定理 5.1 条件隐含着储能函数的正定性. 此外，条件(5.7)表示在$[t_{j_k+1}, t_{j_{k+1}})$上所有被激活的子系统注入给第 j 个子系统的能量总和小于第 j 个子系统在$[t_{j_k}, t_{j_{k+1}})$上自己耗散掉的能量，因此总能量耗散引发吸引性. 此外，如果 $\omega_j^i(\boldsymbol{x}, 0, \boldsymbol{h}_i, t) \leqslant 0$，条件(5.7)自然成立.

5.2.3 广义小增益定理

本节考虑两个分别有广义向量 L_2 性质的切换系统级联性质.

考虑下面两个切换系统 Δ_1 和 Δ_2

$$\Delta_1: \quad \begin{aligned} \dot{\boldsymbol{x}}_1 &= \boldsymbol{f}_{1\sigma}(\boldsymbol{x}_1) + \boldsymbol{g}_{1\sigma}(\boldsymbol{x}_1)\boldsymbol{u}_{1\sigma}, \\ \boldsymbol{y}_1 &= \boldsymbol{h}_{1\sigma}(\boldsymbol{x}_1), \end{aligned} \tag{5.15}$$

$$\Delta_2: \quad \begin{aligned} \dot{\boldsymbol{x}}_2 &= \boldsymbol{f}_{2\sigma}(\boldsymbol{x}_2) + \boldsymbol{g}_{2\sigma}(\boldsymbol{x}_2)\boldsymbol{u}_{2\sigma}, \\ \boldsymbol{y}_2 &= \boldsymbol{h}_{2\sigma}(\boldsymbol{x}_2). \end{aligned} \tag{5.16}$$

其中，$\boldsymbol{x}_1 \in \mathbf{R}^{n_1}$，$\boldsymbol{x}_2 \in \mathbf{R}^{n_2}$，$\boldsymbol{u}_{pj} \in \mathbf{R}^{s_p}$，$\boldsymbol{f}_{pj}(\boldsymbol{0}) = \boldsymbol{0}$，$\boldsymbol{h}_{pj}(\boldsymbol{0}) = \boldsymbol{0}$($p=1, 2; j=1, \cdots, m$). 假设切换系统 Δ_1 和 Δ_2 在级联意义下是兼容的，即 $\dim \boldsymbol{u}_{1_j} = \dim_{\boldsymbol{h}_{2j}}$，$\dim \boldsymbol{u}_{2j} = \dim_{\boldsymbol{h}_{1j}}$ 如图 5.1 所示为简单起见，假设这两个切换系统有相同切换信号 $\sigma(t)$：$[0, \infty) \to M = \{1, 2, \cdots, m\}$.

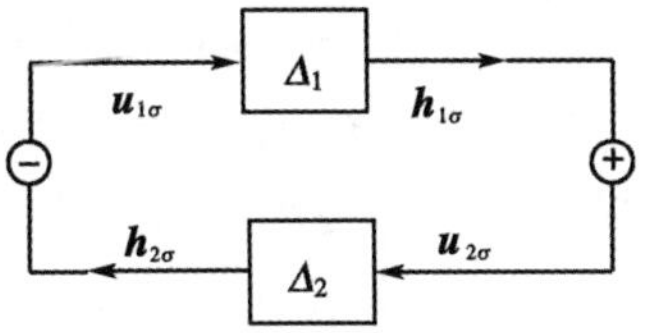

图 5.1 Δ_1 与 Δ_2 反馈级联

假设切换系统 Δ_i 在 Θ_1 内有广义向量 L_2 增益$(\mu_{11}(\boldsymbol{x}_1), \cdots, \mu_{1m}(\boldsymbol{x}_1))$，储能函数为 $S_{1j}(\boldsymbol{x}_1)$，交叉供应率为 $\omega_{1j}^i(\boldsymbol{x}_1, \boldsymbol{u}_{1i}, \boldsymbol{h}_{1i}, t)$；切换系统 Δ_2 在 Θ_2 内有广义向量 L_2 增益$(\mu_{21}(\boldsymbol{x}_2), \cdots, \mu_{2m}(\boldsymbol{x}_2))$，储能函数为 $S_{2j}(\boldsymbol{x}_2)$，交叉供应率为 $\omega_{2j}^i(\boldsymbol{x}_2, \boldsymbol{u}_{2i}, \boldsymbol{h}_{21i}, t)$. 假设 $H_{pj}(S_{pj}, \mu_{pj})(\boldsymbol{x}_p(t))$表示当 $t \in T_j^{t_{jk}}(\Theta_p)$ 时切换系统 Δ_p 的第 j 个子系统的 Hamiltonian 函数，$p=1, 2$. 集合 $\Gamma_j = \{(\boldsymbol{x}_1, \boldsymbol{x}_2) \in \Theta_1 \times \Theta_2: \mu_{1j}(\boldsymbol{x}_1)\mu_{2j}(\boldsymbol{x}_2) \geqslant 1\}$ ($j=1, 2, \cdots, m$). 定义常数为

$$\gamma_{pj} = \sup_{\boldsymbol{x}_p \in \Theta_p} \mu_{pj}(\boldsymbol{x}_p) < \infty \quad (p = 1, 2; j = 1, 2, \cdots, m).$$

此外，定义集合

$$\Phi_{1j}=\left\{(\boldsymbol{x}_1,\boldsymbol{x}_2)\in\Theta_1\times\Theta_2:\gamma_{1j}^2(\mu_{2j}(\boldsymbol{x}_2))^2\geqslant 1+\left(\frac{K_{1j}(\boldsymbol{h}_{1j}(\boldsymbol{x}_1))}{\|\boldsymbol{h}_{1j}(\boldsymbol{x}_1)\|}\right)^2\right\}\quad(j\in M).$$

其中，$K_{1j}(\boldsymbol{\xi})$为非负数量函数，$\boldsymbol{\xi}\in\mathbf{R}^{s_2}$. 切换系统 Δ_1 和 Δ_2 的负反馈级联为定义在集合 Θ 上的系统为

$$\Delta:\begin{cases}\dot{\boldsymbol{x}}=\begin{pmatrix}\dot{\boldsymbol{x}}_1\\ \dot{\boldsymbol{x}}_2\end{pmatrix}=\begin{pmatrix}\boldsymbol{f}_{1\sigma}(\boldsymbol{x}_1)-\boldsymbol{g}_{1\sigma}(\boldsymbol{x}_1)\boldsymbol{h}_{2\sigma}\\ \boldsymbol{f}_{2\sigma}(\boldsymbol{x}_2)+\boldsymbol{g}_{2\sigma}(\boldsymbol{x}_2)\boldsymbol{h}_{1\sigma}\end{pmatrix},\\ \boldsymbol{y}=\boldsymbol{h}_\sigma(\boldsymbol{x})=\begin{pmatrix}\boldsymbol{h}_{1\sigma}(\boldsymbol{x}_1)\\ \boldsymbol{h}_{2\sigma}(\boldsymbol{x}_2)\end{pmatrix},\end{cases}\tag{5.17}$$

其中，$\Theta=\Theta_1\times\Theta_2$，$\boldsymbol{x}\in\mathbf{R}^n=\mathbf{R}^{n_1}\times\mathbf{R}^{n_2}$

当 Φ_{1j}有界时，用 $\Omega_{l_j}(\Phi_{1j})=\{\boldsymbol{x}\in\mathbf{R}^n:S_j(\boldsymbol{x})=S_{1j}(\boldsymbol{x}_1)+\alpha_j^2S_{2j}(\boldsymbol{x}_2)<l_j\}$表示由储能函数 S_j 的等势面围成的包含集合 $\mathbf{R}^n/\Theta$ 和 Φ_{1j}的最小区域.

定理 5.2 设 $\gamma_{1j}\gamma_{2j}<1$，$\mathbf{R}^{n_p}/\Theta_p$ 是有界集，并且对任意的 $l>0$，$j\in M$，$p=1$，2，$\Omega_j^p(l)=\{\boldsymbol{x}_p\in\mathbf{R}^{n_p}:S_{pj}(\boldsymbol{x}_p<l)\}$是有界的.

(i) 如果存在 α_j满足 $\gamma_{1j}<\alpha_j<\dfrac{1}{\gamma_{2j}}$，$j\in M$，使不等式(5.18)成立

$$\sum_{\lambda=1}^{j_{k+1}-j_k-1}\int_{t_{j_k+\lambda}}^{t_{j_k+\lambda+1}}\omega_j^{i_{j_k+\lambda+1}}(\boldsymbol{x}(\tau),\boldsymbol{0},\boldsymbol{h}_{i_{j_k+\lambda}}(\tau),\tau)\mathrm{d}\tau$$

$$\leqslant\frac{1}{2}\int_{t_{j_k}}^{\hat{t}_{j_k}}(1-\alpha_j^2\gamma_{2j}^2)\|\boldsymbol{h}_{1j}\|^2+(\alpha_1^2-\gamma_{1j}^2)\|\boldsymbol{h}_{2j}\|^2\mathrm{d}\tau,\tag{5.18}$$

其中，$\omega_{j_k}^i=\omega_{1j_k}^i(\boldsymbol{x}_1,-\boldsymbol{h}_{2i}(\boldsymbol{x}_2),\boldsymbol{h}_{1i},t)+\alpha_{j_k}\omega_{2j_k}^i(\boldsymbol{x}_2,\boldsymbol{h}_{1i}(\boldsymbol{x}_1),\boldsymbol{h}_{2i},t)$，常数 $\hat{t}_{j_k}$满足对所有 $t\in[t_{j_k},\hat{t}_{j_k})\subseteq[t_{j_k},t_{j_{k+1}})$，有 $\boldsymbol{x}(t)\in\mathrm{Int}(\mathbf{R}^n/\Omega_{l_j})$，$\boldsymbol{x}(\hat{t}_{j_k})\in\partial\Omega_{l_j}$且每个子系统都是弱 $\mathbf{R}^{n_p}/\Theta_p$ 可观的，则每个解都吸引到某个有界集. 此外，如果 $\Gamma_j=\{\boldsymbol{0}\}$，$\Theta_p=\mathbf{R}^{n_p}(p=1,2;j=1,2,\cdots,m)$，并且切换系统 Δ_p 的每个子系统是弱零状态可观的，则系统是渐近稳定的.

(ii) 如果 Γ_j是有界的，且 $S_{1j}(\boldsymbol{x}_l)$满足条件

$$H_{1j}(S_{1j},\mu_{1j})(\boldsymbol{x}_1(t))\leqslant-K_{1j}^2(\boldsymbol{h}_{1j})(\boldsymbol{x}_1(t)),\ t\in T_j^{t_{j_k}}(\Theta_1))\quad(j\in M,\ k\in\mathbf{N}),\tag{5.19}$$

其中，$K_{1j}(\boldsymbol{\xi})$是上线性函数，即 $\lim\limits_{\|\boldsymbol{\xi}\|\to\infty}\dfrac{|K_{1j}(\boldsymbol{\xi})|}{\|\boldsymbol{\xi}\|}=+\infty$. 此外，假设存在 α_j 满足 $\gamma_{1j}<\alpha_j<\dfrac{1}{\gamma_{2j}}$，使不等式成立

$$\sum_{\lambda=1}^{j_{k+1}-j_k-1}\int_{t_{j_k+\lambda}}^{t_{j_k+\lambda+1}}\omega_j^{i_{j_k+\lambda}}(\boldsymbol{x}(\tau),\boldsymbol{0},\boldsymbol{h}_{i_{j_k+\lambda}}(\tau),\tau)\mathrm{d}\tau$$

$$\leqslant \frac{1}{2}\int_{t_{j_k}}^{\hat{t}_{j_k}}(1-\alpha_j^2\gamma_{2j}^2)\|\boldsymbol{h}_{1j}\|^2+(\alpha_j^2-\gamma_{1j}^2)\|\boldsymbol{h}_{2j}\|^2\mathrm{d}\tau. \tag{5.20}$$

其中，常数 $\hat{t}_{j_k}$ 满足当 $t\in[t_{j_k},\hat{t}_{j_k})\subset[t_{j_k},t_{j_k+1})$，$\boldsymbol{x}(t)\in\mathrm{Int}(\mathbf{R}^n/\Omega_{l_j}(\Phi_{1j}))$ 和 $\boldsymbol{x}(\hat{t}_{j_k}$ $\in\partial(\Omega_{l_j}(\Phi_{1j}))$，并且每个子系统都是弱 $\mathbf{R}^{n_p}/\Theta_p$ 可观的，则解吸引到一个有界集.

证明　(i) 定义函数 $S_j(\boldsymbol{x})=S_{1j}(\boldsymbol{x}_1)+\alpha_j^2S_{2j}(\boldsymbol{x}_2)$. 对于任意 $j_k\in M$，$k\in\mathbf{N}$，集合 $\mathbb{F}_{j_k}=\{\hat{t}_{j_k}$：当 $t\in[t_{j_k},\hat{t}_{j_k})$ 时，$\boldsymbol{x}(t)\in\mathrm{Int}(\mathbf{R}^n/\Omega_{i_k})$，其中 $\boldsymbol{x}(\hat{t}_{j_k})\in\partial\Omega_{i_k}\}$ 表示在 $[t_{j_k},t_{j_k+1})$ 上轨线 $x_{i_k}(t)$ 交集合 $\partial\Omega_{l_i}$ 的时刻. 分两种情况证明，即 $\mathbb{F}=\phi$ 和 $\mathbb{F}_{j_k}\neq\phi$.

情形 1：$\mathbb{F}\neq\phi$.

在 $[t_{j_k},\hat{t}_{j_k})$ 上，由定义 5.1 条件 (i)，对任意 $\boldsymbol{x}\in\Theta$ 得

$$\begin{aligned}
&\dot{S}_j(\boldsymbol{x})=\dot{S}_{1j}(\boldsymbol{x}_1)+\alpha_j^2\dot{S}_{2j}(\boldsymbol{x}_2)\\
&=\boldsymbol{L}_{f_{1j}}S_{1j}-\boldsymbol{L}_{g_{1j}}S_{1j}\boldsymbol{h}_{2j}+\alpha_j^2(\boldsymbol{L}_{f_{2j}}S_{2j}+\boldsymbol{L}_{g_{2j}}S_{2j}\boldsymbol{h}_{1j})\\
&\leqslant-\frac{(\boldsymbol{L}_{g_{1j}}S_{1j})^2}{2\mu_{1j}^2}-\frac{\|\boldsymbol{h}_{1j}\|^2}{2}-\alpha_i^2\frac{(\boldsymbol{L}_{g_{2j}}S_{2j})^2}{2\mu_{2j}^2}-\alpha_j^2\frac{\|\boldsymbol{h}_{2j}\|^2}{2}+\alpha_j^2(\boldsymbol{L}_{g_j}S_{2j})\boldsymbol{h}_{1j}-(\boldsymbol{L}_{g_{1j}}S_{1j})\boldsymbol{h}_{2j}\\
&=-\frac{1}{2}\mu_{1j}^2\left(\frac{\boldsymbol{L}_{g_{1j}}S_{1j}}{\mu_{1j}^2}+\boldsymbol{h}_{2j}\right)^2-\frac{\alpha_j^2}{2}\mu_{2j}^2\left(\frac{\boldsymbol{L}_{g_{2j}}S_{2j}}{\mu_{2j}^2}-\boldsymbol{h}_{1j}\right)^2-\frac{1}{2}(1-\alpha_j^2\mu_{2j}^2\|\boldsymbol{h}_{1j}\|^2-\\
&\quad\frac{1}{2}(\alpha_j^2-\mu_{1j}^2\|\boldsymbol{h}_{2j}\|^2\\
&\leqslant-\frac{1}{2}(1-\alpha_j^2\mu_{2j}^2)\|\boldsymbol{h}_{1j}\|^2-\frac{1}{2}(\alpha_j^2-\mu_{1j}^2)\|\boldsymbol{h}_{2j}\|^2.
\end{aligned}\tag{5.21}$$

因为 $\gamma_{1j}\gamma_{2j}<1$，$\gamma_{1j}^2<\alpha_j^2<\dfrac{1}{\gamma_{2j}^2}$ $(j\in M)$，所以在 $[t_{j_k},\hat{t}_{j_k})$ 上 $\dot{S}_j(\boldsymbol{x})\leqslant0$，这表明 $S_j(\boldsymbol{x}(t))$ 在 $[t_{j_k},\hat{t}_{j_k})$ 上是非增的，从 t_{j_k} 到 $\hat{t}_{j_k}$ 对式 (5.21) 积分得

$$\begin{aligned}
&S_j(\boldsymbol{x}(\hat{t}_{j_k}))-S_j(\boldsymbol{x}(t_{j_k}))\\
&\leqslant-\frac{1}{2}\int_{t_{j_k}}^{\hat{t}_{j_k}}((1-\alpha_j^2\mu_{2j}^2)\|\boldsymbol{h}_{1j}\|^2+(\alpha_j^2-\mu_{1j}^2)\|\boldsymbol{h}_{2j}\|^2)\mathrm{d}\tau.
\end{aligned}\tag{5.22}$$

类似于定理 4.1 的证明得

$$S_j(\boldsymbol{x}(t_{j_k+1}))-S_j(\boldsymbol{x}(\hat{t}_j))\leqslant0. \tag{5.23}$$

在 $[t_{j_k+1},t_{j_{k+1}})$ 上得

$$S_j(t_{j_{k+1}})-S_j(t_{j_k+1})\leqslant\sum_{\lambda=1}^{j_{k+1}-j_k-1}\int_{t_{j_k}+\lambda}^{t_{j_k+\lambda+1}}\omega_j^{l_{j_k+\lambda}}(\boldsymbol{x}(\tau),\boldsymbol{0},\boldsymbol{h}_{i_{j_k+\lambda}}(\tau),\tau)\mathrm{d}\tau. \tag{5.24}$$

由式 (5.22)、式 (5.23)、式 (5.24) 和条件 (5.18) 得

$$S_j(t_{j_k+1}) - S_j(t_{j_k})$$
$$\leqslant \sum_{\lambda=1}^{j_{k+1}-j_k-1} \int_{t_{j_k+\lambda}}^{t_{j_k+\lambda+1}} \omega_j^{i_{j_k+\lambda}}(\boldsymbol{x}, \boldsymbol{0}, \boldsymbol{h}_{i_{j_k+\lambda}}, \tau)\mathrm{d}\tau -$$
$$\frac{1}{2}\int_{t_{j_k}}^{\hat{t}_{j_k}}(1-\alpha_j^2\gamma_{2j}^2)\|\boldsymbol{h}_{1j}\|^2 + (\alpha_j^2-\gamma_{1j}^2)\|\boldsymbol{h}_{2j}\|^2\mathrm{d}\tau \leqslant 0. \tag{5.25}$$

情形 2：$\mathbb{F}_{j_k}=\phi$.

因为$\mathbb{F}_{j_k}=\phi$，在$[t_{j_k}, t_{j_k+1})$上的轨线$x_{j_k}(t)$属于集合$\mathbf{R}^n/\Omega_{l_j}$. 由条件(5.18)得

$$\sum_{\lambda=1}^{j_{k+1}-j_k-1} \int_{t_{j_k+\lambda}}^{t_{j_k+\lambda+1}} \omega_j^{i_{j_k+\lambda}}(\boldsymbol{x}(\tau), \boldsymbol{0}, \boldsymbol{h}_{i_{j_k+\lambda}}(\tau), \tau)\mathrm{d}\tau$$
$$\leqslant \frac{1}{2}\int_{t_{j_k}}^{t_{j_k+1}}(1-\alpha_j^2\gamma_{2j}^2)\|\boldsymbol{h}_{1j}\|^2 + (\alpha_j^2-\gamma_{1j}^2)\|\boldsymbol{h}_{2j}\|^2\mathrm{d}\tau.$$

类似于情形 1 的证明，在$[t_{j_k}, t_{j_{k+1}})$上得

$$S_j(t_{j_{k+1}}) - S_j(t_{j_k}) \leqslant \sum_{\lambda=1}^{j_{k+1}-j_k-1} \int_{t_{j_k+\lambda}}^{t_{j_k+\lambda+1}} \omega_j^{i_{j_k+\lambda}}(\boldsymbol{x}(\tau), \boldsymbol{0}, \boldsymbol{h}_{i_{j_k+\lambda}}(\tau), \tau)\mathrm{d}\tau -$$
$$\frac{1}{2}\int_{t_{j_k}}^{t_{j_k+1}}(1-\alpha_j^2\gamma_{2j}^2)\|\boldsymbol{h}_{1j}\|^2 + (\alpha_j^2-\gamma_{1j}^2)\|\boldsymbol{h}_{2j}\|^2\mathrm{d}\tau \leqslant 0. \tag{5.26}$$

式(5.25)与式(5.26)表明，当在$\mathbf{R}^n/\Omega_{l_j}$上，$S_j(\boldsymbol{x})$在切换时刻$\boldsymbol{\Sigma}_j$上是非增的. 又因为切换系统$\Delta_p$的每个子系统都是弱$\mathbf{R}^{n_p}/\Omega_p$可观的，所以式(5.17)的每个子系统也是弱$\mathbf{R}^n/\Theta$可观的. 因此在$\{\boldsymbol{x}: \|\boldsymbol{h}_j(\boldsymbol{x})\}\|=0$内的不变集属于集合$\mathbf{R}^n/\Theta\subset\Omega_{l_j}$. 可见，定理 5.1 的所有条件都满足，则系统的所有轨线都吸引到包含$\mathbf{R}^n/\Theta$的函数$S_j(\boldsymbol{x})$的最小等势面.

当Γ_j退化成$\{\boldsymbol{0}\}$时，因为在$\boldsymbol{R}^{n_p}$上$\mu_{pj}(\boldsymbol{x}_p)$是连续的，所以$(\boldsymbol{x}_1, \boldsymbol{x}_2)\in(\Theta_1\times\Theta_2): \mu_{1j}(\boldsymbol{x}_1)\mu_{2j}(\boldsymbol{x}_2)=1\}=\{(\boldsymbol{0}, \boldsymbol{0})\}$. 此时，$\gamma_{pj}=\sup\limits_{\boldsymbol{x}_p\in n^i}\mu_{p_j}(\boldsymbol{x}_p)<\infty$且每个最大值$\gamma_{pj}$恰好在原点取到. 取$\alpha_j=\gamma_{1j}=\dfrac{1}{\gamma_{2j}}$，对于任意的$\boldsymbol{x}\neq\boldsymbol{0}$，式(5.21)的右边是非正的. 类似于定理 4.1(ii)的证明，原点是渐近稳定的.

(ii)由条件(5.17)，对任意$\boldsymbol{x}\in\Theta_1\times\Theta_2$得

$$\dot{S}_j(\boldsymbol{x}) = \dot{S}_{1j}(\boldsymbol{x}_1) + \alpha_j^2\dot{S}_{2j}(\boldsymbol{x}_2)$$
$$\leqslant -\frac{1}{2}[(1-\alpha_j^2(\mu_{2j}(\boldsymbol{x}_2))^2)\|\boldsymbol{h}_{1j}(\boldsymbol{x}_1)\|^2 + K_{1j}^2(\boldsymbol{h}_{1j}(\boldsymbol{x}_1))] -$$
$$\frac{1}{2}(\alpha_j^2-(\mu_{1j}(\boldsymbol{x}_1))^2)\|\boldsymbol{h}_{2j}(\boldsymbol{x}_2)\|^2$$

取 $\alpha_j^2=\gamma_{1j}^2$. 下面证明对于任意 $j\in M$，集合 Φ_{1j}是有界的. 因为函数$\mu_{2j}(\boldsymbol{x}_2)$的上界是 γ_{2j}，所以对任意属于集合 Φ_{1j}的 $\boldsymbol{x}_1$，有$\left(\dfrac{K_{1j}(\boldsymbol{h}_{1j}(\boldsymbol{x}_1))}{\|\boldsymbol{h}_{1j}(\boldsymbol{x}_1)\|}\right)^2\leqslant\gamma_{1j}^2\gamma_{2j}^2-1$ 成立. 由 K_{1j}的性质满足$(\boldsymbol{x}_1,\boldsymbol{x}_2)\in\Phi_{1j}$的 $\boldsymbol{x}_1$ 是有界的. 取 $\bar{\boldsymbol{x}}_1\in\Theta_1$ 满足 $\mu_{1j}(\bar{\boldsymbol{x}}_1)=\gamma_{1j}$，则任意的$(\boldsymbol{x}_1,\boldsymbol{x}_2)\in\Phi_{1j}$有 $\mu_{1j}(\bar{\boldsymbol{x}})\mu_{2j}(\boldsymbol{x}_2)\geqslant 1$ 成立. 这表明$(\bar{\boldsymbol{x}}_1,\boldsymbol{x}_2)\in\Gamma_j$. 由 Γ_j 的有界性得集合 Φ_{1j}是有界的. 因此由上面分析与式(5.19)得到在集合 Φ_{1j}与 $\mathbf{R}^n/\Theta$ 外有 $\dot{S}_j(\boldsymbol{x})\leqslant 0$ 成立. 类似于定理 4.1(i)证明，系统的所有轨线都吸引到包含 Φ_{1j}与 $\mathbf{R}^n/\Theta$ 的函数 $S_j(\boldsymbol{x})$最小等势面.

注 5.6　在文献[150]中考虑反馈级联系统稳定性时，小增益定理要求 $\gamma_1\gamma_{2j}<1$. 由定理 4.2 可见，基于广义 L_2 小增益定理得到，即使当 $\gamma_{1j}\gamma_{2j}=1$ 时，负反馈级联系统也是稳定的.

5.3　切换律设计

本节分别考虑在任意切换律下与设计切换律下如何得到广义向量 L_2 增益. 假设函数 $S_i(\boldsymbol{x})$光滑且 ω_j^i 具有下面二次形式 $\omega_j^i(\boldsymbol{x},\boldsymbol{u}_i,\boldsymbol{h}_i,t)=M_j^i(\boldsymbol{x})\boldsymbol{u}_i^{\mathrm{T}}\boldsymbol{u}_i+Q_j^i(x)\boldsymbol{h}_i^{\mathrm{T}}\boldsymbol{h}_i$，$i\neq j$. 其中，$M_j^i(\boldsymbol{x})$，$Q_j^i(\boldsymbol{x})$都是连续函数.

定理 5.3　系统(5.1)在 Θ 上有广义向量 L_2 增益$(\mu_1(\boldsymbol{x}),\cdots,\mu_m(\boldsymbol{x}))$仅当存在正定函数 $S_i(\boldsymbol{x})$满足 $S_i(\mathbf{0})=0$，$M_j^i(\boldsymbol{x})$，$Q_j^i(\boldsymbol{x})$，使下面条件成立

(i) $H_{i_k}(S_{i_k}(\boldsymbol{x}(t)),\mu_{i_k}(\boldsymbol{x}(t)))\leqslant 0$，$t\in T_{i_k}^{t_k}(Ⓗ)$，$i_k\in M$，$k\in\mathbf{N}$，

(ii) $\boldsymbol{L}_{\boldsymbol{f}_{i_k}}S_j+\dfrac{1}{4M_j^{i_k}}(\boldsymbol{L}_{\boldsymbol{g}_{i_k}}S_j)(\boldsymbol{L}_{\boldsymbol{g}_{i_k}}S_j)^{\mathrm{T}}-Q_j^{i_k}(\boldsymbol{x})\boldsymbol{h}_{i_k}^{\mathrm{T}}\boldsymbol{h}_{i_k}\leqslant 0$，$t_k\leqslant t<t_{k+1}$，$j\neq i_k$，$\boldsymbol{x}\in\mathbf{R}^n$.　　(5.27)

证明　(i)因为对任意 $t\in T_{i_k}^{t_k}(\Theta)$，$i_k\in M$，$H_{i_k}(S_{i_k}(\boldsymbol{x}(t),\mu_{i_k}(\boldsymbol{x}(t)))\leqslant 0$ 得

$$
\begin{aligned}
\dot{S}_{i_k}(\boldsymbol{x})&=\boldsymbol{L}_{\boldsymbol{f}_{i_k}}S_{i_k}+\boldsymbol{L}_{\boldsymbol{g}_{i_k}}S_{i_k}\boldsymbol{u}_{i_k}\\
&=\boldsymbol{L}_{\boldsymbol{f}_{i_k}}S_{i_k}+\frac{\|\boldsymbol{L}_{\boldsymbol{g}_{i_k}}S_{i_k}\|^2}{2\mu_{i_k}^2}+\frac{\|\boldsymbol{h}_{i_k}\|^2}{2}-\frac{\mu_{i_k}^2}{2}\left\|\boldsymbol{u}_{i_k}-\frac{\boldsymbol{L}_{\boldsymbol{g}_{i_k}}S_{i_k}}{\mu_{i_k}^2}\right\|^2+\\
&\quad\frac{1}{2}(\mu_{i_k}^2\|\boldsymbol{u}_{i_k}\|^2-\|\boldsymbol{h}_{i_k}\|^2)\\
&=H_{t_k}(S_{i_k}(\boldsymbol{x}(t)),\mu_{i_k}(\boldsymbol{x}(t))-\frac{\mu_{i_k}^2}{2}\left\|\boldsymbol{u}_{i_k}-\frac{\boldsymbol{L}_{\boldsymbol{g}_{i_k}}S_{i_k}}{\mu_{i_k}^2}\right\|^2+\\
&\quad\frac{1}{2}(\mu_{i_k}^2\|\boldsymbol{u}_{i_k}\|^2-\|\boldsymbol{h}_{i_k}\|^2)
\end{aligned}
$$

$$\leqslant \frac{1}{2}(\mu_{i_k}^2 \| \boldsymbol{u}_{i_k} \|^2 - \| \boldsymbol{h}_{i_k} \|^2).$$

(ii) 当 $t_k \leqslant t < t_{k+1}$ 时, $j \neq i_k$, 由条件(5.27)得

$$\begin{aligned}
&\dot{S}_j(\boldsymbol{x}) - M_j^{i_k}(\boldsymbol{x}) \boldsymbol{u}_{i_k}^{\mathrm{T}} \boldsymbol{u}_{i_k} - Q_j^{i_k}(\boldsymbol{x}) \boldsymbol{h}_{i_k}^{\mathrm{T}} \boldsymbol{h}_{i_k} \\
&= \boldsymbol{L}_{\boldsymbol{f}_{i_k}} S_j + \boldsymbol{L}_{\boldsymbol{g}_{i_k}} S_j \boldsymbol{u}_{i_k} - M_j^{i_k}(\boldsymbol{x}) \| \boldsymbol{u}_{i_k} \|^2 - Q_j^{i_k}(\boldsymbol{x}) \| \boldsymbol{h}_{i_k} \|^2 \\
&= -M_j^{i_k} \left\| \boldsymbol{u}_{i_k} - \frac{\boldsymbol{L}_{\boldsymbol{g}_{i_k}} S_{i_k}}{2M_j^{i_k}} \right\|^2 + \boldsymbol{L}_{\boldsymbol{f}_{i_k}} S_j + \frac{1}{4M_j^{i_k}} (\boldsymbol{L}_{\boldsymbol{g}_{i_k}} S_j)(\boldsymbol{L}_{\boldsymbol{g}_{i_k}} S_j)^{\mathrm{T}} - Q_j^{i_k}(\boldsymbol{x}) \boldsymbol{h}_{i_k}^{\mathrm{T}} \boldsymbol{h}_{i_k} \leqslant 0.
\end{aligned}$$

下面给出系统(5.1)在任意切换信号下具有广义向量 L_2 增益的充要条件.

定理 5.4 系统(5.1)在 Θ 上有广义向量 L_2 增益 $(\mu_1(\boldsymbol{x}), \cdots, \mu_m(\boldsymbol{x}))$, 仅当存在正定函数 $S_i(\boldsymbol{x})$ 满足 $S_i(\mathbf{0}) = 0$, $M_j^i(\boldsymbol{x})$, $Q_j^i(\boldsymbol{x})$, 使下面条件成立

(i) $H_i(S_i(\boldsymbol{x}), \mu_i(\boldsymbol{x})) \leqslant 0$, $\boldsymbol{x} \in \Theta$;

(ii) $\boldsymbol{L}_{f_i} S_j + \frac{1}{4M_j^i}(\boldsymbol{L}_{\boldsymbol{g}_i} S_j)(\boldsymbol{L}_{\boldsymbol{g}_i} S_j)^{\mathrm{T}} - Q_j^i(\boldsymbol{x}) \boldsymbol{h}_i^{\mathrm{T}} \boldsymbol{h}_i \leqslant 0$, $j \neq i$, $\boldsymbol{x} \in \mathbf{R}^n$.

证明 对任意的切换律, 假设 Σ 是 σ 形成的切换列. 当 $t \in T_{i_k}^{t_k}(\Theta)$ 时, 由条件(i), 得

$$H_i(S_i(\boldsymbol{x}(t), \mu_i(\boldsymbol{x}(t))) \leqslant 0.$$

当 $t_k \leqslant t < t_{k+1}$, $j \neq i_k$ 时, 由条件(ii), 得

$$\boldsymbol{L}_{f_i} S_j + \frac{1}{4M_j^i}(\boldsymbol{L}_{\boldsymbol{g}_i} S_j)(\boldsymbol{L}_{\boldsymbol{g}_i} S_j)^{\mathrm{T}} - Q_j^i(\boldsymbol{x}) \boldsymbol{h}_i^{\mathrm{T}} \boldsymbol{h}_i \leqslant 0, \ \boldsymbol{x} \in \mathbf{R}^n.$$

因此, 定理 5.3 的条件都满足.

在任意切换信号下, 系统有广义向量 L_2 增益这个性质可能太强. 下面给出通过设计切换信号得到广义向量 L_2 增益的充分条件.

定理 5.5 如果存在正定函数 $S_i(\boldsymbol{x})$, $M_j^i(\boldsymbol{x})$, $Q_j^i(\boldsymbol{x})$, $i \neq j$, $\alpha_i(\boldsymbol{x}) \geqslant 0$ 满足 $\sum_{i=1}^m \alpha_i(\boldsymbol{x}) > 0$, 对所有 $\boldsymbol{x} \in \Theta$, $\lambda_{ij}(\boldsymbol{x}) > 0$, 使下面条件成立

$$\text{(i)} \ \sum_{i=1}^m \alpha_i(\boldsymbol{x}) H_i(S_i(\boldsymbol{x}), \mu_i(\boldsymbol{x})) \leqslant 0, \ \boldsymbol{x} \in \Theta; \tag{5.28}$$

$$\text{(ii)} \ \lambda_{ij}(\boldsymbol{x}) \left(\boldsymbol{L}_{f_i} S_j + \frac{1}{4M_j^i}(\boldsymbol{L}_{\boldsymbol{g}_i} S_j)(\boldsymbol{L}_{\boldsymbol{g}_i} S_j)^{\mathrm{T}} - Q_j^i(\boldsymbol{x}) \boldsymbol{h}_i^{\mathrm{T}} \boldsymbol{h}_i \right) - H_i(S_i(\boldsymbol{x}), \mu_i(\boldsymbol{x})) \leqslant 0$$

$$(i \neq j, \ \boldsymbol{x} \in \mathbf{R}^n), \tag{5.29}$$

则在切换律 $\sigma(\boldsymbol{x}(t)) = \arg \min\limits_i \{ H_i(S_i(\boldsymbol{x}), \mu_i(\boldsymbol{x})) \}$ 下, 系统(5.1)在区域 Θ 上有广义向量 L_2 增益 $(\mu_1(\boldsymbol{x}), \cdots, \mu_m(\boldsymbol{x}))$.

证明 定义集合 $A_i = \{ \boldsymbol{x} : H_i(S_i(\boldsymbol{x}), \mu_i(\boldsymbol{x})) \leqslant 0, \ \boldsymbol{x} \in \Theta \}$ $(i = 1, \cdots, m)$. 明显地, 由式(5.29)到 $\bigcup_{i=1}^m A_i = \Theta$. 如果选择切换律 $\sigma(\boldsymbol{x}(t)) = \arg \min\limits_i \{ H_i(S_i(\boldsymbol{x}), \mu_i(\boldsymbol{x})) \}$, 得到系统有广义向量 L_2 增益.

5.4　数值例子

下面给出两个例子验证结果的有效性.

例 5.1　考虑下面的切换非线性系统

$$\begin{aligned}\dot{\boldsymbol{x}} &= \boldsymbol{f}_{\sigma(t)}(\boldsymbol{x})+\boldsymbol{g}_{\sigma(t)}(\boldsymbol{x})u_{\sigma(t)},\\ y&=h_{\sigma(t)}(\boldsymbol{x}).\end{aligned} \tag{5.30}$$

其中，σ 在 $M=\{1,\ 2\}$ 中取值，$\boldsymbol{f}_1=\left(-\frac{1}{2}x_1+x_2-\frac{1}{4}x_1^3,\ -x_1-\frac{1}{2}x_2^3\right)^{\mathrm{T}}$，$\boldsymbol{g}_1=(1,\ 0)^{\mathrm{T}}$，$\boldsymbol{f}_2=\left(-x_2-\frac{1}{2}x_1^3,\ x_1-\frac{1}{2}x_2\right)^{\mathrm{T}}$，$\boldsymbol{g}_2=(0,\ 1)^{\mathrm{T}}$，$h_i(\boldsymbol{x})=x_i\quad(i=1,\ 2)$.

这两个子系统的储能函数都选作 $S_i(\boldsymbol{x})=\frac{1}{2}(x_1^2+x_2^2)\,(i=1,\ 2)$，可见是径向无界的. 在任意切换律下，在 $\mathbf{R}^2/\{(0,\ 0)\}$ 上，切换系统(5.30)有广义向量 L_2 增益$\left(\frac{1}{|x_1|},\ \frac{1}{|x_2|}\right)$. Hamiltonian 函数分别是 $H_1(S_1,\ \mu_1)=-\frac{x_1^4}{4}\leqslant 0$，$H_2(S_2,\ \mu_2)=0$. 当第 i 个子系统被激活且 $u_i=0$ 时，每个子系统都是零状态可观的、定理 4.1 的条件(ii)都满足. 因此，当 $u_i=0$ 时，系统(5.30)的原点是渐近稳定的. 取初值为$\boldsymbol{x}(0)=[1,\ -3]^{\mathrm{T}}$. 仿真结果见图 5.2 和图 5.3，其中图 5.3 为切换信号，而图 5.2 是系统在该切换信号下状态响应.

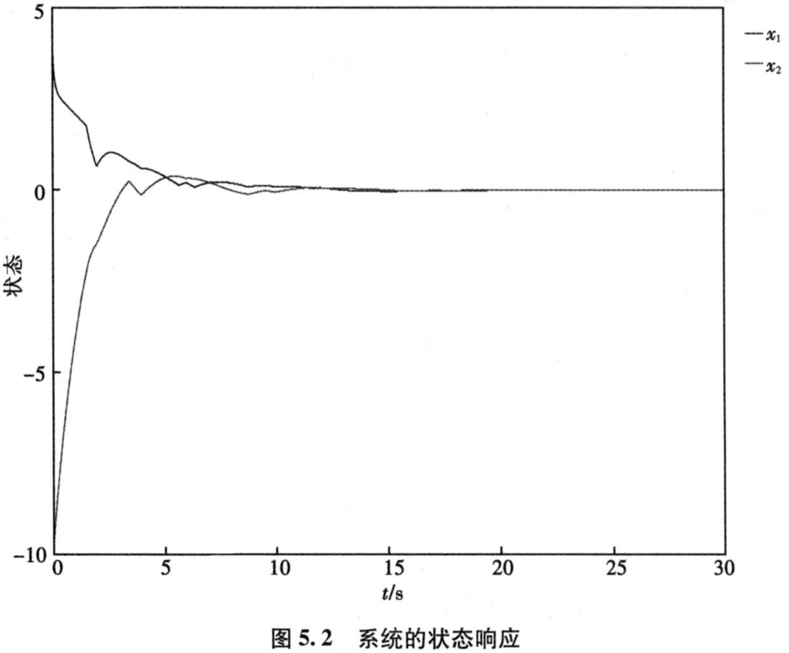

图 5.2　系统的状态响应

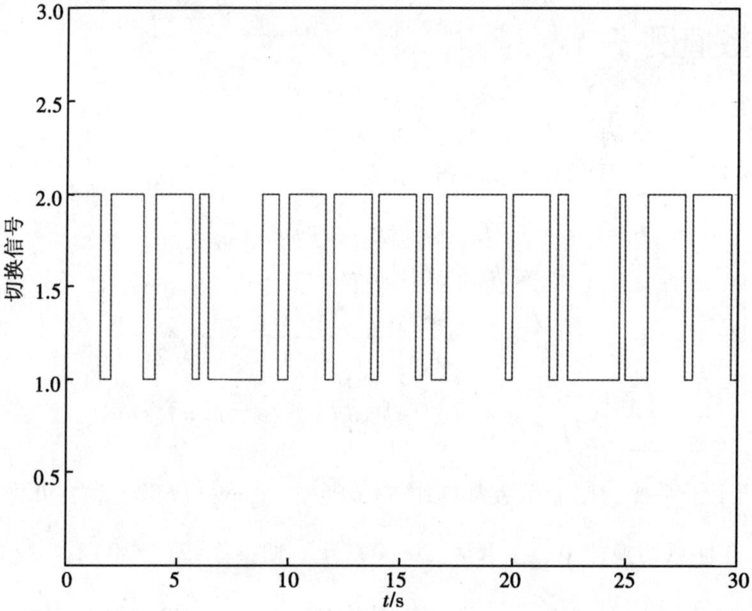

图 5.3　切换信号

例 5.2　考虑下面两个切换系统

$$\Delta_1: \begin{aligned} &\dot{\boldsymbol{x}} = \boldsymbol{f}_{1\sigma}(\boldsymbol{x}) + \boldsymbol{g}_{1\sigma}\boldsymbol{u}_{1\sigma}, \\ &\boldsymbol{y} = \boldsymbol{h}_{1\sigma}(\boldsymbol{x}), \end{aligned} \tag{5.31}$$

$$\Delta_2: \begin{aligned} &\dot{\boldsymbol{z}} = \boldsymbol{f}_{2\sigma}(\boldsymbol{z}) + \boldsymbol{g}_{2\sigma}(\boldsymbol{z})\boldsymbol{u}_{2\sigma}, \\ &\boldsymbol{w} = \boldsymbol{h}_{2\sigma}(\boldsymbol{z}). \end{aligned} \tag{5.32}$$

其中，$f_{1i}(x) = -x - x^3$，$f_{2i}(z) = -z - z^3$，$h_{1i}(x) = x$，$h_{2i}(z) = z$，$g_{1i} = \alpha_{1i}$，$g_{2i} = \alpha_{2i}$，这里 α_{1i}，α_{2i} 为常数，$i = 1, 2$. 明显地，切换系统 Δ_1 和 Δ_2 分别由两个子系统组成. 两个子系统的储能函数分别为 $S_{1i}(x) = \dfrac{1}{2}x^2$ 和 $S_{2i}(z) = \dfrac{1}{2}z^2 (i = 1, 2)$，可见都是径向无界的. 在任意的切换律下，切换系统(5.31)和式(5.32)有广义向量 L_2 增益 $(\mu_{11}(x), \mu_{12}(x))$，$(\mu_{21}(z), \mu_{22}(z))$. 其中，$\mu_{1i} = \dfrac{|a_{1i}|}{\sqrt{1+x^2}}$，$\mu_{2i} = \dfrac{|a_{2i}|}{\sqrt{1+z^2}}$. Hamiltonian 函数分别是 $H_{1i}(S_{1i}, \mu_{1i}) = -\dfrac{x^4}{2} \leqslant 0$，$H_{2i}(S_{2i}, \mu_{2i}) = -\dfrac{z^4}{2} \leqslant 0 (i = 1, 2)$. 当 $u_i = \boldsymbol{0}$ 时，所有子系统都是零状态可观的，所以定理 5.1 条件(i)都满足.

系统 Δ_1 和 Δ_2 级联的第 i 个子系统具有下面形式

$$\begin{pmatrix} \dot{x} \\ \dot{z} \end{pmatrix} = \begin{pmatrix} -x-x^3-\alpha_{1i}z \\ -z-z^3+\alpha_{2i}x \end{pmatrix}, \tag{5.33}$$

$$\boldsymbol{y}=\begin{pmatrix} x \\ z \end{pmatrix} \quad (i=1,\ 2)$$

明显地，$\Gamma_i=\{(x,\ z)\in \mathbf{R}^2;\ (1+z^2)(1+x^2)\leqslant \alpha_{1i}^2\alpha_{2i}^2\}$ 是有界的.

(i) 当 $\alpha_{1i}\alpha_{2i}\leqslant 1$ 时，取初值为 $\boldsymbol{x}(0)=(5,\ -5)^{\mathrm{T}}$，且 $\alpha_{11}=2$，$\alpha_{21}=1/4$，$\alpha_{12}=3$，$\alpha_{22}=1/5$，此时 $\alpha_{1i}\alpha_{2i}<1$. 仿真结果见图 5.4 和图 5.5，其中图 5.5 为切换信号，而图 5.4 为在该切换信号下系统的状态响应. 当 $\boldsymbol{x}(0)=(5,\ -5)^{\mathrm{T}}$，$\alpha_{11}=2$，$\alpha_{21}=1/2$，$\alpha_{12}=6$，$\alpha_{22}=1/6$，此时 $\alpha_{1i}\alpha_{2i}=1$. 仿真结果见图 5.5 和图 5.6，其中图 5.5 为切换信号，而图 5.6 为在该切换信号下系统的状态响应.

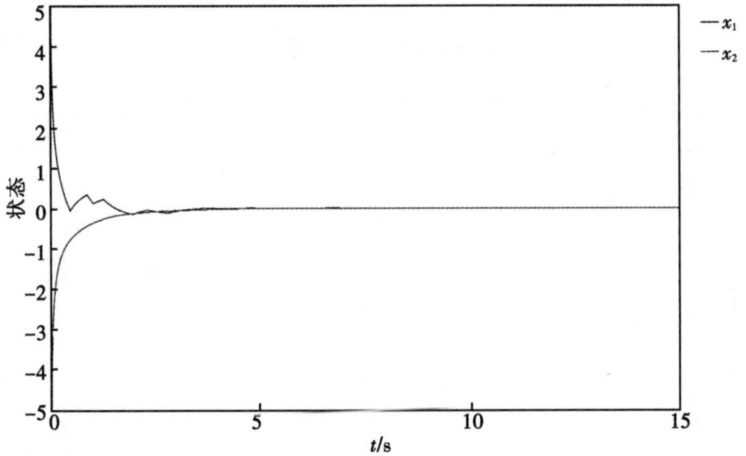

图 5.4　当 $\alpha_{1i}\alpha_{2i}<1$ 时，系统的状态响应

(ii) 当 $\alpha_{1i}\alpha_{2i}>1$ 时，得

$$\Phi_{1i}=\left\{(x,\ z)\in \mathbf{R}^2:\left(1+\frac{1}{2}x^2\right)(1+z^2)\leqslant \alpha_{1i}^2\alpha_{2i}^2\right\} \quad (i=1,\ 2).$$

当 $(x,\ z)\in\Phi_{1i}$ 时，显然，$x^2\leqslant 2(\alpha_{1i}^2\alpha_{2i}^2-1$，$z^2\leqslant \alpha_{1i}^2\alpha_{2i}^2-1$，$S_{1i}(x)+\alpha_{1i}^2S_{2i}(x)\leqslant (\alpha_{1i}^2\alpha_{2i}^2-1)\left(1+\frac{1}{2}\alpha_{1i}^2\right)$. 集合 $\Phi_{1i}=\left\{(x,\ z):\ S_{1i}(x)+\alpha_{1i}^2S_{2i}(x)\leqslant(\alpha_{1i}^2\alpha_{2i}^2-1)\left(1+\frac{1}{2}\alpha_{1i}^2\right)\right\}$ 是有界的. 取初始条件 $\boldsymbol{x}(0)=(5,\ -5)^{\mathrm{T}}$，$\alpha_{11}=2$，$\alpha_{21}=2$，$\alpha_{12}=1$，$\alpha_{22}=3$. 仿真结果见图 5.7 和图 5.5，其中图 5.5 为切换信号，而图 5.7 为在该切换信号下系统的状态响应. 仿真表明轨线吸引到包含 $\Phi_{11}=\{(x,\ z):\ x^2+4z^2\leqslant 90\}$

和 $\Phi_{12}=\{(x,z):x^2+z^2\leqslant 9\}$ 的最小等势面 $\Phi_1=\{(x,z):x^2+4z\leqslant 90\}$ 上.

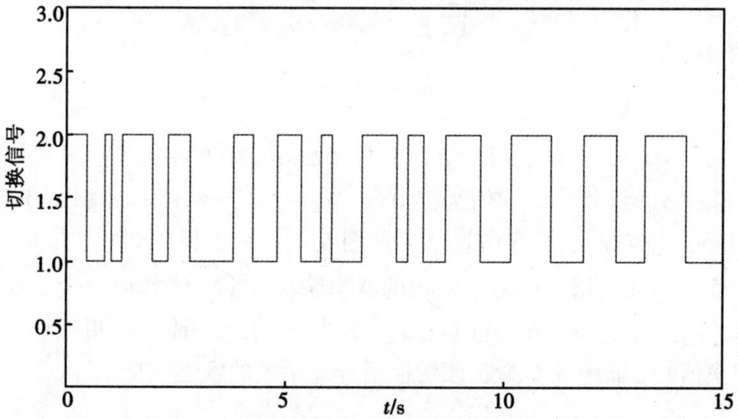

图 5.5　切换信号

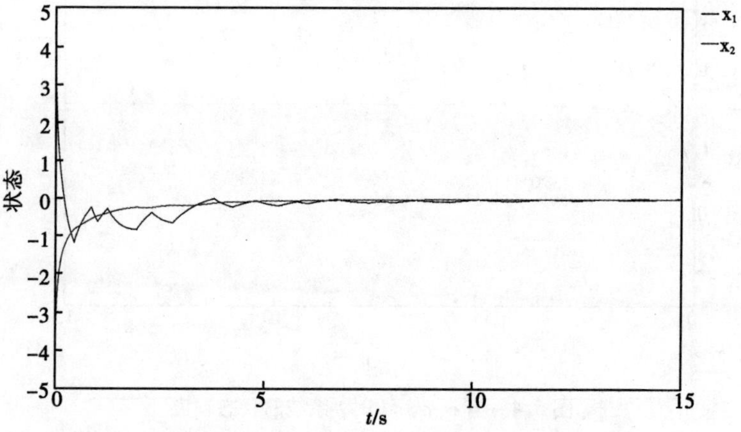

图 5.6　当 $\alpha_{1i}\alpha_{2i}=1$ 时，系统的状态响应

下面给出相空间仿真，选择 13 个不同初值为 $(-19,17.5)$，$(-16,6)$，$(-10,2.5)$，$(-19,0.2)$，$(-8,-20)$，$(-5,-18.5)$，$(-0.2,-15.5)$，$(19,-8)$，$(19,0.3)$，$(11,16)$，$(11,14)$，$(-3,15)$，$(0.5,15)$. 常数 $\alpha_{11}=2$，$\alpha_{21}=2$，$\alpha_{12}=1$，$\alpha_{22}=3$. 仿真结果见图 5.8.

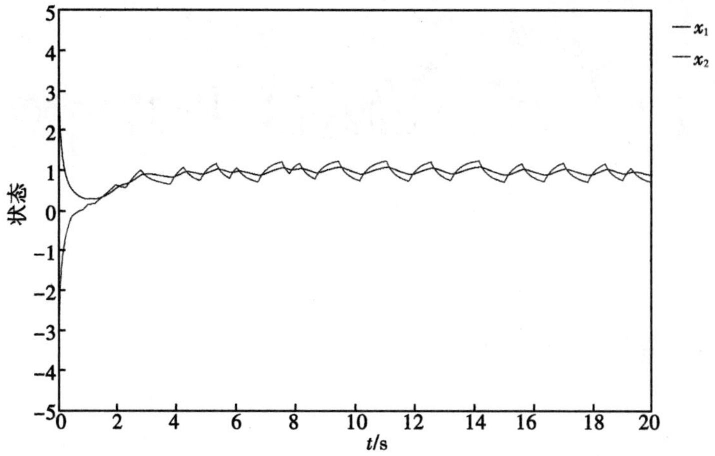

图 5.7　当 $\alpha_{1i}\alpha_{2i}>1$ 时，系统的状态响应

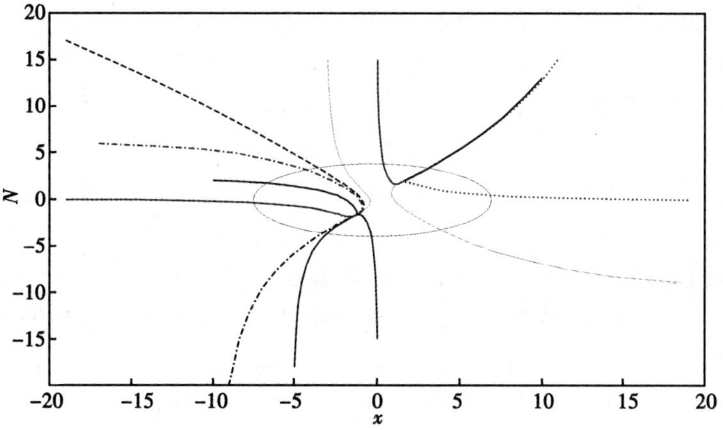

图 5.8　13 个不同初始点的状态响应

第 6 章　基于无源性切换系统镇定

6.1 引　言

稳定性是系统最重要的基本性质之一[81]. 近年来，经典的 Lyapunov 稳定性理论及其各种推广形式，不仅用于切换系统的稳定性分析中，而且用于解决切换系统的镇定问题. 文献[82]研究了时滞连续切换系统的镇定问题. 文献[83]应用多 Lyapunov 函数方法使得切换系统渐近镇定. 文献[84]应用切换控制器使系统渐近镇定. 文献[85]研究切换系统的有限时间稳定和镇定问题.

上述研究结果都是假设系统的切换与控制器的切换是同步的，即控制器的切换和相应子系统的切换是完全匹配的，不会发生一个子系统使用另一个子系统控制器的情况. 在实际情况中，这样的假设可能不合理，控制器与子系统在切换时可能会发生异步. 例如，当系统和控制器之间通过传输线交换信息，当前的子系统切换到下一个子系统时，通常需要一些时间去识别相对应的控制器，然后应用对应的控制器. 这样在识别时间段内闭环系统就会经历异步[86-87]. 如果系统发生异步而被人为地忽略，闭环系统的稳定性可能无法保证. 但是，由于连续动态、离散动态和异步切换之间的相互作用和影响，使系统的动态行为与一般的切换系统的动态行为相比更加复杂. 关于异步切换问题的研究结果还不多. 在驻留时间切换下，文献[88]研究了输入到状态异步镇定问题. 状态反馈异步镇定问题[89]和基于观测器的异步切换控制问题[34]都有了相关结果，还有利用平均驻留时间方法研究异步切换问题[90]. 例如，在文献[91]中设计控制器使系统在异步切换下稳定；在系统中含有干扰或噪声时，研究异步滤波问题[92]；在系统状态不可测时，研究异步观测器设计问题[93]. 此外，还包括利用含有状态时滞和切换时滞的控制器研究异步有限时间镇定问题，以及异步切换下模型依赖的动态状态反馈控制器设计问题. 在网络控制系统中，由于带宽受限，会发生控制器异步，需要同时设计依赖于采样时刻的切换信号与控制器指数镇定切换系统. 然而，异步切换增加了切换系统设计问题的难度，如何使切换系统在异步切换发生时仍然保持所期望的性能还需要进一步研究.

无源性是系统耗散性的特殊情况，它是解决系统镇定问题的一种有效方法. 从无源性定义可见，无源性不等式是对于任意的控制输入都成立. 因此在研究控制器与子系统异步时，将会对系统在发生异步情形下镇定设计带来帮助. 无源性不仅是非切换系统的一个重要性质，而且是研究切换系统控制器设计的一个很好的工具. 目前已有少量结果. 文献[54]针对切换系统讨论了传统意义的无源性以及基于这种无源性的控制器设计，并得到了基于无源性的镇定结果. 文献[57]利用切换系统具有多个存储函数和多个供应率的特性，构建了针对切换连续系统的耗散理论的框架，给出镇定系统的控制器设计方法. 文献[59]中利用多存储函数和交叉供应率研究了切换系统的指数镇定问题.

本章主要考虑切换系统在异步切换下系统的镇定问题. 首先，当切换非线性系统由无源子系统与非无源子系统组成时，基于平均驻留时间方法研究切换非线性系统在异步切换下的镇定问题. 之后，考虑切换线性系统这种特殊情形. 与现有的研究成果相比，本章有以下特点：研究的切换非线性系统具有更一般的形式. 此外，在给定的平均驻留时间、无源率和允许的滞留时间条件下，给出了镇定系统的控制器设计方法，而传统的平均驻留时间通常是由 Lyapunov 函数计算出来的.

6.2　异步切换下镇定控制器设计

本节讨论由无源子系统与非无源子系统组成的切换系统在异步切换下系统的镇定问题.

6.2.1　问题描述

考虑如下形式的切换非线性系统

$$\begin{aligned}\dot{\boldsymbol{x}} &= \boldsymbol{f}_{\sigma(t)}(\boldsymbol{x}) + \boldsymbol{g}_{\sigma(t)}(\boldsymbol{x})\boldsymbol{u}_{\sigma(t)},\\ \boldsymbol{y} &= \boldsymbol{h}_{\sigma(t)}(\boldsymbol{x}).\end{aligned} \tag{6.1}$$

其中，$\boldsymbol{x}(t)\in\mathbf{R}^n$ 是状态，σ 是切换函数，它可能依赖于时间 t，状态 x 或者其他变量，σ 是右连续函数且取值在指标集合 $I=\{1, 2, \cdots, m\}$，其中 m 是子系统的个数. $\boldsymbol{u}_i(\boldsymbol{x})\in\mathbf{R}^r$ 与 $\boldsymbol{h}_i(\boldsymbol{x})\in\mathbf{R}^r$ 分别为第 i 个子系统输入与输出. 此外，假设 $\boldsymbol{f}_i(\boldsymbol{x})$ 和 $\boldsymbol{g}_i(\boldsymbol{x})$ 是光滑函数且满足 $\boldsymbol{f}_i(\mathbf{0})=\mathbf{0}$, $\boldsymbol{h}_i(\mathbf{0})=\mathbf{0}$. 下面采用文献[59]中符号记法，$\sigma$ 用下面切换序列描述

$$\Sigma=\{\boldsymbol{x}_0;(i_0, t_0),(i_1, t_1),\cdots,(i_k, t_k),\cdots: i_k\in I, k\in\mathbf{N}\}. \tag{6.2}$$

其中，t_0 表示初始时刻，$\boldsymbol{x}_0$ 表示初始状态. Σ 表示当 $t\in[t_k, t_{k+1})$ 时，$\sigma(t)=i_k$，即在 $[t_k, t_{k+1})$ 上，第 i_k 个子系统被激活. 因此，在 $[t_k, t_{k+1})$ 上切换系统的解

$\boldsymbol{x}(t)$是第 i_k 个子系统的解. 设

$$\Sigma_j=\{t_{j_1},t_{j_2},\cdots,t_{j_n},\cdots:i_{j_q}=j,q\in\mathbf{N}\},\ \forall j\in M,$$

表示第 j 个子系统切入的时刻. 除此之外, 假设解在切换点处是连续的, 并且为排除切换引起的 Zeno 现象, 假设切换信号满足在有限时间内切换有限次[3].

下面介绍指数稳定的定义.

定义 6.1 对于切换信号 $\sigma(t)$, 切换系统(6.1)称为指数稳定的, 如果

$$\|\boldsymbol{x}(t)\|\leqslant\alpha\exp(-\lambda(t-t_0))\|\boldsymbol{x}(t_0)\|,$$

对所有 $t\geqslant t_0$ 成立, 其中 α 和 λ 是已知正常数.

把切换系统子系统分成无源的与非无源的两类. 设 I_p, $I_n\subset I$ 分别是无源子系统和非无源子系统的指标集, 即当 $i\in I_p$ 时, 第 i 个子系统是无源的, 而当 $i\in I_n=I-I_p$时, 第 i 个子系统是非无源的. 这里要求至少有一个子系统是无源的, 即 $i_p\neq\varnothing$. 此外, 在研究中, 无源子系统与非无源子系统被激活时间的比率至关重要, 下面介绍无源率定义.

定义 6.2[95] 对任意 $0\leqslant T_1<T_2$, 设 $T_{p[T_1,T_2]}$ 表示在区间$[T_1,T_2]$上所有无源子系统被激活的时间, 则 $r_{p[T_1,T_2]}=\dfrac{T_{p[T_1,T_2]}}{T_2-T_1}$ 称为切换系统在区间$[T_1,T_2]$上的无源率. 明显地, $0<r_{p[T_1,T_2]}\leqslant 1$.

下面介绍平均驻留时间概念.

定义 6.3[21] 对于切换信号 $\boldsymbol{\sigma}(t)$与任意的 $t>\tau>0$, 设 $N_\sigma(\tau,t)$表示切换信号 $\boldsymbol{\sigma}(t)$在区间(τ,t)上的切换次数. 如果对于某个常数 $N_p\geqslant 0$, $\tau_a>0$, 有 $N_\sigma(\tau,t)\leqslant N_0+\dfrac{t-\tau}{\tau_a}$ 成立, 则分别称 τ_a 和 N_0 为平均驻留时间与抖动的界. 用 $S_{\text{ave}}[\tau_a,N_0]$ 表示平均驻留时间为 τ_a 与抖动的界为 N_0 的所有切换信号的集合.

通常假设切换信号与控制器是同步的, 实际中这个假设很难满足, 可能会发生异步切换, 即控制器与子系统不匹配, 控制器滞后于切换信号. 假设滞后的时间为 $\tau_s(t)$, 此时输入成为 $\boldsymbol{u}_{\sigma(t-\tau_s(t))}$. 因此, 闭环系统成为

$$\begin{aligned}\dot{\boldsymbol{x}}&=\boldsymbol{f}_{\sigma(t)}(\boldsymbol{x})+\boldsymbol{g}_{\sigma(t)}(\boldsymbol{x})\boldsymbol{u}_{\sigma(t-\tau_s(t))},\\ \boldsymbol{y}&=\boldsymbol{h}_{\sigma(t)}(\boldsymbol{x}).\end{aligned}\tag{6.3}$$

其中, $\tau_s(t):[0,+\infty)\to[0,\tau_\Omega]$, 切换时滞满足下面条件

$$0\leqslant\tau_s(t)\leqslant\tau_\Omega<t_{i+1}-t_i\quad(i\in\mathbf{N}).\tag{6.4}$$

其中, τ_Ω 是非负实数.

本章目的是研究当切换系统(6.1)是由无源子系统与非无源子系统组成时, 并且切换信号与控制器发生异步时, 设计每个子系统控制器指数镇定该切换系统.

下面采用文献[96]中记法. $\sigma'(t)=(\sigma_1,\sigma_2):[0,+\infty)\to I\times I$ 表示切换信号 $\sigma'(t)$ 是由切换信号 σ_1 与 σ_2 合成的，记为 $\sigma'(t)=\sigma_1\oplus\sigma_2$.

引理 6.1 对于给定的切换信号 σ_1 与 σ_2，其中 $\sigma_1\in S_{\text{ave}}[\tau_a,N_0]$ 且 $\sigma_2=\sigma_1(t-\tau_s(t))$，则 $\sigma_2\in S_{\text{ave}}\left[\tau_a,N_0+\frac{\tau_m}{\tau_a}\right]$ 和 $\sigma'(t)=\sigma_1\oplus\sigma_2\in S_{\text{ave}}[\bar{\tau}_a,\bar{N}_0]$.

其中，$\bar{\tau}_a=\frac{\tau_a}{2}$ 和 $\bar{N}_0=2N_0+\frac{\tau_m}{\tau_a}$.

证明 使用文献[96]中引理 1 和引理 2 得证.

设系统(6.3)中子系统具有下面形式

$$\Sigma_{i,j}:\begin{aligned}\dot{\boldsymbol{x}}&=\boldsymbol{f}_i(\boldsymbol{x})+\boldsymbol{g}_i(\boldsymbol{x})\boldsymbol{u}_j,\\ \boldsymbol{y}&=\boldsymbol{h}_i(\boldsymbol{x})\quad(i,j\in I),\end{aligned}\tag{6.5}$$

其中控制器与子系统不一致，即当 $t\in[t_k,t_k+\tau_s(t_k)]$ 时，第 i 个子系统使用了第 j 子系统的控制器.

定义 6.4[95] 对于非线性系统

$$\begin{aligned}\dot{\boldsymbol{x}}&=\boldsymbol{f}(\boldsymbol{x}),\\ \boldsymbol{y}&=\boldsymbol{h}(\boldsymbol{x}).\end{aligned}\tag{6.6}$$

称为该系统具有度为 $\bar{\lambda}$ 的指数小时间范数可观性，如果存在 $\delta>0$ 与 $c>0$，使对于所有 $t\geqslant t_0$，某个 $\tau>0$ 与 $0<s\leqslant\tau$，当 $\|\boldsymbol{y}(t+s)\|\leqslant\delta$ 成立时，有 $\|\boldsymbol{x}(t+\tau)\|\leqslant ce^{-\bar{\lambda}\tau}\|\boldsymbol{x}(t)\|$ 成立.

注 6.1 当利用无源性研究切换系统渐近稳定性时，需要系统具有一些特殊性质，例如渐近零状态可检测性[22]、小时间范数可观性[76]等. 这里具有度为 $\bar{\lambda}$ 的指数小时间范数可观性表示当输出很小时，状态在 t 与 $t+\tau$ 时刻的关系. 该性质单独使用不能保证系统渐近稳定.

下面给出一种检验指数小时间范数可观性的方法.

引理 6.2 设存在正定矩阵 $\boldsymbol{Q}$，正常数 δ 与 $\bar{\lambda}$，使下面条件成立

$$2\boldsymbol{x}^{\mathrm{T}}\boldsymbol{Q}\boldsymbol{f}(\boldsymbol{x})+(\delta+2\bar{\lambda}-\|\boldsymbol{h}(\boldsymbol{x})\|)\boldsymbol{x}^{\mathrm{T}}\boldsymbol{Q}\boldsymbol{x}\leqslant 0,\tag{6.7}$$

则系统(6.6)具有度为 $\bar{\lambda}$ 的指数小时间范数可观性.

证明 设 $w(\boldsymbol{x})=\boldsymbol{x}^{\mathrm{T}}\boldsymbol{Q}\boldsymbol{x}$，$l_1=\lambda_m(\boldsymbol{Q})$ 与 $l_2=\lambda_M(\boldsymbol{Q})$，则

$$l_1\|\boldsymbol{x}\|^2\leqslant\boldsymbol{x}^{\mathrm{T}}\boldsymbol{Q}\boldsymbol{x}\leqslant l_2\|\boldsymbol{x}\|^2.\tag{6.8}$$

函数 $w(x)$ 沿着系统(6.6)的导数为

$$\frac{\mathrm{d}w(t)}{\mathrm{d}t}=2\boldsymbol{x}^{\mathrm{T}}\boldsymbol{Q}\boldsymbol{f}(\boldsymbol{x}).\tag{6.9}$$

由条件(6.7)得

$$\frac{\mathrm{d}w(t)}{\mathrm{d}t} = 2\boldsymbol{x}^{\mathrm{T}}\boldsymbol{Q}\boldsymbol{f}(\boldsymbol{x}) \leqslant (\|\boldsymbol{h}(\boldsymbol{x}(t))\| - \delta - 2\bar{\lambda})\boldsymbol{x}^{\mathrm{T}}\boldsymbol{Q}\boldsymbol{x}$$

$$= (\|\boldsymbol{h}(\boldsymbol{x}(t))\| - \delta - 2\bar{\lambda})w(t).$$

当在时间长度为 τ 和 $\|\boldsymbol{h}(\boldsymbol{x}(t))\| \leqslant \delta$ 时，即在 $[t^*, t^*+\tau]$ 上得到

$$\frac{\mathrm{d}w(t)}{\mathrm{d}t} \leqslant -2\bar{\lambda}w(t),\ t \in [t^*, t^*+\tau]. \tag{6.10}$$

那么对式(6.10)使用微分不等式定理得

$$\|\boldsymbol{x}(t)\| \leqslant c\mathrm{e}^{-\bar{\lambda}(t-t^*)}\|\boldsymbol{x}(t^*)\| \quad (t \in [t^*, t^*+\tau],\ c = \sqrt{l_2/l_1}).$$

由定义6.4可知系统(6.6)具有度为 $\bar{\lambda}$ 的指数小时间范数可观性.

6.2.2 在平均驻留时间下的控制器设计方法

定理6.1 考虑系统(6.1)，设正数 τ_a，r 和 τ_Ω 分别为任意给定的平均驻留时间，无源率和允许的切换时滞且满足 $\tau_\Omega < \tau_a r$. 假设存在 C^1 正定函数 $V_{i,j}(\boldsymbol{x})$，$\forall i, j \in I$，其中当 $i=j$ 时，$V_{i,j}(\boldsymbol{x})$ 记成 $V_i(\boldsymbol{x})$，正常数 a_1，a_2，a_3，$\mu \geqslant 1$ 和 δ，使下面条件成立.

(i) 对 $\forall \boldsymbol{x} \in \mathbf{R}^n$，$\forall i, j \in I$，

$$a_1\|\boldsymbol{x}\|^2 \leqslant V_{i,j}(\boldsymbol{x}) \leqslant a_2\|\boldsymbol{x}\|^2, \tag{6.11}$$

$$\left\|\frac{\partial V_{i,j}(\boldsymbol{x})}{\partial \boldsymbol{x}}\right\| \leqslant a_3\|\boldsymbol{x}\|, \tag{6.12}$$

$$V_{i,j}(\boldsymbol{x}) \leqslant \mu V_{i,j}(\boldsymbol{x}). \tag{6.13}$$

(ii) 存在常数 $\lambda_u > 0$，当 $i \in I_n$，$j \in I_p$ 时，

$$\frac{\partial V_{i,j}(\boldsymbol{x})}{\partial \boldsymbol{x}} = \frac{\partial V_{i,j}(\boldsymbol{x})}{\partial \boldsymbol{x}}(\boldsymbol{f}_i + \boldsymbol{g}_i\boldsymbol{u}_j) \leqslant \lambda_u V_{i,j}(\boldsymbol{x}), \tag{6.14}$$

其中，控制器 $\boldsymbol{u}_j(\boldsymbol{x}) = -k_j(V_j(\boldsymbol{x}), \tau_a, r)(\boldsymbol{L}_{g_j}V_j(\boldsymbol{x}))^{\mathrm{T}}$，

$$k_j(V_j(\boldsymbol{x}), \tau_a, r) = \begin{cases} \dfrac{\lambda^*}{\|\boldsymbol{L}_{g_j}V_j(\boldsymbol{x})\|^2}V_j(\boldsymbol{x}), & \|\boldsymbol{L}_{g_j}V_j(\boldsymbol{x})\| > \delta, \\ 0, & \|\boldsymbol{L}_{g_j}V_j(\boldsymbol{x})\| \leqslant \delta. \end{cases}$$

(iii) 对任意 $i \in I_n$，存在常数 $\lambda > 0$，满足

$$\boldsymbol{L}_{f_i}V_i(\boldsymbol{x}) \leqslant \lambda V_i(\boldsymbol{x}). \tag{6.15}$$

(iv) 对任意 $I \in I_p$，

$$\boldsymbol{L}_{f_i}V_i(\boldsymbol{x}) \leqslant 0,\ \boldsymbol{L}_{g_i}V_i(\boldsymbol{x}) = \boldsymbol{h}_i^{\mathrm{T}}(\boldsymbol{x}). \tag{6.16}$$

此外，当 $\boldsymbol{u}_i = \boldsymbol{0}$ 时，假设系统是具有度为 $\bar{\lambda}$ 的指数小时间范数可观性，其中 c 为正数，满足 $\bar{\lambda} \leqslant \frac{1}{2}\lambda^*$，$c \leqslant \sqrt{\frac{a_1}{a_2}}$，

$$\lambda^* = \frac{\tau_a}{\tau_a r - \tau_\Omega}(\lambda_2 + (1-r)(\lambda_1 + \lambda_u) + 2\ln\mu), \tag{6.17}$$

这里 λ_2 是正常数.

设计控制器为

$$\boldsymbol{u}_i(\boldsymbol{x}) = \begin{cases} -k_i(V_i(\boldsymbol{x}), \tau_a, r)(\boldsymbol{L}_{\boldsymbol{g}_i} V_i(\boldsymbol{x}))^{\mathrm{T}}, & i \in I_p, \\ \boldsymbol{0}, & i \in I_n, \end{cases} \tag{6.18}$$

那么，当无源率 $r_{p[T_1, T_2]} \geqslant r$ 时，在满足平均驻留时间为 τ_a 的任意切换信号下，切换系统(6.1)是全局指数渐近稳定的.

证明　对任意 $i \in I_p$，定义集合 $S_i = \{t: \|\boldsymbol{L}_{\boldsymbol{g}_i} V_i(\boldsymbol{x}(t))\| \leqslant \delta\}$. 下面分两种情况证明，即 $S_i = \phi$ 与 $S_i \neq \phi$.

情形 1：$S_i = \phi$.

设 $\sigma'(t) = \sigma(t) \oplus \sigma(t - \tau(t))$，切换时刻为 $t_{s_0} = t_0 < t_{s_1} < \cdots < t_{s_n} < \cdots$，当第 i 个子系统被激活时，$V_{i,j}(\boldsymbol{x})$ 沿着系统 $\boldsymbol{\Sigma}_{i,j}$ 的轨线导数为

$$\dot{V}_{i,j} = \frac{\partial V_{i,j}(\boldsymbol{x})}{\partial \boldsymbol{x}} \boldsymbol{f}_i + \frac{\partial V_{i,j}(\boldsymbol{x})}{\partial \boldsymbol{x}} \boldsymbol{g}_i \boldsymbol{u}_j \quad (\forall i, j \in I). \tag{6.19}$$

由无源率定义，第一个被激活的子系统为 $i_0 \in I_p$. 把控制器(6.18)代入式(6.19)得

$$\dot{V}_{i_0} = \frac{\partial V_{i_0}(\boldsymbol{x})}{\partial \boldsymbol{x}} \boldsymbol{f}_{i_0} + \frac{\partial V_{i_0}(\boldsymbol{x})}{\partial \boldsymbol{x}} \boldsymbol{u}_{i_0} \leqslant -\lambda^* V_{i_0}(\boldsymbol{x}(t_0)).$$

类似的，当 $t \in [t_{s_k}, t_{s_{k+1}})$，$i_{s_k} \in I_n$，$t_{s_{k+1}} = t_{s_k} + \tau(t_{s_k})$ 时，其中 $k \geqslant 1$，非无源子系统使用无源子系统控制器. 把式(6.18)代入式(6.19)中得 $\dot{V}_{i_{s_k}, i_{s_{k-1}}} \leqslant \boldsymbol{\lambda}_{\boldsymbol{u}} V_{i_{s_k}, i_{s_{k-1}}}$. 其中，$i_{s_k} \in I_n$，容易推出

$$V_{i_{s_k}, i_{s_{k-1}}} \leqslant \exp(\boldsymbol{\lambda}_{\boldsymbol{u}}(t - t_k)) \dot{V}_{i_{s_k}, i_{s_{k-1}}}(t_{s_k}). \tag{6.20}$$

当 $t \in [t_{s_k}, t_{s_{k+1}})$，$i_{s_k} \in I_n$，$t_{s_k} = t_{s_{k-1}} + \tau(t_{s_{k-1}})$ 时，其中 $k \geqslant 2$，得 $\dot{V}_{i_k} \leqslant \lambda V_{i_k}(\boldsymbol{x})$，则有下面结论成立

$$V_{i_{s_k}, i_{s_{k-1}}}(t) \leqslant \exp(\lambda(t - t_{s_k}) \dot{V}_{i_{s_k}, i_{s_{k-1}}}(t_{s_k}). \tag{6.21}$$

当 $t \in [t_{s_k}, t_{s_{k+1}})$，$i_{s_k} \in I_p$，$t_{s_{k+1}} = t_{s_k} + \tau(t_{s_k})$ 时，其中 $k \geqslant 1$，得 $\dot{V}_{i_k, i_{k-1}} \leqslant 0$，可见

$$V_{i_k, i_{k-1}}(t) \leqslant V_{i_k, i_{k-1}}(t_k), \tag{6.22}$$

当 $t \in [t_{s_k}, t_{s_{k+1}})$，$i_{s_k} \in I_p$，$t_{s_k} = t_{s_{k-1}} + \tau(t_{s_{k-1}})$ 时，其中 $k \geqslant 2$，得 $\dot{V}_{i_k} \leqslant -\lambda^* V_{i_k}(\boldsymbol{x})$，进而得

$$V_{i_k, i_{k-1}}(t) \leqslant \exp(-\lambda^*(t - t_{s_k}))\dot{V}_{i_{s_k}, i_{s_{k-1}}}(t_{s_k}). \tag{6.23}$$

选择分段函数 $V(\boldsymbol{x}(t)) = V_{i_{s_k}, i_{s_{k-1}}}(\boldsymbol{x}(t))$, $t \in [t_{s_k}, t_{s_{k+1}})$. 当 t 满足 $t_{s_0} = t_0 < t_{s_1} < \cdots < t_{s_n} < t < t_{s_{n+1}} \cdots$, 有式(6.24)成立

$$V(\boldsymbol{x}(t)) \leqslant \mu^{2n}\exp(-\lambda^* T^m_{p[t_0, t]} + \lambda_1 T^m_{n[t_0, t]} + \lambda_u T^{\hat{m}}_{n[t_0, t]})V(\boldsymbol{x}(t_0)) . \tag{6.24}$$

其中, $T^m_{p[t_0, t]}$, $T^m_{n[t_0, t]}$, $T^{\hat{m}}_{p[t_0, t]}$ 和 $T^{\hat{m}}_{n[t_0, t]}$ 分别表示在区间 $[t_0, t]$ 上的所有无源、非无源、控制器与模型匹配或者不匹配的被激活时间的各自总和. 在 $[t_0, t]$ 上 $\sigma(t) \neq \sigma(t-\tau(t))$ 的时间总和最多不超过 $\frac{n+1}{2}\tau_\Omega$, 这表明 $T^{\hat{m}}_{p[t_0, t]} + T^{\hat{m}}_{n[t_0, t]} \leqslant \frac{n+1}{2}\tau_\Omega$, $T^{\hat{m}}_{p[t_0, t]} \geqslant (t - t_0) - \frac{n+1}{2}\tau_\Omega - T^{\hat{m}}_{n[t_0, t]}$. 由此得

$$-\lambda^* T^m_{p[t_0, t]} \leqslant -\lambda^*(t - t_0) + \frac{n+1}{2}\lambda^*\tau_\Omega + \lambda^* T^m_{n[t_0, t]} . \tag{6.25}$$

因此由引理 6.1, 无源率定义和式(6.25)得

$$\begin{aligned}
& n\ln\mu - \lambda^* T^m_{p[t_0, t]} + \lambda T^m_{n[t_0, t]} + \lambda_u T^{\hat{m}}_{n[t_0, t]} \\
& \leqslant \left(2N_0 + \frac{\tau_\Omega}{\tau_a} + 2\frac{t - t_0}{\tau_a}\right)\ln\mu - \lambda^*(t - t_0) + \\
& \quad \lambda^*\left(N_0 + 1 + \frac{\tau_\Omega}{2\tau_a} + \frac{t - t_0}{\tau_a}\right)\tau_\Omega + \lambda^* T^m_{n[t_0, t]} + \lambda T^m_{n[t_0, t]} + \lambda_u T^{\hat{m}}_{n[t_0, t]} \\
& \leqslant \left(2N_0 + \frac{\tau_\Omega}{\tau_a}\right)\ln\mu + \lambda^*\tau_\Omega N_0 + \\
& \quad \left\{\left(-r + \frac{\tau_\Omega}{\tau_a}\right)\lambda^* + \frac{2\ln\mu}{\tau_a} + (\lambda + \lambda_u)(1 - r)\right\}(t - t_0) \\
& = \left(2N_0 + \frac{\tau_\Omega}{\tau_a}\right)\ln\mu + \lambda^*\tau_\Omega N_0 - \lambda_2(t - t_0) .
\end{aligned} \tag{6.26}$$

将式(6.26)代入式(6.24)得

$$V(\boldsymbol{x}(t)) \leqslant \mu^{\left(2N_0+\frac{\tau_\Omega}{\tau_a}\right)\ln\mu+\lambda^*\tau_\Omega N_0}\exp(-\lambda_2(t - t_0))V(\boldsymbol{x}(t_0)).$$

由定理条件式(6.11)和式(6.12)得

$$\|\boldsymbol{x}(t)\| \leqslant \sqrt{\frac{a_2}{a_1}\mu^{\left(N_0+\frac{\tau_\Omega}{2\tau_a}\right)\ln\mu+\frac{1}{2}\lambda^*\tau_\Omega N_0}\exp\left(-\frac{\lambda_2}{2}(t - t_0)\right)}\|\boldsymbol{x}(t_0)\|.$$

情形 2: $S \neq \phi$.

当 $i \in I_p$, 因为 $\boldsymbol{h}_i(\boldsymbol{x})$ 是连续函数, 所以 $\boldsymbol{L}_{g_i}V_i(\boldsymbol{x})$ 也是连续函数. 假设集合 $\{t: \|\boldsymbol{L}_{g_i}V_i(\boldsymbol{x}(t))\| \leqslant \delta\} = [t_{i_1}, t'_{i_1}] \cup [t_{i_2}, t'_{i_2}] \cup \cdots \subset [t_0, t]$. 由无源子系统的

指数小时间范数可观性得

$$\|x(t'_{i_k})\| \leqslant c\exp(-\overline{\lambda}(t'_{i_k}-t_{i_k}))\|x(t_{i_k})\|$$
$$\leqslant \sqrt{\frac{a_1}{a_2}}\exp\left(-\frac{\lambda^*}{2}(t'_{i_k}-t_{i_k})\right)\|x(t_{i_k})\|.$$

由式(6.11)和式(6.12)得到 $V_i(x(t'_{i_k})) \leqslant \exp(-\lambda^*(t'_{i_k}-t_{i_k}))V_i(x(t_k))$，$i \in I_p$.

使用类似于情形1的推导可得 $\|x(t)\| \leqslant \sqrt{\frac{a_2}{a_1}\mu^{N_0}\xi^{N_0+1}}\exp\left(-\frac{\lambda_1}{2}(t-t_0)\right)\|x(t_0)\|$.

因此闭环系统是指数渐近稳定的.

考虑下面切换线性系统

$$\begin{aligned}\dot{x} &= A_{\sigma(t)}x + B_{\sigma(t)}u_{\sigma(t)},\\ y &= C_{\sigma(t)}x,\end{aligned} \tag{6.27}$$

其中，A_i，B_i 和 C_i 是适当维数的常数矩阵.

由定理6.1得到下面的推论.

推论6.1 考虑系统(6.27)，设正数 τ_a，r 和 τ_Ω 分别为给定的平均驻留时间，无源率和允许的切换时滞且满足 $\tau_\Omega < \tau_a r$. 假设存在正定函数 $V_{i,j}(x) = \frac{1}{2}x^{\mathrm{T}}P_{i,j}x$，$\forall i \in I$，其中当 $i=j$ 时，$V_{i,j}(x)$ 记成 $V_i(x)$，满足条件

(i)存在常数 $\lambda_u > 0$，当 $i \in I_n$，$j \in I_p$ 时，

$$A_i^{\mathrm{T}}P_i+P_iA_i-\lambda P_i \leqslant 0,$$

其中，控制器 $u_j(x) = -k_j(C_j, P_j, \tau_a, r)x^{\mathrm{T}}C_j^{\mathrm{T}}$，这里

$$k_j(C_j, P_j, \tau_a, r) = \begin{cases}\dfrac{\lambda^* x^{\mathrm{T}}P_jx + 2\|C_jx\|^2}{2\|C_jx\|^2}, & \|C_jx\| > \delta,\\ 0, \|C_jx\| \leqslant \delta.\end{cases}$$

(ii)当 $i \in I_n$ 时，存在常数 λ 满足

$$A_i^{\mathrm{T}}P_i+P_iA_i-\lambda P_i \leqslant 0,\ \lambda>0.$$

(iii)当 $i \in I_p$ 时，无源子系统是无源的，即下式成立.

$$A_i^{\mathrm{T}}P_i+P_iA_i \leqslant 0,\ B_i^{\mathrm{T}}P_i = C_i.$$

此外，当 $u_i = \mathbf{0}$ 时，无源系统是具有度为 $\overline{\lambda}$ 的指数小时间范数可观的，其中 $\overline{\lambda}$ 和 c 满足 $\overline{\lambda} \geqslant \frac{1}{2}\lambda^*$，$c \leqslant \sqrt{\frac{a_1}{a_2}}$，$\lambda^* = \frac{\tau_a}{\tau_a r - \tau_\Omega}(\lambda_2 + (1-r)(\lambda_1+\lambda_u) + 2\ln\mu)$，$\lambda_2 > 0$. $a_1 = \min_{i\in I}\frac{\lambda_m(P_i)}{2}$，$a_2 = \max_{i\in I}\frac{\lambda_M(P_i)}{2}$，$a_3 = \max_{i\in I}\|P_i\|$，$\mu = \max_{k,l\in I}\frac{\lambda_M(P_k)}{\lambda_m(P_l)}$.

设计控制器为

$$\boldsymbol{u}_i(\boldsymbol{x})=\begin{cases}-k_i(\boldsymbol{C}_i,\boldsymbol{P}_i,\tau_a,r,\gamma)\boldsymbol{x}^{\mathrm{T}}\boldsymbol{C}_i^{\mathrm{T}}, & I\in I_P,\\ \boldsymbol{0}, & I\in I_n,\end{cases}$$

那么，当无源率 $\gamma_{p[T_1,T_2]}\geqslant r$ 时，在满足平均驻留时间为 τ_a 的任意切换信号下，切换系统(6.1)是全局指数渐近稳定的.

证明　由定理 6.1 直接得证.

6.3　数值例子

下面通过一个数值例子验证本节所得结果的有效性.

例 6.1　考虑由两个子系统组成的切换非线性系统(2.1)，系统参数如下：

$\boldsymbol{f}_1(\boldsymbol{x})=(-3.3x_1^2+x_1x_2,\ -x_1^2-3x_2)^{\mathrm{T}}$，$\boldsymbol{g}_1(\boldsymbol{x})=(x_1,\ x_2)^{\mathrm{T}}$，$h_1(\boldsymbol{x})=x_1^2+x_2^2$，$\boldsymbol{f}_2(\boldsymbol{x})=(x_1^2x_2,\ -x_1^3+2x^2)^{\mathrm{T}}$，$\boldsymbol{g}_2(\boldsymbol{x})=(0,\ x_2)^{\mathrm{T}}$，$h_2(\boldsymbol{x})=2x_1x_2$.

选择 $V_1(\boldsymbol{x})=\dfrac{1}{2}(x_1^2+x_2^2)$ 和 $V_2(\boldsymbol{x})=\dfrac{1}{3}(x_1^2+x_2^2)$ 分别作为两个子系统的储能函数，可见第一个子系统是无源的，第二个子系统是非无源的. 把 V_2 作为 $V_{2.1}$，把 V_1 作为 $V_{1.2}$，经过简单计算可得 $a_1=a_2=\dfrac{1}{2}$，$a_3=a_4=1$，$\mu=\dfrac{3}{2}$，$\lambda_1=4$.

取平均驻留时间 $\tau_a=0.5$，无源率 $r=0.5$，切换时滞为 $\tau_\Omega=0.01$，$\lambda_2=0.5$，则 $\lambda_u=4$，$\lambda^*=\dfrac{\tau_a}{\tau_a r-\tau_\Omega}(\lambda_2+(1-r)(\lambda_1+\lambda_u)+2\ln\mu)=20.8109$.

由定理 6.1 设计控制器为

$$u_1(\boldsymbol{x})=\begin{cases}-\dfrac{20.8109(x_1^2+x_2^2+0.1)}{x_1^2+x_2^2}, & x_1^2+x_2^2>0.1,\\ 0, & x_1^2+x_2^2<0.1,\end{cases}$$

$$u_2(\boldsymbol{x})=0.$$

仿真结果见图 6.1，其中初值为 $\boldsymbol{x}(0)=[1,\ -3]^{\mathrm{T}}$. 图 6.1 表明在图 6.2 的切换信号下，闭环切换系统是渐近稳定的.

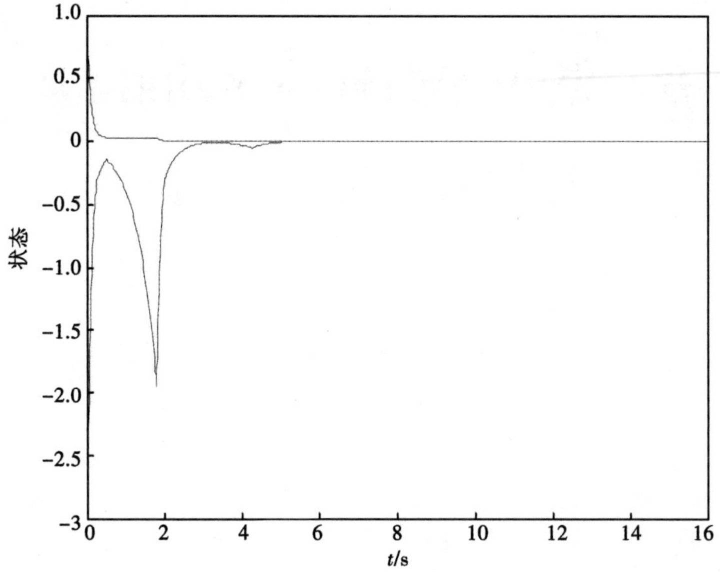

图 6.1　系统状态

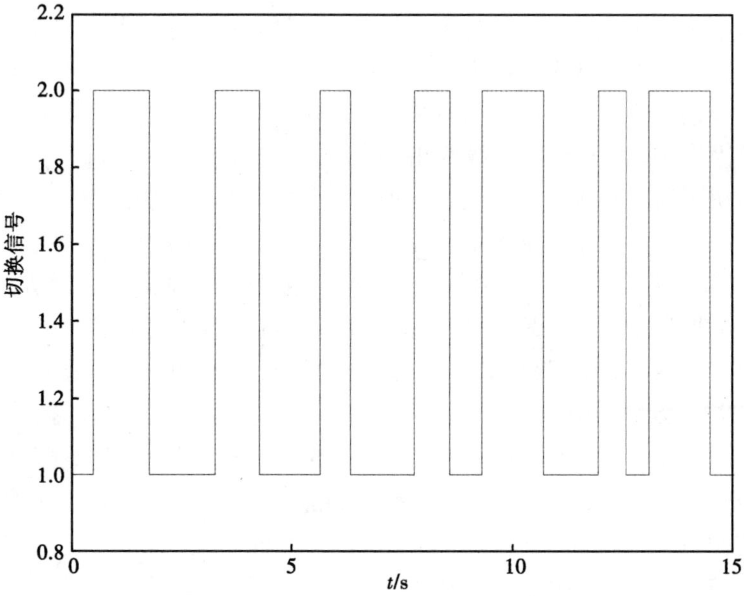

图 6.2　切换信号

第 7 章　基于无源性与平均驻留时间切换系统的 H_∞ 控制

7.1 引　言

无源性是从能量角度给出系统分析和控制综合的新框架，并且对系统控制的诸多方面都起到非常重要的作用. 无源性之所以重要，主要因为以下两点：第一，用来刻画无源性的储能函数通常可以作为系统的 Lyapunov 函数，因此可以使用无源性研究系统稳定与镇定问题，通常采用输出反馈镇定系统，并且设计的控制器形式也简单. 第二，无源系统的级联系统仍具有无源性，这是著名的无源性定理，可以用此定理去研究复杂系统，包括复杂网络系统等. 虽然无源性在工程应用中非常重要，但并不是所有系统都满足无源性条件. 如何把非无源系统反馈等价地转化成无源系统，这正是反馈无源化研究的问题. 1991 年，Byrnes 等人将无源性理论同非线性几何控制理论结合起来，通过光滑状态反馈成功地解决了仿射非线性系统反馈无源化问题. 在正则性假设下，仿射非线性系统的反馈无源化的充要条件是系统相对阶为 1 且是弱最小相位的(零动态稳定). 该结果直接推动了无源系统理论在控制中的应用. 此外，在研究 H_∞ 控制问题中，无源性也扮演了重要的角色. 例如基于无源性通过设计形式比较简单的输出反馈控制器成功解决了机械人研究中的 H_∞ 控制问题[97]. 还有文献[98]与文献[99]也分别利用无源性设计静态和动态反馈控制器考虑 H_∞ 控制问题.

实际系统往往会受到不确定性的影响，例如干扰与传感器噪声等. 这就促使 H_∞ 控制理论继续发展. 其实，H_∞ 控制问题是既要保证系统稳定又要将干扰对系统性能的影响抑制在一定范围之内. 换句话说，就是使被控制对象对干扰具有鲁棒性. 1998 年，Hespanha 首次提出切换系统的 H_∞ 控制问题[100]. 自此，该问题引起了学者的广泛关注. 切换系统 H_∞ 控制主要研究以下问题：第一，在任意切换信号下的 H_∞ 控制问题，即切换系统的内部稳定性与 L_2 增益不依赖于切换信号；第二，在某类切换信号下的 H_∞ 控制问题，即在切换信号受限下切换系统同时具有内部稳定性和 L_2 增益性质. 对切换线性系统的 H_∞ 控制问题研究方法较多，如公共 Lyapunov 函数方法[101]、Riccati 不等式方法[102]与平均驻留时间方法[103]，而对切换非线性系统的研究成果相对较少[104-108]. 实际上，在切换系统建模时，系统不仅包含外界扰动，还可能包含结构不确定性. 然而，利用无源性研究同时带有外界扰动与结构不确定性的切换非线性系统 H_∞ 控制问题还未见报道. 在工业控制中经常遇到这样的问题，如冶金工业中，为提高钢的硬度或者改善其他性质，把钢放进液体中来快速冷却[61]. 此外，基于无源性与平均驻留时间方法考虑 H_∞ 控制问题时，要求至少 1 个子系统在全空间中具有无源性，但是可能切换系统的所有子系统却不满足该条件，每个子系统仅仅在某个区域内具有无源性，此时平均驻留时间方法失效. 因此，7.2 节考虑通过设计切换律与局部无源性来解决这种情况下的 H_∞ 控制问题.

本章分别使用平均驻留时间方法与设计状态依赖型切换律方法研究了两类切换非线性系统的 H_∞ 控制问题. 对于第一类切换系统，即当切换系统是由无源子系统与非无源子系统组成时，利用平均驻留时间方法，给出含有不确定性项的切换非线性系统的 H_∞ 控制问题可解条件. 特点是研究的系统更加广泛，并且避免了求解 Hamilton-Jacobi 偏微分不等式. 对于第二类切换系统，利用无源性，通过设计状态依赖型切换律和每个子系统的控制器给出了切换非线性系统 H_∞ 控制问题的可解条件. 此外，当每个子系统在被激活区域内没有无源性时，通过反馈无源化方法给出切换非线性系统的 H_∞ 控制问题可解条件. 特点是只需要每个子系统在设计的被激活区域内有无源性，放宽了利用全局无源性解决 H_∞ 控制问题的条件.

7.2　基于无源性与平均驻留时间的切换系统 H_∞ 控制

本节应用驻留时间方法研究带有不确定性项的切换非线性系统的 H_∞ 控制问题.

7.2.1　问题描述

考虑如下带有不确定性项的切换非线性系统

$$\begin{aligned}\dot{\boldsymbol{x}} &= \boldsymbol{f}_\sigma(\boldsymbol{x}) + \Delta\boldsymbol{f}_\sigma(t,\ \boldsymbol{x}) + \boldsymbol{g}_\sigma(\boldsymbol{x})\boldsymbol{u}_\sigma + \boldsymbol{\omega}(t)\\ \boldsymbol{y} &= \boldsymbol{h}_\sigma(\boldsymbol{x}).\end{aligned} \tag{7.1}$$

其中，$\boldsymbol{x}(t)\in\mathbf{R}^n$ 是状态，σ 是切换函数，它可能依赖于时间 t，状态 $\boldsymbol{x}$ 或其他变量，σ 是右连续的函数且取值于指标集 $I=\{1,\ 2,\ \cdots,\ m\}$，其中 m 是子系统的个数. $\boldsymbol{u}_i(\boldsymbol{x})\in\mathbf{R}^r$ 与 $\boldsymbol{h}_i(\boldsymbol{x})\in\mathbf{R}^r$ 分别为第 i 个子系统输入与输出. $\boldsymbol{\omega}(t)$ 是属于 $L_2[0,\ +\infty)$ 的外部扰动. $\Delta\boldsymbol{f}_i(t,\ \boldsymbol{x})$ 表示具有适当维数的不确定性项. 此外，

$\boldsymbol{f}_i(\boldsymbol{x})$, $\boldsymbol{g}_i(\boldsymbol{x})$是光滑函数且满足$\boldsymbol{f}_i(\boldsymbol{0})=\boldsymbol{0}$, $\Delta\boldsymbol{f}_i(t,\boldsymbol{0})=\boldsymbol{0}$, $\boldsymbol{h}_i(\boldsymbol{0})=\boldsymbol{0}$. 下面采用文献[1]与文献[6]中符号记法, σ 能用下面切换列描述

$$\Sigma=\{\boldsymbol{x}_0;(i_0,t_0),(i_1,t_1),\cdots,(i_k,t_k),\cdots: i_k\in I, k\in\mathbf{N}\}, \tag{7.2}$$

其中, t_0 为初始时刻, $\boldsymbol{x}_0$ 为初始状态. Σ 表示当 $t\in[t_k,t_{k+1})$时, $\sigma(t)=i_k$, 即在$[t_k,t_{k+1})$上第 i_k 个子系统被激活. 因此, 在$[t_k,t_{k+1})$上切换系统的解 $\boldsymbol{x}(t)$是第 i_k 个子系统的解. 除此之外, 假设解在切换点处是连续的, 并且为排除该切换引起的 Zeno 现象, 假设切换信号满足有限时间切换有限次[62].

系统(7.1)中不确定性项满足下面假设.

假设 7.1[67] 不确定性项 $\Delta\boldsymbol{f}_i(t,\boldsymbol{x})$满足 $\|\Delta\boldsymbol{f}_i(t,\boldsymbol{x})\|\leqslant\zeta(t)\|\boldsymbol{x}\|$, $\forall i\in I$, 此处$\zeta(t)$是一个非负函数且满足$\int_{t_0}^{t}\zeta(\tau)\mathrm{d}\tau\leqslant\kappa(t-t_0)+\eta$, 其中$\kappa$和$\eta$为非负常数.

本节研究下面的 H_∞ 控制问题[105]: 给定任意一个干扰抑制常数 $\gamma>0$ 与平均驻留时间 τ_a, 设计每个子系统的控制器 $\boldsymbol{u}_i(\boldsymbol{x})$且满足 $\boldsymbol{u}_i(\boldsymbol{0})=\boldsymbol{0}$, 使在平均驻留时间为 τ_a 的任意切换信号下满足下面的两个条件.

(a)当外界扰动 $\boldsymbol{\omega}=\boldsymbol{0}$ 时, 闭环系统是全局鲁棒指数渐近稳定的.

(b)对所有允许的不确定性项, 系统(7.1)有从 $\boldsymbol{\omega}$ 到 $\boldsymbol{y}$ 的加权 L_2 增益, 即存在常数 $\widetilde{\lambda}\geqslant0$ 与函数 $v(\boldsymbol{x})$满足 $v(\boldsymbol{0})=0$, 使下式成立

$$\int_{t_0}^{\infty}\exp(-\widetilde{\lambda}(t-t_0))\boldsymbol{y}^{\mathrm{T}}(t)\boldsymbol{y}(t)\mathrm{d}t\leqslant\gamma^2\int_{t_0}^{\infty}\boldsymbol{\omega}^{\mathrm{T}}(t)\boldsymbol{\omega}(t)\mathrm{d}t+v(\boldsymbol{x}(t_0)).$$

注 7.1 如果子系统有公共 Lyapunov 函数, 那么能得到传统的 L_2 增益, 但实际系统中可能不存在或者找不到公共的 Lyapunov 函数. 因此, 在采用 Lyapunov 和平均驻留时间去分析问题时, 可能导致加权 L_2 性质[103], 这个性质对切换系统也同样重要[100].

为叙述方便, 当 $\boldsymbol{\omega}=\boldsymbol{0}$ 时子系统记成

$$\begin{aligned}\dot{\boldsymbol{x}}&=\boldsymbol{f}_i(\boldsymbol{x})+\Delta\boldsymbol{f}_i(t,\boldsymbol{x})+\boldsymbol{g}_i(\boldsymbol{x})\boldsymbol{u}_i,\\ \boldsymbol{y}&=\boldsymbol{h}_i(\boldsymbol{x})\quad(i=1,\cdots,m)\end{aligned}\tag{7.3}$$

定义 7.1[106] 考虑系统

$$\dot{\boldsymbol{x}}=\boldsymbol{f}_\sigma(\boldsymbol{x})+\Delta\boldsymbol{f}_\sigma(t,\boldsymbol{x}),$$

其中, $\boldsymbol{f}_\sigma(\boldsymbol{0})=\Delta\boldsymbol{f}_\sigma(t,\boldsymbol{0})=\boldsymbol{0}$, 称平衡点是鲁棒指数渐近稳定的, 如果对于某个切换信号 σ, 对任意初始值 $\boldsymbol{x}(t_0)$与所有允许的不确定性项, 对所有 $t\geqslant t_0$, 系统的解满足 $\|\boldsymbol{x}(t)\|\leqslant\alpha\exp(-\lambda(t-t_0))\|\boldsymbol{x}(t_0)\|$, 其中常数 $\alpha>0$, $\lambda>0$.

引理 7.1 设系统(2.5)具有度为 $\bar{\lambda}$ 指数小时间范数可观性, 并且存在常数 $k_0>0$, 使

$$\| \boldsymbol{h}(\boldsymbol{x}(s)) \|^2 \leqslant \frac{k_0}{\tau}\exp(-2\overline{\lambda}\tau) \| \boldsymbol{x}(t) \|^2,\ \forall s \in [t, t+\tau] \tag{7.4}$$

成立(这里 t 与 τ 是定义 2.4 中的常数)，则对任意的 $k \geqslant 0$,

$$\| \boldsymbol{x}(t+\tau) \|^2 \leqslant c_1 \mathrm{e}^{-2(\overline{\lambda}-k)\tau} \| \boldsymbol{x}(t) \|^2 - \int_t^{t+\tau} \exp(-2(\overline{\lambda}-k)(t+\tau-\theta)) \| \boldsymbol{h}(\boldsymbol{x}(\theta)) \|^2 \mathrm{d}\theta$$

成立. 其中，$c_1 = k_0 + c^2$,

证明　由式(7.5)得 $\| \boldsymbol{h}(\boldsymbol{x}(s)) \|^2 \leqslant \frac{k_0}{\tau}\exp(-2(\overline{\lambda}-k)(s-t)) \| \boldsymbol{x}(t) \|^2$,

$$\tau\exp(2s(\overline{\lambda}-k)) \| \boldsymbol{h}(\boldsymbol{x}(s)) \|^2 \leqslant k_0\exp(2t(\overline{\lambda}-k)) \| \boldsymbol{x}(t) \|^2 \quad (t \leqslant s \leqslant t+\tau). \tag{7.5}$$

对于式(7.5)，由中值定理可知存在 s_0，满足 $t \leqslant s_0 \leqslant t+\tau$，使不等式(7.6)成立

$$\begin{aligned} &\int_t^{t+\tau} \exp(2(\overline{\lambda}-k)\theta) \| \boldsymbol{h}(\boldsymbol{x}(\theta)) \|^2 \mathrm{d}\theta \\ &= \tau\exp(2(\overline{\lambda}-k)s_0) \| \boldsymbol{h}(\boldsymbol{x}(s_0)) \|^2 \\ &\leqslant k_0\exp(2(\overline{\lambda}-k)t) \| \boldsymbol{x}(t) \|^2. \end{aligned} \tag{7.6}$$

由式(7.6)得

$$\begin{aligned} k_0 \| \boldsymbol{x}(t) \|^2 &\geqslant \exp(-2(\overline{\lambda}-k)t)\int_t^{t+\tau} \exp(2(\overline{\lambda}-k)\theta) \| \boldsymbol{h}(\theta) \|^2 \mathrm{d}\theta, \\ &- k_0\exp(-2(\overline{\lambda}-k)\tau) \| \boldsymbol{x}(t) \|^2 \\ &\leqslant -\int_t^{t+\tau} \exp(-2(\overline{\lambda}-k)(t+\tau-\theta)) \| \boldsymbol{h}(\boldsymbol{x}(\theta) \|^2 \mathrm{d}\theta. \end{aligned}$$

由指数小时间范数可观性定义，对于某个 $t \geqslant t_0$，$\tau > 0$，$0 < s \leqslant \tau$，当 $\| \boldsymbol{y}(t+s) \| \leqslant \delta$ 时，有 $\| \boldsymbol{x}(t+\tau) \| \leqslant c\mathrm{e}^{-\overline{\lambda}\tau} \| \boldsymbol{x}(t) \|$ 成立. 由此可得

$$\| \boldsymbol{x}(t+\tau) \|^2 \leqslant c_1 \mathrm{e}^{-2(\overline{\lambda}-k)\tau} \| \boldsymbol{x}(t) \|^2 - \int_t^{t+\tau} \exp(-2(\overline{\lambda}-k)(t+\tau-\theta)) \| \boldsymbol{h}(\boldsymbol{x}(\theta)) \|^2 \mathrm{d}\theta.$$

其中，$c_1 = k_0 + c^2$.

7.2.2　基于无源性的鲁棒指数稳定性

当 $\boldsymbol{\omega} = \mathbf{0}$ 时，设计子系统控制器，使系统全局鲁棒指数渐近稳性.

定理 7.1　设正数 τ_a 与 r 为任意给定的平均驻留时间与无源率. 假设存在 C^1 正定函数 $V_i(\boldsymbol{x})$，$i \in I$ 和正常数 a_1，a_2，a_3 与 $\mu \geqslant 1$，使下面条件成立.

(i) 对 $\forall \boldsymbol{x} \in \mathbf{R}^n$，$\forall i, j \in I$,

$$a_1\|\boldsymbol{x}\|^2\leqslant V_i(\boldsymbol{x})\leqslant a_2\|\boldsymbol{x}\|^2,\tag{7.7}$$

$$\left\|\frac{\partial V_i(\boldsymbol{x})}{\partial\boldsymbol{x}}\right\|\leqslant a_3\|\boldsymbol{x}\|,\tag{7.8}$$

$$V_i(\boldsymbol{x})\leqslant\mu V_j(\boldsymbol{x});\tag{7.9}$$

(ii)对任意 $i\in I_n$，存在常数 $\lambda>0$ 满足

$$\boldsymbol{L}_{f_i}V_i(\boldsymbol{x})\leqslant\lambda V_i(\boldsymbol{x});\tag{7.10}$$

(iii)对任意 $i\in I_p$，

$$\boldsymbol{L}_{f_i}V_i(\boldsymbol{x})\leqslant 0,\ \boldsymbol{L}_{g_i}V_i(\boldsymbol{x})=\boldsymbol{h}_i^{\mathrm{T}}(\boldsymbol{x}).\tag{7.11}$$

此外，假设当 $\boldsymbol{u}_i=\boldsymbol{0}$ 时系统(7.1)对所有允许的不确定性项具有度为 $\bar{\lambda}$ 指数小时间范数可观性，其中常数 c 满足 $c\leqslant\sqrt{\dfrac{a_1}{a_2}\exp\dfrac{\eta a_3}{a_1}}$，$\bar{\lambda}\geqslant\dfrac{1}{2}\left(\lambda^*-\dfrac{a_3k}{a_1}\right)$

$$\lambda^*=\frac{\lambda_1}{r}+\frac{\lambda}{r}+\frac{\ln\mu}{r\tau_a}+\frac{a_3\kappa}{ra_1}-\lambda,\tag{7.12}$$

其中，$\lambda_1>0$ 为某个常数.

设计控制器为

$$\boldsymbol{u}_i(\boldsymbol{x})=\begin{cases}-k_i(V_i(\boldsymbol{x}),\ \tau_a,\ r)(\boldsymbol{L}_{g_i}V_i(\boldsymbol{x}))^{\mathrm{T}}, & i\in I_p,\\ \boldsymbol{0}, & i\in I_n,\end{cases}\tag{7.13}$$

其中，$k_i(V_i(\boldsymbol{x}),\ \tau_a,\ r)=\begin{cases}\lambda^*(\|\boldsymbol{L}_{g_i}V_i(\boldsymbol{x})\|^2)^{-1}V_i(\boldsymbol{x}), & \|\boldsymbol{L}_{g_i}V_i(\boldsymbol{x})\|>\delta,\\ 0, & \|\boldsymbol{L}_{g_i}V_i(\boldsymbol{x})\|\leqslant\delta,\end{cases}$

δ 为充分小的正数，则当 $\boldsymbol{\omega}=\boldsymbol{0}$ 时，在满足平均驻留时间为 τ_a 的任意切换信号与无源率 $r_{p[T_1,\ T_2]}\geqslant r$ 下，切换系统是全局鲁棒指数渐近稳定的.

证明 对任意 $i\in I_p$，定义集合 $S_i=\{t:\ \|\boldsymbol{L}_{g_i}V_i(\boldsymbol{x}(t))\|\leqslant\delta\}$. 下面分两种情况证明，即 $S_i=\phi$ 与 $S_i\neq\phi$.

情况 1：$S_i=\phi$.

当 $\boldsymbol{\omega}=\boldsymbol{0}$ 时，$V_i(\boldsymbol{x})$沿着系统(7.1)的第 i 个子系统的导数为

$$\dot{V}_i=\frac{\partial V_i(\boldsymbol{x})}{\partial\boldsymbol{x}}\boldsymbol{f}_i+\frac{\partial V_i(\boldsymbol{x})}{\partial\boldsymbol{x}}\Delta\boldsymbol{f}_i+\frac{\partial V_i(\boldsymbol{x})}{\partial\boldsymbol{x}}\boldsymbol{g}_i\boldsymbol{u}_i.\tag{7.14}$$

对任意 $i\in I_p$，把控制器(7.13)代入式(7.14)，由式(7.7)、式(7.8)和式(7.11)得到下式成立

$$\dot{V}_i\leqslant-\left(\lambda^*-\frac{a_3}{a_1}\zeta(t)\right)V_i(\boldsymbol{x}).\tag{7.15}$$

类似的，对任意 $i\in I_n$，由式(7.7)、式(7.8)和式(7.10)得

$$\dot{V}_i\leqslant\left(\lambda+\frac{a_3}{a_1}\zeta(t)\right)V_i(\boldsymbol{x}).\tag{7.16}$$

则分别对式(7.15)和式(7.16)使用微分不等式理论得

$$V_{i_k}(\boldsymbol{x}(t)) \leqslant \widetilde{\phi}_{i_k}(t, t_k) V_{i_k}(\boldsymbol{x}(t_k)), \ t \in [t_k, t_{k+1}), \ \forall k=0, 1, 2, \cdots, \tag{7.17}$$

其中,

$$\widetilde{\phi}_{i_k}(t, t_k) = \begin{cases} \exp\left(-\lambda^*(t-t_k) + \dfrac{a_3}{a_1}\displaystyle\int_{t_k}^{t} \zeta(\tau)\mathrm{d}\tau\right), \ i_k \in I_p, \\ \exp\left(\lambda(t-t_k) + \dfrac{a_3}{a_1}\displaystyle\int_{t_k}^{t} \zeta(\tau)\mathrm{d}\tau\right), \ i_k \in I_n. \end{cases}$$

定义函数

$$\phi_{i_k}(t, t_k) = \begin{cases} \xi\exp(-a^*(t-t_k)), \ i_k \in I_n, \\ \xi\exp(a(t-t_k)), \ i_k \in I_n. \end{cases}$$

其中, $a^* = \lambda^* - \dfrac{a_3\kappa}{a_1}$, $a = \lambda + \dfrac{a_3\kappa}{a_1}$, $\xi = \exp\dfrac{a_3\eta}{a_1}$. 由假设 7.1 得到 $\widetilde{\phi}_{i_k}(t, t_k) \leqslant \phi(t, t_k)$ 和下面不等式成立.

$$V_{i_k}(\boldsymbol{x}(t)) \leqslant \phi_{i_k}(t, t_k) V_{i_k}(\boldsymbol{x}(t_k)), \ t \in [t_k, t_{k+1}), \ \forall k=0, 1, 2, \cdots. \tag{7.18}$$

选择分段函数 $V(\boldsymbol{x}(t)) = V_{i_n}(\boldsymbol{x}(t))$, $t \in [t_n, t_{n+1})$. 由 $\phi_{i_n}(t, \tau)\phi_{i_n}(\tau, s) = \xi\phi_{i_n}(t, s)$ 与式(7.10)得

$$\begin{aligned} V(\boldsymbol{x}(t)) &\leqslant \mu^n \xi^{n+1} \exp(-a^* T_{p[t_0, t]} + a T_{n[t_0, t]}) V(\boldsymbol{x}(t_0)) \\ &\leqslant \xi\exp\left(\left(N_0 + \frac{t-t_0}{\tau_a}\right)\ln(\mu\xi) - a^* T_{p[t_0, t]} + a T_{n[t_0, t]}\right) V(\boldsymbol{x}(t_0)). \end{aligned} \tag{7.19}$$

因此, 由平均驻留时间与无源率定义, 结合式(7.12)得

$$\begin{aligned} &\left(N_0 + \frac{t-t_0}{\tau_a}\right)\ln\mu\xi - a^* T_{p[t_0, t]} + a T_{n[t_0, t]} \\ &\leqslant N_0 \ln\mu\xi - \left(a^* r - a(1-r) - \frac{\ln\mu}{\tau_a}\right)(t-t_0) \\ &\leqslant N_0 \ln\mu\xi - \lambda(t-t_0). \end{aligned} \tag{7.20}$$

将式(7.20)代入式(7.19)得

$$V(\boldsymbol{x}(t)) \leqslant \xi^{N_0+1}\mu^{N_0}\exp(-\lambda_1(t-t_0))V(\boldsymbol{x}(t_0)).$$

由式(7.7)推导得

$$\|\boldsymbol{x}(t)\| \leqslant \sqrt{\frac{a_2}{a_1}\mu^{N_0}\xi^{N_0+1}} \exp\left(-\frac{\lambda_1}{2}(t-t_0)\|\boldsymbol{x}(t_0)\|\right).$$

情况 2: $S_i \neq \phi$.

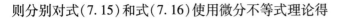

当 $i\in I_p$，因为 $\boldsymbol{h}_i(\boldsymbol{x})$ 是连续函数，当子系统被激活时 $\boldsymbol{L}_{g_i}V_i(\boldsymbol{x})$ 也是连续函数. 假设集合 $\{t:\ \|\boldsymbol{L}_{g_i}V_i(\boldsymbol{x}(t))\|\leqslant\delta\}=[t_{i_1},t'_{i_1}]\cup[t_{i_2},t'_{i_2}]\cup\cdots\subset[t_0,t]$. 由无源子系统的指数小时间范数可观性，对于 $\delta>0$，有下式成立.

$$\|\boldsymbol{x}(t'_{i_k})\|\leqslant c\exp(-\bar{\lambda}(t'_{i_k}-t_{i_k}))\|\boldsymbol{x}(t_{i_k})\|\leqslant\sqrt{\frac{a_1\xi}{a_2}}\exp\left(-\frac{a^*}{2}(t'_{i_k}-t_{i_k})\right)\|\boldsymbol{x}(t_{i_k})\|.$$

由式(7.7)得 $V_i(\boldsymbol{x}(t'_{i_k}))\leqslant\xi\exp(-a^*(t'_{i_k}-t_{i_k}))V_i(\boldsymbol{x}(t_k))$，$i\in I_p$. 使用类似于情况 1 的推导得

$$\|\boldsymbol{x}(t)\|\leqslant\sqrt{\frac{a_2}{a_1}\mu^{N_0}\xi^{N_0+1}}\exp\left(-\frac{\lambda_1}{2}(t-t_0)\right)\|\boldsymbol{x}(t_0)\|,\quad\forall t.$$

因此，闭环系统是指数渐近稳定的.

注 7.2 对于事先给定的平均驻留时间和无源率，设计每个子系统的控制器，该控制器依赖事先给定的平均驻留时间和无源率. 这不意味着设计的控制器适合任意平均驻留时间和无源率. 从整体能量上来看，非无源子系统被激活时能量可能会增加，但是无源子系统被激活时把增加的能量消耗掉，因此能保证系统的渐近稳定性.

7.2.3 基于无源性的加权 L_2 增益

当 $\boldsymbol{\omega}\neq\boldsymbol{0}$ 时，考虑设计子系统控制器，使系统有从 $\boldsymbol{\omega}$ 到 $\boldsymbol{y}$ 的加权 L_2 增益.

定理 7.2 设正数 τ_a，r 和 γ 分别是任意给定的平均驻留时间、无源率和干扰抑制常数. 假设存在 C^1 正定函数 $V_i(\boldsymbol{x})$，$i\in I$，正常数 a_1，a_2，a_3，$\mu\geqslant1$，使式(7.7)、式(7.8)和式(7.9)成立. 假设对 $\forall i\in I_n$，式(7.10)与 $\boldsymbol{L}_{g_i}V_i(\boldsymbol{x})=\boldsymbol{h}_i^{\mathrm{T}}(\boldsymbol{x})$ 成立，而对于 $i\in I_p$，式(7.11)满足. 此外，对所有允许的不确定性项与扰动，无源子系统具有度为 $\bar{\lambda}$ 的指数小时间范数可观性，其中常数为 $\bar{\lambda}$，c，k_0，k 满足式(7.4)且

$$k=\bar{\lambda}-\frac{1}{2}\left(\lambda^*-\frac{a_3\kappa}{a_1}-\frac{a_3^2}{4a_1\gamma^2}\right),\quad a_2c^2\leqslant(a_1-k_0)\exp\frac{a_3\eta}{a_1}.$$

设计控制器为

$$\boldsymbol{u}_i(\boldsymbol{x})=\begin{cases}-k_i(V_i(\boldsymbol{x}),\tau_a,r,\gamma)(\boldsymbol{L}_{g_i}V_i(\boldsymbol{x}))^{\mathrm{T}}, & i\in I_p,\\ -(\boldsymbol{L}_{g_i}V_i(\boldsymbol{x}))^{\mathrm{T}}, & I\in i_n,\end{cases}\tag{7.21}$$

其中，

$$k_i(V_i(\boldsymbol{x}),\tau_a,r)=\begin{cases}\lambda^*(\|\boldsymbol{L}_{g_i}V_i(\boldsymbol{x})\|^2)^{-1}V_i(\boldsymbol{x}), & \|\boldsymbol{L}_{g_i}V_i(\boldsymbol{x})\|>\delta,\\ 0, & \|\boldsymbol{L}_{g_i}V_i(\boldsymbol{x})\|\leqslant\delta,\end{cases}$$

δ 为充分小的正数，这里 λ^* 由式(7.12)给定并且 $\lambda_1=\lambda_2+\dfrac{a_3^2}{4a_1\gamma^2}$，$\lambda_2>0$，则对所

有允许的不确定性项，切换系统(7.1)有从 $\boldsymbol{\omega}$ 到 $\boldsymbol{y}$ 的加权 L_2 增益.

证明　在定理 7.1 的条件下，当第 i 个子系统被激活时 $V_i(\boldsymbol{x})$ 沿着该子系统的导数为

$$\dot{V}_i=\frac{\partial V_i(\boldsymbol{x})}{\partial \boldsymbol{x}}\boldsymbol{f}_i+\frac{\partial V_i(\boldsymbol{x})}{\partial(\boldsymbol{x})}\Delta \boldsymbol{f}_i+\frac{\partial V_i(\boldsymbol{x})}{\partial \boldsymbol{x}}\boldsymbol{g}_i\boldsymbol{u}+\frac{\partial V_i(\boldsymbol{x})}{\partial \boldsymbol{x}}\boldsymbol{\omega}. \tag{7.22}$$

当 $i\in I_P$，$S_i=\phi$ 时，将式(7.21)代入式(7.22)得

$$\begin{aligned}\dot{V}_i &\leqslant -\left(\lambda^*-\frac{a_3}{a_1}\zeta(t)\right)V_i(\boldsymbol{x})+\frac{\partial V_i(\boldsymbol{x})}{\partial \boldsymbol{x}}\boldsymbol{\omega}-\boldsymbol{h}_i^{\mathrm{T}}(\boldsymbol{x})\boldsymbol{h}_i(\boldsymbol{x})\\ &\leqslant -\left(\lambda^*-\frac{a_3}{a_1}\zeta(t)\right)V_i(\boldsymbol{x})+a_3\|\boldsymbol{x}\|\,\|\boldsymbol{\omega}\|-\boldsymbol{h}_i^{\mathrm{T}}(\boldsymbol{x})\boldsymbol{h}_i(\boldsymbol{x})\\ &\leqslant -\left(\lambda^*-\frac{a_3}{a_1}\zeta(t)\right)V_i(\boldsymbol{x})+\frac{a_3^2}{4\gamma^2}\|\boldsymbol{x}\|^2+\gamma^2\|\boldsymbol{\omega}\|^2-\boldsymbol{h}_i^{\mathrm{T}}(\boldsymbol{x})\boldsymbol{h}_i(\boldsymbol{x})\\ &\leqslant -\left(\lambda^*-\frac{a_3}{a_1}\zeta(t)-\frac{a_3^2}{4a_1\gamma^2}\right)V_i(\boldsymbol{x})+\gamma^2\boldsymbol{\omega}^{\mathrm{T}}(t)\boldsymbol{\omega}(t)-\boldsymbol{h}_i^{\mathrm{T}}(\boldsymbol{x})\boldsymbol{h}_i(\boldsymbol{x}).\end{aligned} \tag{7.23}$$

当 $i\in I_p$，$S_i\neq\phi$ 时，在区间$[t_{i_k},\ t'_{i_k}]$上，由条件式(7.4)得

$$\begin{aligned}\|\boldsymbol{x}(t'_{i_k})\|^2 \leqslant{}& c_1\exp(-2(\bar{\lambda}-k)(t'_{i_k}-t_{i_k}))\|\boldsymbol{x}(t_{i_k})\|^2-\\ &\frac{\xi}{a_2}\int_{t_{i_k}}^{t'_{i_k}}\exp(-2(\bar{\lambda}-k)(t'_{i_k}-\theta))\boldsymbol{h}_i^{\mathrm{T}}(\boldsymbol{x})\boldsymbol{h}_i(\boldsymbol{x})\mathrm{d}\theta,\end{aligned}$$

其中，$c_1=c^2+\dfrac{\xi k_0}{a_0}$，则有

$$\begin{aligned}V_i(\boldsymbol{x}(t'_{i_k}))\leqslant{}&\xi\exp\left(-\left(a^*-\frac{a_3^2}{4a_1\gamma^2}\right)(t'_{i_k}-t_{i_k})\right)V_i(\boldsymbol{x}(t_{i_k}))+\\ &\int_{t_{i_k}}^{t'_{i_k}}\xi\exp\left(-\left(a^*-\frac{a_3^2}{4a_1\gamma^2}\right)(t'_{i_k}-\theta)\right)\times\\ &(\gamma^2\boldsymbol{\omega}^2(\theta)-\boldsymbol{h}_{i_k}^{\mathrm{T}}(\boldsymbol{x}(\theta))\boldsymbol{h}_{i_k}(\boldsymbol{x}(\theta)))\mathrm{d}\theta.\end{aligned} \tag{7.24}$$

类似的，当 $i\in I_n$ 时，

$$\dot{V}_i\leqslant\left(\lambda+\frac{a_3}{a_1}\zeta(t)+\frac{a_3^2}{4a_1\gamma^2}\right)V_i(\boldsymbol{x})+\gamma^2\boldsymbol{\omega}^{\mathrm{T}}(t)\boldsymbol{\omega}(t)-\boldsymbol{h}_i^{\mathrm{T}}(\boldsymbol{x})\boldsymbol{h}_i(\boldsymbol{x}). \tag{7.25}$$

为方便起见，定义

$$\tilde{a}^*=a^*-\frac{a_3^2}{4a_1\gamma^2},\ \tilde{a}=a+\frac{a_3^2}{4a_1\gamma^2},\ \Gamma_i(t)=\gamma^2\boldsymbol{\omega}^{\mathrm{T}}(t)\boldsymbol{\omega}(t)-\boldsymbol{h}_i^{\mathrm{T}}(\boldsymbol{x}(t))\boldsymbol{h}_i(\boldsymbol{x}(t)). \tag{7.26}$$

对式(7.23)、式(7.25)使用微分不等式得到一般形式

$$V_{i_k}(\boldsymbol{x}(t)) \leqslant \psi(t, t_k) V_{i_k}(\boldsymbol{x}(t_k)) + \int_{t_k}^{t} \psi_{i_k}(t, \tau) \Gamma_{i_k}(\tau) \mathrm{d}\tau, \ t \in [t_k, t_{k+1}), \tag{7.27}$$

其中,

$$\psi_{i_k}(t, \tau) = \begin{cases} \xi \exp(-\widetilde{a}^*(t-\tau)), \ i_k \in I_p, \\ \xi \exp(\widetilde{a}(t-\tau)), \ i_k \in I_n. \end{cases}$$

定义分段函数 $V(\boldsymbol{x}(t)) = V_{i_n}(\boldsymbol{x}(t))$. 其中, $t \in [t_n, t_{n+1})$, $\forall n = 0, 1, \cdots, i_n \in I$, 则 $\phi_{i_n}(t, \tau)\phi_{i_n}(\tau, s) = \xi \phi_{i_n}(t, s)$. 得

$$\begin{aligned} V(\boldsymbol{x}(t)) \leqslant & \ \xi(\mu\xi)^n \exp(-\widetilde{a}^* T_{p[t_0, t]} + \widetilde{a} T_{n[t_0, t]} V(\boldsymbol{x}(t_0)) + \\ & \xi \sum_{l=1}^{n} \int_{l-1}^{l} (\mu\xi)^{n+1-l} \exp(-\widetilde{a} T_{p[\tau, t]} + \widetilde{a} T_{n(\tau, t)}) \Gamma(\tau) \mathrm{d}\tau + \\ & \int_{t_n}^{t} \psi(t, \tau) \Gamma(\tau) \mathrm{d}\tau. \end{aligned}$$

当 τ 满足 $t_0 < \cdots < t_{l-1} \leqslant \tau \leqslant t_l < \cdots < t_n < t < t_{n+1} < \cdots$ 时, $N_\sigma(\tau, t) = N_\sigma(t_{l-1}, t) = n+1-l$, 由此得

$$\begin{aligned} 0 \leqslant V(\boldsymbol{x}(t)) \leqslant & \ \mu^n \xi^{n+1} \exp(-\widetilde{a}^* T_{p[t_0, t]} + \widetilde{a} T_{n[t_0, t]}) V(\boldsymbol{x}(t_0)) + \\ & \xi \sum_{l=1}^{n} \int_{t_{l-1}}^{t_l} \exp(-\widetilde{a}^* T_{p[\tau, t]} + \widetilde{a} T_{n[\tau, t]} + N_\sigma(\tau, t) \ln \mu\xi)) \Gamma(\tau) \mathrm{d}\tau + \\ & \int_{0}^{t} \psi(t, \tau) \Gamma(\tau) \mathrm{d}\tau. \end{aligned} \tag{7.28}$$

因此, 由式(7.28)得

$$\begin{aligned} 0 \leqslant & \exp(-\widetilde{a}^* T_{p[t_0, t]} + \widetilde{a} T_{n[t_0, t]} + N_\sigma(t_0, t) \ln(\mu\xi)) V(\boldsymbol{x}(t_0)) + \\ & \int_{t_0}^{t} \exp(-\widetilde{a}^* T_{p[\tau, t]} + \widetilde{a} T_{n[\tau, t]} + N_\sigma(\tau, t) \ln(\mu\xi)) \Gamma(\tau) \mathrm{d}\tau. \end{aligned} \tag{7.29}$$

将 λ^* 与 $\lambda_1 = \lambda_2 + \dfrac{a_3^2}{4a_1\gamma^2}$ 代入不等式(7.29)且左右两端乘以 $\exp(-N_{\sigma(t_0, t)} \ln \mu\xi)$, 得

$$\begin{aligned} & \int_{t_0}^{t} \exp\left(\left(-\lambda_2 - \frac{\ln \mu\xi}{\tau_a}\right)(t-\tau) - \frac{\ln \mu\xi}{\tau_a}(\tau - t_0)\right) \boldsymbol{y}^{\mathrm{T}}(\tau) \boldsymbol{y}(\tau) \mathrm{d}\tau \\ \leqslant & \ \gamma^2 \int_{t_0}^{t} \exp\left(-\lambda_2 - \frac{\ln \mu\xi}{\tau_\alpha}\right)(t-\tau) \boldsymbol{\omega}^{\mathrm{T}}(\tau) \boldsymbol{\omega}(\tau) \mathrm{d}\tau + \\ & \exp\left(-\lambda_2 - \frac{\ln \mu\xi}{\tau_a}\right)(t - t_0) V(t_0). \end{aligned} \tag{7.30}$$

当 $\mu=1$, $\xi=1$ 时, 对式(7.30)两端从 $t=t_0$ 到 $t=\infty$ 积分得

$$\int_{t_0}^{\infty}\boldsymbol{y}^{\mathrm{T}}(\tau)\boldsymbol{y}(\tau)\mathrm{d}\tau \leqslant \gamma^2\int_{t_0}^{\infty}\boldsymbol{\omega}^{\mathrm{T}}(\tau)\boldsymbol{\omega}(\tau)\mathrm{d}\tau + V(t_0) .$$

当 $\mu>1$ 时, 更换积分次序得

$$\int_{t_0}^{+\infty}\exp\left(-\frac{\ln\mu\xi}{\tau_a}(\tau-t_0)\right)\boldsymbol{y}^{\mathrm{T}}(\tau)\boldsymbol{y}(\tau)\mathrm{d}\tau \leqslant \gamma^2\int_{t_0}^{+\infty}\boldsymbol{\omega}^{\mathrm{T}}(\tau)\boldsymbol{\omega}(\tau)\mathrm{d}\tau + V(t_0),$$

这表明从 $\boldsymbol{\omega}$ 到 $\boldsymbol{y}$ 有加权 L_2 增益.

基于严格输出无源性考虑 H_∞ 控制问题, 即当 $i\in I_p\subset I$ 时, 子系统是严格输出无源的且定理 7.2 其他条件满足的情况下, 研究 H_∞ 控制问题.

定理 7.3　设正常数 τ_a, r 和 γ 分别是任意给定的平均驻留时间、无源率和干扰抑制常数. 假设切换系统(7.1)满足定理 7.2 的所有条件, 且当 $i\in I_p$ 时所有子系统是严格输出无源的. 设计控制器(7.2), 其中

$$k_i(V_i(\boldsymbol{x}),\tau_a,r)=\begin{cases}\dfrac{\lambda^* V_i(\boldsymbol{x})+(1-\rho)\boldsymbol{h}_i\boldsymbol{h}_i^{\mathrm{T}}}{\|\boldsymbol{L}_{\boldsymbol{g}_i}V_i(\boldsymbol{x})\|^2}, & \|\boldsymbol{L}_{\boldsymbol{g}_i}V_i(\boldsymbol{x})\|>\delta,\\ 0, & \|\boldsymbol{L}_{\boldsymbol{g}_i}V_i(\boldsymbol{x})\|\leqslant\delta,\end{cases}$$

δ 为充分小的正数, $\rho=\min\limits_{i\in I_p}\{\rho_i\}$, 则对所有允许的不确定性项系统(7.1)的 H_∞ 控制问题是可解的.

注 7.3　由定理 7.3 可见, 基于严格输出无源设计的控制器增益要比基于无源的控制器增益小.

7.3　基于无源性的切换线性系统 H_∞ 控制

本节考虑带有不确定性项的切换线性系统

$$\begin{aligned}\dot{\boldsymbol{x}}&=\boldsymbol{A}_\sigma\boldsymbol{x}+\Delta\boldsymbol{f}_\sigma(t)\boldsymbol{x}+\boldsymbol{B}_\sigma\boldsymbol{u}_\sigma+\boldsymbol{\omega}(t),\\ \boldsymbol{y}&=\boldsymbol{C}_\sigma\boldsymbol{x},\end{aligned}\tag{7.31}$$

其中, $\boldsymbol{A}_i$, $\boldsymbol{B}_i$, $\boldsymbol{C}_i$ 为具有适当维数的矩阵, 不确定性项 $\Delta\boldsymbol{f}_i(t)$ 满足 $\|\Delta\boldsymbol{f}_i(t)\|\leqslant\zeta(t)$, 且 $\int_{t_0}^{t}\zeta(t)\mathrm{d}\tau\leqslant\kappa(t-t_0)+\eta$, $\forall i\in M$.

当 $\boldsymbol{\omega}=\boldsymbol{0}$ 时, 系统(7.31)的子系统表示为

$$\begin{aligned}\dot{\boldsymbol{x}}&=\boldsymbol{A}_i\boldsymbol{x}+\Delta\boldsymbol{f}_i(t)\boldsymbol{x}+\boldsymbol{B}_i\boldsymbol{u}_i,\\ \boldsymbol{y}&=\boldsymbol{C}_i\boldsymbol{x}\quad(i=1,\cdots,m)\end{aligned}\tag{7.32}$$

当(7.32)中 $\Delta\boldsymbol{f}_i(t)=0$ 时

$$\begin{aligned}\dot{\boldsymbol{x}}&=\boldsymbol{A}_i\boldsymbol{x}+\boldsymbol{B}_i\boldsymbol{u}_i\\ \boldsymbol{y}&=\boldsymbol{C}_i\boldsymbol{x}\quad(i=1,\cdots,m)\end{aligned}\tag{7.33}$$

下面给出线性系统有不确定性项时，指数小时间范数可观性不变的条件.

引理 7.2 考虑下面的系统

$$\begin{aligned}\dot{x} &= Ax+\Delta f(t)x,\\ y &= Cx.\end{aligned} \tag{7.34}$$

设存在常数 c，$\bar{\lambda}$，使基解矩阵 e^{At} 满足 $\|e^{At}\| \leqslant c\exp(-\bar{\lambda}t)$，

(i) 则当 $\Delta f(t)=0$ 时，系统(7.34)具有度为 $\bar{\lambda}$ 指数小时间范数可观性.

(ii) 对任意的满足 $\|\Delta f(t)\| \leqslant \zeta(t)$ 的不确定性项 $\Delta f(t)$，其中 $\int_{t_0}^{t}\zeta(t)\mathrm{d}\tau \leqslant \kappa(t-t_0)+\eta$，$\bar{\lambda} > c\kappa$，则系统(7.34)具有度为 $\bar{\lambda}-c\kappa$ 的指数小时间范数可观性.

证明 (i) 很明显，当 $\Delta f(t)=0$ 时，系统(7.34)具有度为 $\bar{\lambda}$ 指数小时间范数可观性.

(ii) 系统(7.34)解满足

$$x(t+\tau)=e^{A\tau}x(t)+\int_{t}^{t+\tau}e^{A(t+\tau-\xi)}\Delta f(\xi)x(\xi)\mathrm{d}\xi.$$

因此，由引理 7.2 的条件得

$$\|x(t+\tau)\| \leqslant \|e^{A\tau}x(t)\| + \left\|\int_{t}^{t+\tau}e^{A(t+\tau-\xi)}\Delta f(\xi)x\mathrm{d}\xi\right\| \leqslant c\exp(-\bar{\lambda}\tau)\|x(t)\| + c\int_{t}^{t+\tau}\exp(-\bar{\lambda}(t+\tau-\xi))\zeta(t)\|x(\xi)\|\mathrm{d}\xi$$

所以，

$$\exp(\bar{\lambda}\tau)\|x(t+\tau)\| \leqslant c\|x(t)\| + c\int_{0}^{t}\exp(\bar{\lambda}\xi)\zeta(\xi)\|x(t+\xi)\|\mathrm{d}\xi$$

成立. 由 Gronwell-Bellman 不等式得到

$$\|x(t+\tau)\| \leqslant c\exp(-(\bar{\lambda}-c\kappa)\tau\|x(t)\|.$$

注 7.4 对于非线性系统可能很难检测指数小时间范数可观性，由引理 7.2 可见，对于线性系统只需检测其标称系统的指数小时间范数可观性即可.

定理 7.4 设正数 τ_a，r 和 γ 分别是任意给定的平均驻留时间、无源率和干扰抑制常数. 假设存在正定函数 $V_i=\frac{1}{2}x^{\mathrm{T}}P_ix$，$\forall i\in I$，使

(i) 当 $i\in I_n$ 时，存在常数 λ 满足

$$A_i^{\mathrm{T}}P_i+P_iA_i-\lambda P_i\leqslant 0,\ B_i^{\mathrm{T}}P_i=C_i,\ \lambda>0.$$

(ii) 当 $i\in I_p$ 时，子系统(7.33)是无源的，即下式成立.

$$A_i^{\mathrm{T}}P_i+P_iA_i\leqslant 0,\ B_i^{\mathrm{T}}P_i=C_i$$

此外，假设基解矩阵 e^{A_it} 满足 $\|e^{A_it}\| \leqslant c\exp(-\bar{\lambda}t)$ 且式(7.4)成立，其中 $\bar{\lambda}$ 与 c 为正常数，k_0 与 k 满足 $k=\bar{\lambda}-c\kappa-\frac{1}{2}\left(\lambda^*\frac{a_3\kappa}{a_1}-\frac{a_3^2}{4a_1\gamma^2}\right)$，$a_2c^2\exp(2c\eta)\leqslant(a_1-k_0)\exp$

$\frac{a_3\eta}{a_1}$，$\lambda^*=\frac{\lambda_1}{r}+\frac{\lambda}{r}+\frac{\ln\mu}{r\tau_a}+\frac{a_3\kappa}{ra_1}-\lambda$，$\lambda_1=\lambda_2+\frac{a_3^2}{4a_1\gamma^2}$，$\lambda_2>0$，$a_1=\min\limits_{i\in I}\frac{\lambda_m(\boldsymbol{P}_i)}{2}$，$a_2=\max\limits_{i\in I}\frac{\lambda_M(\boldsymbol{P}_i)}{2}$，$a_3=\max\limits_{i\in I}\|\boldsymbol{P}_i\|$，$\mu=\max\limits_{k,\,l\in I}\frac{\lambda_M(\boldsymbol{P}_k)}{\lambda_M(\boldsymbol{P}_l)}$.

设计控制器为

$$\boldsymbol{u}_i(\boldsymbol{x})=\begin{cases}-k_i(\boldsymbol{C}_i,\boldsymbol{P}_i,\tau_a,r,\gamma)\boldsymbol{x}^{\mathrm{T}}\boldsymbol{C}_i^{\mathrm{T}}, & i\in I_p,\\ -\boldsymbol{x}^{\mathrm{T}}\boldsymbol{C}_i^{\mathrm{T}}, & i\in I_n,\end{cases}$$

其中，

$$k_i(\boldsymbol{C}_i,\boldsymbol{P}_i,\tau_a,r,\gamma)=\begin{cases}\dfrac{\lambda^*\boldsymbol{x}^{\mathrm{T}}\boldsymbol{P}_i\boldsymbol{x}+2\|\boldsymbol{C}_i\boldsymbol{x}\|^2}{2\|\boldsymbol{C}_i\boldsymbol{x}\|^2}, & \|\boldsymbol{C}_i\boldsymbol{x}\|>\delta,\\ 0, & \|\boldsymbol{C}_i\boldsymbol{x}\|\leqslant\delta.\end{cases}$$

δ 为充分小的正数，则对所有允许的不确定性项系统(7.32)的 H_∞ 控制问题是可解的.

证明　证明类似于定理 7.2 的证明.

7.4　数值例子

下面通过两个数值例子验证本节结果的有效性.

例 7.1　考虑由两个子系统组成的切换线性系统(3.1)，系统参数如下：$\boldsymbol{f}_1(\boldsymbol{x})=\left(18x_2,\ -\frac{100}{3}x_1-70x_2\right)^{\mathrm{T}}$，$\Delta\boldsymbol{f}_1(t,\boldsymbol{x})=(0,\ \theta_1\mathrm{e}^{-\frac{1}{2}t}x_2)^{\mathrm{T}}$，$\boldsymbol{g}_1(\boldsymbol{x})=(0,1)^{\mathrm{T}}$，$h_1(\boldsymbol{x})=18x_2$，$\boldsymbol{f}_2(\boldsymbol{x})=(x_1^2x_2,\ -x_1^3+2x_2)^{\mathrm{T}}$，$\Delta\boldsymbol{f}_2(t,\boldsymbol{x})=(\theta_2x_1,\ \theta_3x_2)^{\mathrm{T}}$，$\boldsymbol{g}_2(\boldsymbol{x})=(0,\ x_2^3)$，$h_2(\boldsymbol{x})=6x_2^4$，$\theta_i$ 是未知常数，满足 $\theta_1\in[-1,1]$，θ_2，$\theta_3\in[-0.1,0.1]$. 明显地，$\|\Delta\boldsymbol{f}_1(t,\boldsymbol{x})\|\leqslant|\theta_1|\mathrm{e}^{-\frac{1}{2}t}\|\boldsymbol{x}\|$，$\|\Delta\boldsymbol{f}_2(t,\boldsymbol{x})\|\leqslant\theta\|\boldsymbol{x}\|$，$\theta=\max\{|\theta_2|,|\theta_3|\}$. 因此，$\int_{t_0}^{t}\zeta(\tau)\mathrm{d}\tau\leqslant\int_{t_0}^{t}(\theta+|\theta_1|\mathrm{e}^{-\frac{1}{2}\tau})\mathrm{d}\tau\leqslant\kappa(t-t_0)+\eta$，其中 $\kappa=0.1$，$\eta=2$. 设 $V_1(\boldsymbol{x})=\frac{50}{3}x_1^2+9x_2^2$，$V_2(\boldsymbol{x})=3(x_1^2+x_2^2)$. 容易验证第一子系统是无源的，第二个子系统是非无源的且满足 $\boldsymbol{L}_{f_2}V_2(\boldsymbol{x})\leqslant4V_2(\boldsymbol{x})$. 可见 $a_1=3$，$a_2=\frac{50}{3}$，$a_3=\frac{100}{3}$，$\mu=\frac{50}{9}$，$\lambda=4$. 此外，$\|\mathrm{e}^{\boldsymbol{A}t}\|\leqslant2.1\exp(-10t)$，$c=2.1$，$\bar{\lambda}=10$，其中 $\boldsymbol{A}=\begin{pmatrix}0 & 18\\ -\frac{100}{3} & -70\end{pmatrix}$. 对于 $\delta=0.5$，$\tau=0.0006$，容易验证第一个子系统具有度为 $\bar{\lambda}-$

$c\kappa=9.79$的指数小时间范数可观性且满足 $a_2c^2\exp(2c\eta)\leqslant(a_1-k_0)\exp\dfrac{a_3\eta}{a_1}$，并且对所有 $s\in[0,\ 0.0006]$与任意 t，当 $\|\boldsymbol{h}_1(\boldsymbol{x}(t+s))\|\leqslant 0.5$ 时，有 $\|\boldsymbol{h}_1(\boldsymbol{x}(t+s))\|^2\leqslant\dfrac{k_0}{\tau}\exp(-19.58\tau)\|\boldsymbol{x}(t)\|^2$ 成立.

(i)取平均驻留时间 $\tau_a=2$，无源率 $r=0.8$，干扰抑制常数 $\gamma=5$ 和 $\lambda^*=\dfrac{\lambda_1}{r}+\dfrac{\lambda}{r}+\dfrac{\ln\mu}{r\tau_a}+\dfrac{a_3\kappa}{ra_1}-\lambda=9.5903$. 其中，$\lambda_1=\lambda_2+\dfrac{a_3^2}{4a_1\gamma^2}=4.9037$，$\lambda_2=1.2$，$\bar{\lambda}-c\kappa-\dfrac{1}{2}\left(\lambda^*-\dfrac{a_3\kappa}{a_1}-\dfrac{a_3^2}{4a_1\gamma^2}\right)=7.4023>0$. 由定理 7.2 设计控制器为

$$u_1(\boldsymbol{x})=\begin{cases}-\dfrac{(8.8799x_1^2+22.7952x_2^2)x_2}{x_2^2}, & x_2^2>0.5,\\ 0, & x_2^2\leqslant 0.5,\end{cases}$$

$$u_2(\boldsymbol{x})=-6x_2^4$$

当 $\boldsymbol{\omega}(t)=\boldsymbol{0}$ 时，取初值 $\boldsymbol{x}(0)=(3,\ -7)^{\mathrm{T}}$，仿真结果见图 7.1 和图 7.2，其中图 7.2 给出的是切换信号，而图 7.1 是在此切换信号下的系统状态响应.

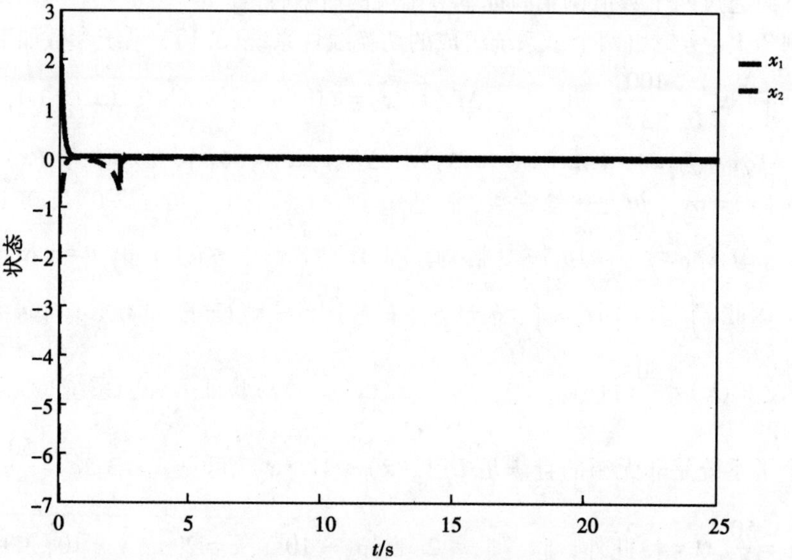

图 7.1 闭环系统的状态响应

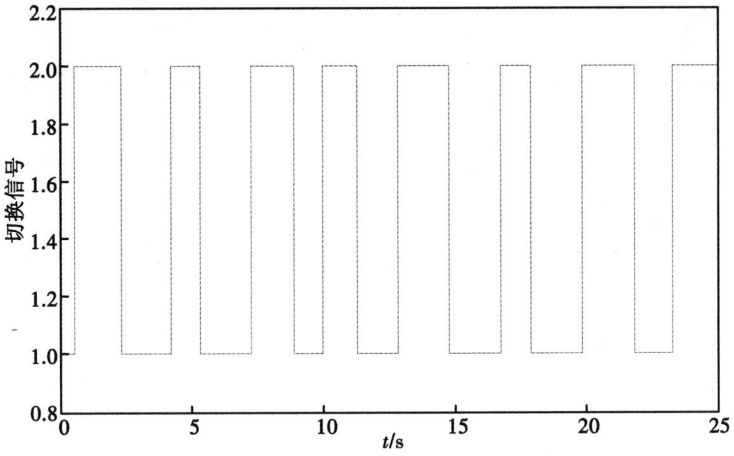

图 7.2　切换信号

定义函数

$$z(s)=\frac{\int_0^s \exp\left(-\frac{\ln\mu\xi}{\tau_a}(\tau-t_0)\right)\boldsymbol{y}^{\mathrm{T}}(\tau)\boldsymbol{y}(\tau)\mathrm{d}\tau}{\int_0^s \boldsymbol{\omega}^{\mathrm{T}}(\tau)\boldsymbol{\omega}(\tau)\mathrm{d}\tau}=\frac{\int_0^s \exp(-11.9685\tau)\boldsymbol{y}^{\mathrm{T}}(\tau)\boldsymbol{y}(\tau)\mathrm{d}\tau}{\int_0^s 2\exp(-2\tau)\mathrm{d}\tau}.$$

当扰动 $\boldsymbol{\omega}(t)=(\mathrm{e}^{-t},\ \mathrm{e}^{-t})^{\mathrm{T}}$ 时，取初值 $\boldsymbol{x}(0)=(0,\ 0)^{\mathrm{T}}$，仿真结果见图 7.3 和图 7.4，其中图 7.3 分别为 $\boldsymbol{y}^{\mathrm{T}}\boldsymbol{y}$ 与 $\boldsymbol{\omega}^{\mathrm{T}}\boldsymbol{\omega}$ 的响应曲线，图 7.4 表明系统的加权 L_2 增益小于 5.

为了更好地检验设计方法的有效性，选择更小的平均驻留时间、无源率与干扰抑制常数.

(ii) 取平均驻留时间为 $\tau_a=1$，无源率 $r=0.6$，干扰抑制常数 $\gamma=4$ 和 $\lambda^*=\frac{\lambda_1}{r}+\frac{\lambda}{r}+\frac{\ln\mu}{r\tau_a}+\frac{a_3\kappa}{ra_1}-\lambda=19.0215$. 其中，$\lambda_2=1.2$，$\lambda_1=\lambda_2+\frac{a_3^2}{4a_1\lambda^2}=6.9870$，$\overline{\lambda}-c\kappa-\frac{1}{2}\left(\lambda^*-\frac{a_3\kappa}{a_1}-\frac{a_3^2}{4a_1\gamma^2}=3.7283>0\right)$. 由定理 7.2 设计控制器为

$$u_1(\boldsymbol{x})=\begin{cases}-\dfrac{(17.6126x_1^2+27.5109x_2^2)x_2}{x_2^2}, & x_x^2>0.5,\\ 0, & x_2^2\leqslant 0.5\end{cases}$$

$$u_2(\boldsymbol{x})=-6x_2^4$$

当 $\boldsymbol{\omega}(t)=\boldsymbol{0}$ 时，取初值 $\boldsymbol{x}(0)=(2.5,\ -8)^{\mathrm{T}}$，仿真结果见图 7.5 和图 7.6. 其中，图 7.6 给出的是切换信号，而图 7.5 是在此切换信号下的系统状态响应.

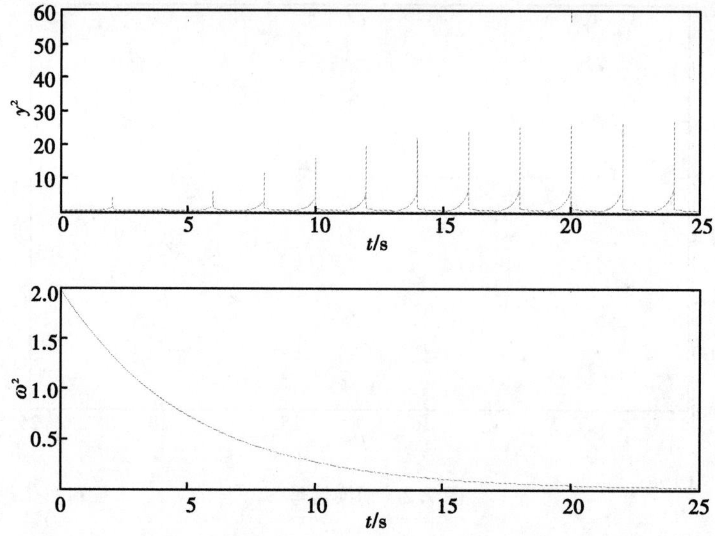

图 7.3　$y^{\mathrm{T}}y$ 和 $\omega^{\mathrm{T}}\omega$ 的响应

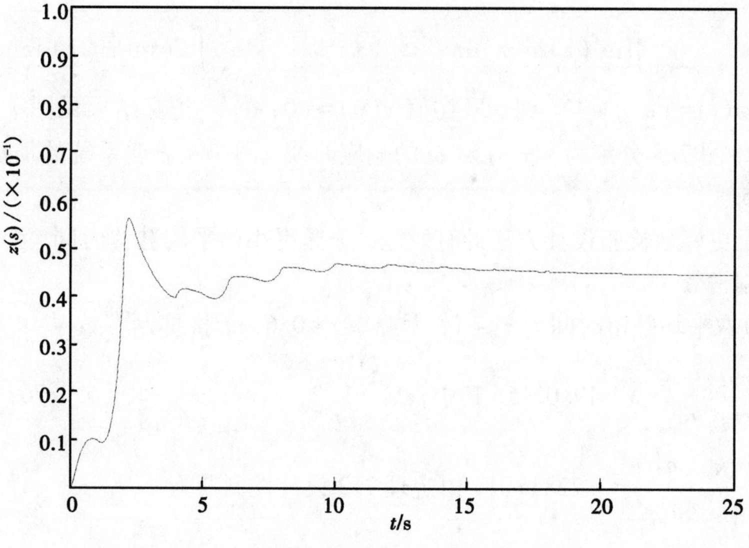

图 7.4　函数 $z(s)$ 的响应

定义函数 $z(s)=\dfrac{\int_0^s \exp(-23.9370\tau)\boldsymbol{y}^{\mathrm{T}}(\tau)\boldsymbol{y}(\tau)\,\mathrm{d}\tau}{\int_0^s 2\exp(-2\tau)\,\mathrm{d}\tau}$.

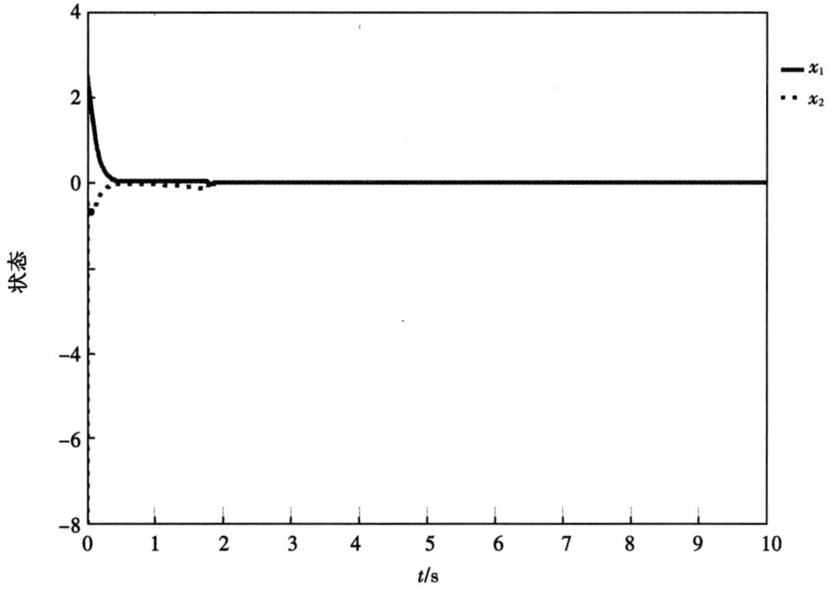

图 7.5　闭环系统的状态响应

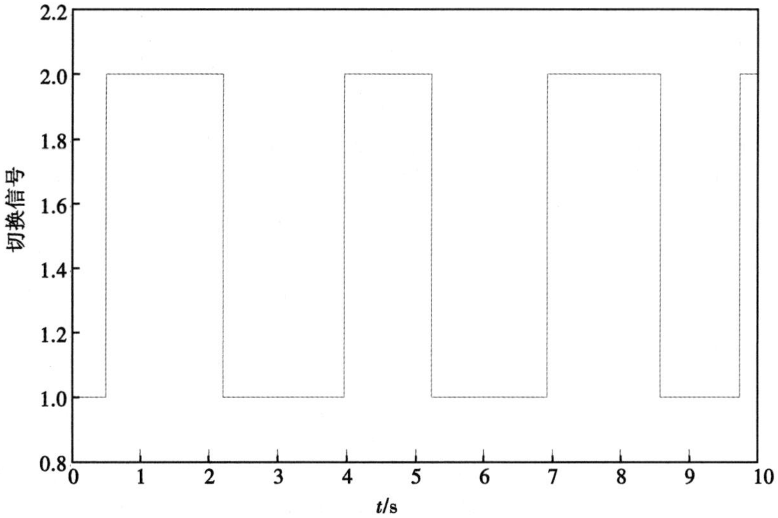

图 7.6　切换信号

当扰动函数 $\boldsymbol{\omega}(t)=(\mathrm{e}^{-t}, \mathrm{e}^{-t})^{\mathrm{T}}$ 时，取初值 $\boldsymbol{x}(0)=(0, 0)^{\mathrm{T}}$，仿真结果见图 7.7 和图 7.8，其中图 7.7 分别为 $\boldsymbol{y}^{\mathrm{T}}\boldsymbol{y}$ 与 $\boldsymbol{\omega}^{\mathrm{T}}\boldsymbol{\omega}$ 的响应曲线，图 7.8 表明系统的加权 L_2 增益小于 4.

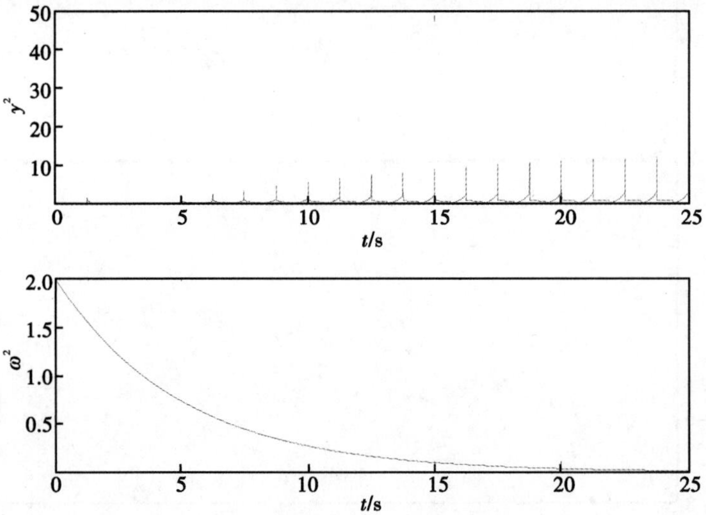

图 7.7　$y^{\mathrm{T}}y$ 和 $\boldsymbol{\omega}^{\mathrm{T}}\boldsymbol{\omega}$ 的响应

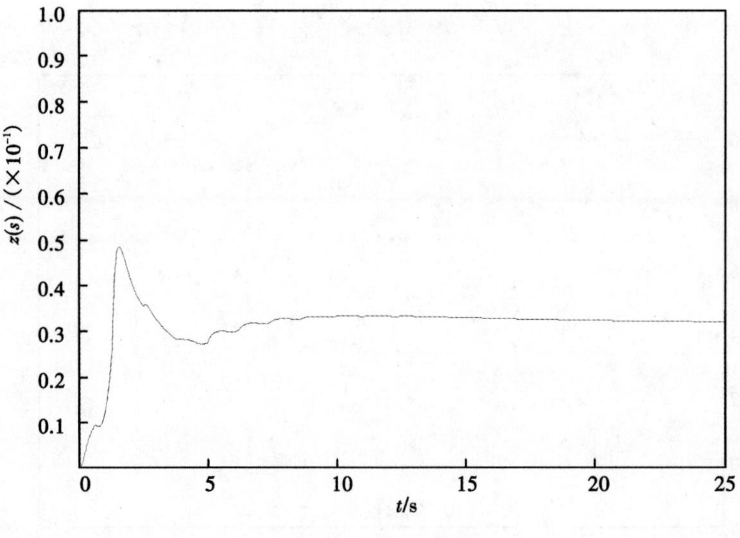

图 7.8　函数 $z(s)$ 的响应

例 7.2　考虑由两个子系统组成的切换线性系统(7.31)，系统参数为

$$\boldsymbol{A}_1=\begin{pmatrix}0 & 10\\ -80 & -90\end{pmatrix},\ \Delta\boldsymbol{f}_1(t)=\begin{pmatrix}0 & 0\\ 0 & \theta_1\mathrm{e}^{-\frac{1}{2}t}\end{pmatrix},\ \Delta\boldsymbol{f}_2(t,\ \boldsymbol{x})=\begin{pmatrix}\theta_2x_1\\ \theta_3x_2\end{pmatrix},\ \boldsymbol{A}_2=\begin{pmatrix}0 & -2\\ 1 & 2\end{pmatrix},$$

$\boldsymbol{C}_1=[0\quad 10]$，$\boldsymbol{C}_2=[0\quad 32]$，$\boldsymbol{B}_i(x)=(0,\ 1)^{\mathrm{T}}$，$i=1,\ 2$，$\theta_i$ 是未知常数，满足 θ_1

$\in[-1, 1]$, θ_2, $\theta_3\in[-1.5, 1.5]$. 明显地 $\int_{t_0}^{t}\zeta(\tau)\mathrm{d}\tau\leqslant\kappa(t-t_0)+\eta$ 成立. 其中, $\kappa=1.5$, $\eta=2$. 设 $\boldsymbol{P}_1(x)=\begin{pmatrix}80 & 0\\ 0 & 10\end{pmatrix}$ 与 $\boldsymbol{P}_2(x)=\begin{pmatrix}16 & 0\\ 0 & 32\end{pmatrix}$. 容易验证第一个子系统是无源的, 第二个子系统是非无源的且满足 $\boldsymbol{L}_{f_2}V_2(\boldsymbol{x})\leqslant 4V_2(\boldsymbol{x})$. $a_1=\min\limits_{i\in I}\dfrac{\lambda_m(\boldsymbol{P}_i)}{2}=5$, $a_2=\max\limits_{i\in I}\dfrac{\lambda_M(\boldsymbol{P}_i)}{2}=40$, $a_3=80$, $\mu=\max\limits_{k,\,l\in I}\dfrac{\lambda_M(\boldsymbol{P}_k)}{\lambda_m(\boldsymbol{P}_l)}=8$, $\lambda=4$, 且 $\|\mathrm{e}^{\boldsymbol{A}_1t}\|\leqslant 3.4546\exp(-10t)$. 当 $\bar{\lambda}=10$, $c=3.4546$, $\delta=0.5$ 和 $\tau=0.009$ 时, 容易验证第一个子系统具有度为 $\bar{\lambda}-c\kappa=4.8181$ 的指数小时间范数可观性, 且 $a_2c^2\exp(2c\eta)\leqslant(a_1-k_0)\exp\dfrac{a_3\eta}{a_1}$成立. 当 $s\in[0, 0.009]$与任意 t, 有 $\|\boldsymbol{h}_1(\boldsymbol{x}(t+s))\|\leqslant 0.5$ 和 $\|\boldsymbol{h}_1(\boldsymbol{x}(t+s))\|^2\leqslant\dfrac{k_0}{\tau}\exp(-9.6362\tau)\|\boldsymbol{x}(t)\|^2$ 成立.

(i)取平均驻留时间 $\tau_a=3$, 无源率 $r=0.9$, 干扰抑制常数 $\gamma=6$ 和 $\lambda^*=\dfrac{\lambda_1}{r}+\dfrac{\lambda}{r}+\dfrac{\ln\mu}{r\tau_a}+\dfrac{a_3k}{ra_1}-\lambda=37.9801$. 其中, $\lambda_1=\lambda_2+\dfrac{a_3^2}{4a_1\gamma^2}=9.0889$, $\lambda_2=0.2$, $\bar{\lambda}-c\kappa-\dfrac{1}{2}\left(\lambda^*-\dfrac{a_3\kappa}{a_1}-\dfrac{a_3^2}{4a_1\gamma^2}\right)=2.2725>0$.

根据推论 7.2, 设计控制器为

$$u_1(\boldsymbol{x})=\begin{cases}-\dfrac{(151.9205x_1^2+28.9902x_2^2)x_2}{x_2^2}, & x_2^2>0.5,\\ 0, & x_2^2\leqslant 0.5,\end{cases}$$

$$u_2(\boldsymbol{x})=-32x_2.$$

取初值 $\boldsymbol{x}(0)=(5, -6)^{\mathrm{T}}$, 外界扰动 $\boldsymbol{\omega}(t)=\boldsymbol{0}$, 仿真结果见图 7.9 和图 7.10, 其中图 7.10 给出的是切换信号, 而图 7.9 是在此切换信号下的系统状态响应.

定义函数 $z(s)=\dfrac{\int_0^s\exp(-11.3598\tau)\boldsymbol{y}^{\mathrm{T}}(\tau)\boldsymbol{y}(\tau)\mathrm{d}\tau}{\int_0^s 2\exp(-2\tau)\mathrm{d}\tau}$. 当扰动函数 $\boldsymbol{\omega}(t)=(\mathrm{e}^{-t}, \mathrm{e}^{-t})^{\mathrm{T}}$ 时, 取初值 $\boldsymbol{x}(0)=(0, 0)^{\mathrm{T}}$, 仿真结果见图 7.11 和图 7.12. 其中图 7.11 分别为 $\boldsymbol{y}^{\mathrm{T}}\boldsymbol{y}$ 与 $\boldsymbol{\omega}^{\mathrm{T}}\boldsymbol{\omega}$ 的响应曲线, 图 7.12 表明系统的加权 L_2 增益小于 6.

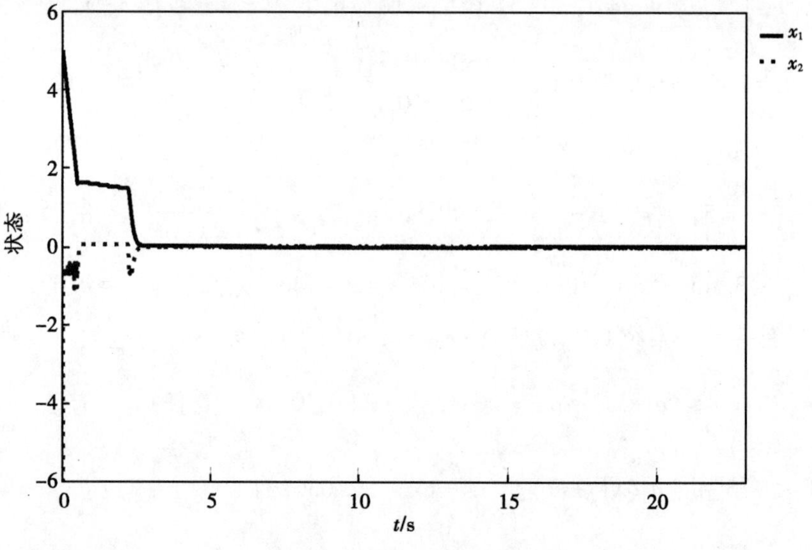

图 7.9　闭环系统的响应

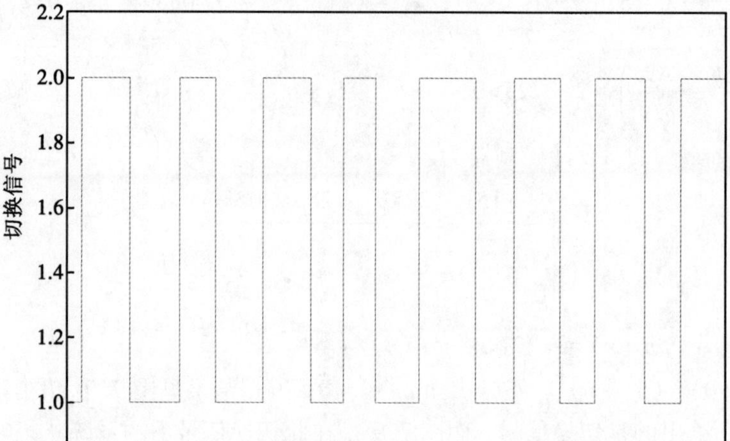

图 7.10　切换信号

为了更好地检验设计方法的有效性，选择更小的平均驻留时间、无源率与干扰抑制常数.

(ii)取

$$\tau_a=2,\ r=0.9,\ \gamma=5,\ \lambda_2=0.2,$$

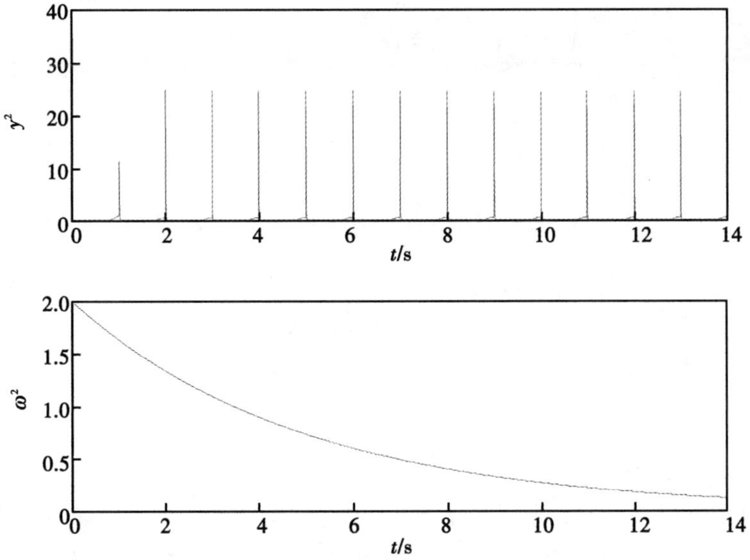

图 7.11　$y^{\mathrm{T}}y$ 和 $\omega^{\mathrm{T}}\omega$ 的响应

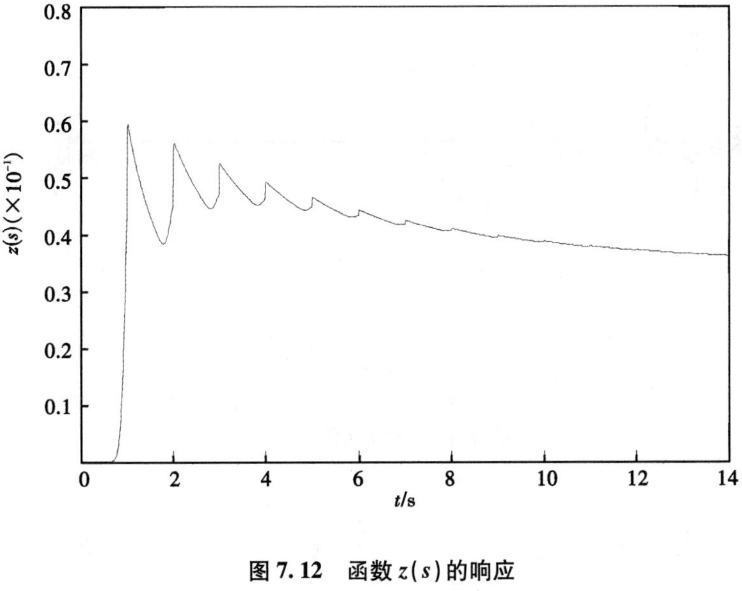

图 7.12　函数 $z(s)$ 的响应

则

$$\lambda_1=\lambda_2+\frac{a_3^2}{4a_1\gamma^2}=13,$$

$$\lambda^*=\frac{\lambda_1}{r}+\frac{\lambda}{r}+\frac{\ln\mu}{r\tau_a}+\frac{a_3\kappa}{ra_1}-\lambda=42.7108,$$

$$\bar{\lambda}-c\kappa-\frac{1}{2}\left(\lambda^*-\frac{a_3\kappa}{a_1}-\frac{a_3^2}{4a_1\gamma_2}\right)=1.8627>0.$$

根据推论 7.2，设计控制器为

$$u_1(\boldsymbol{x})=\begin{cases}-\dfrac{(170.8433x_1^2+31.3555x_2^2)x_2}{x_2^2}, & x_2^2>0.5,\\ 0, & x_2^2\leqslant 0.5,\end{cases}$$

$$u_2(\boldsymbol{x})=-32x_2.$$

取初值 $\boldsymbol{x}(0)=(5,-6)^{\mathrm{T}}$，扰动 $\boldsymbol{\omega}(t)=\boldsymbol{0}$，仿真结果见图 7.13 和图 7.14. 其中图 7.14 给出的是切换信号，而图 7.13 是在此切换信号下的系统状态响应.

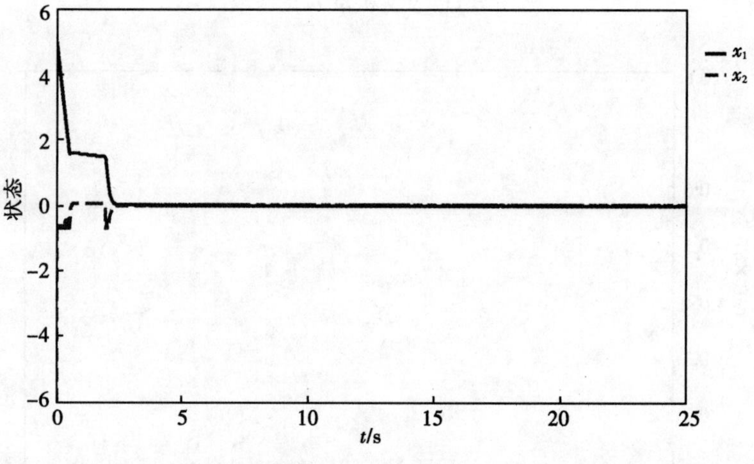

图 7.13 闭环系统的响应

定义函数 $z(s)=\dfrac{\int_0^s \exp(-17.0397\tau)\boldsymbol{y}^{\mathrm{T}}(\tau)\boldsymbol{y}(\tau)\mathrm{d}\tau}{\int_0^s 2\exp(-2\tau)\mathrm{d}\tau}$. 当扰动 $\boldsymbol{\omega}(t)=(\mathrm{e}^{-t},\mathrm{e}^{-t})^{\mathrm{T}}$ 时，取初值 $\boldsymbol{x}(0)=(0,0)^{\mathrm{T}}$，仿真结果见图 7.15 和图 7.16，其中图 7.15 分别为 $\boldsymbol{y}^{\mathrm{T}}\boldsymbol{y}$ 与 $\boldsymbol{\omega}^{\mathrm{T}}\boldsymbol{\omega}$ 的响应曲线，图 7.16 表明系统的加权 L_2 增益小于 5.

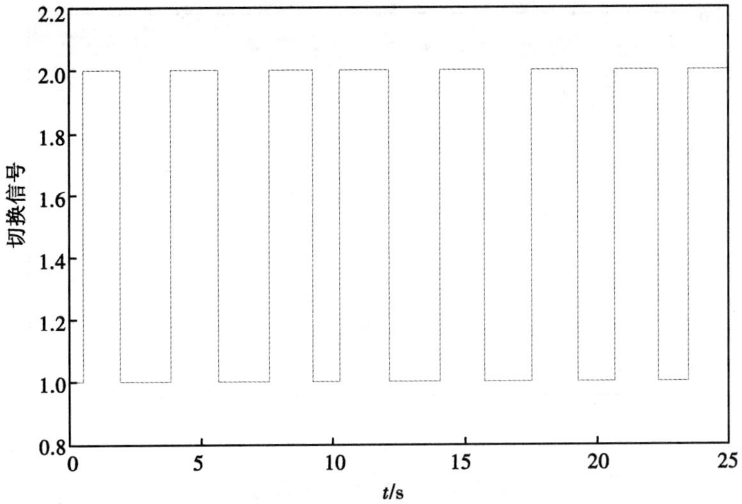

图 7.14　切换信号

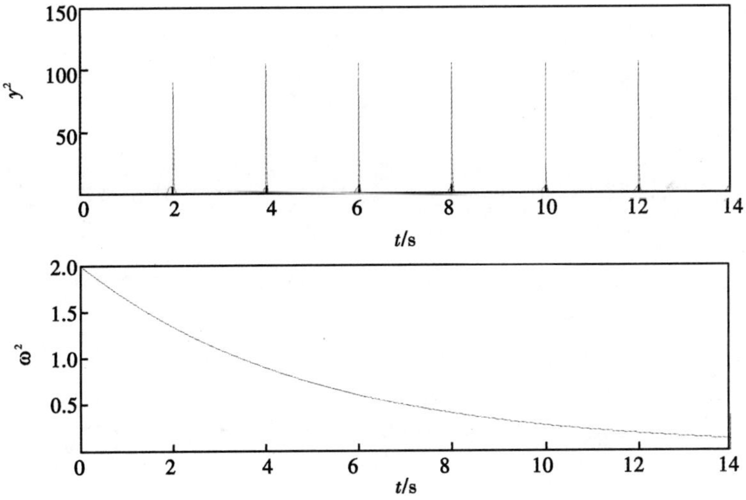

图 7.15　y^Ty 与 $\omega^T\omega$ 的响应

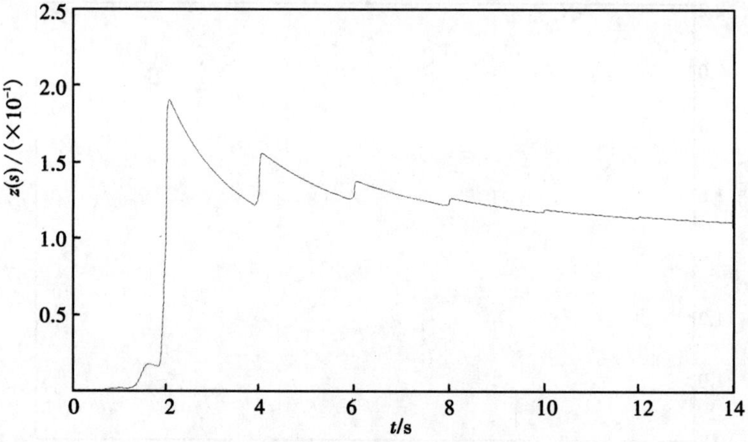

图 7.16 函数 $z(s)$ 的响应

第 8 章　基于状态切换与无源性的切换系统的 H_∞ 控制

本章研究如何设计状态依赖型切换律来解决切换非线性系统的 H_∞ 控制问题. 首先, 通过设计状态依赖型切换律, 使每个子系统在各自的被激活区域内满足无源性条件, 进而解决切换非线性系统的 H_∞ 控制问题; 其次, 当被激活子系统在被激活区域不具有无源性时, 则通过反馈无源化方法给出切换非线性系统的 H_∞ 控制问题可解条件.

8.1　问题描述

考虑带有扰动的切换非线性系统[38]

$$\begin{aligned}&\dot{\boldsymbol{x}}=\boldsymbol{f}_\sigma(\boldsymbol{x})+\boldsymbol{g}_\sigma(\boldsymbol{x})\boldsymbol{u}_\sigma+\boldsymbol{g}_\sigma(\boldsymbol{x})\boldsymbol{\omega}_\sigma,\\&\boldsymbol{y}=\boldsymbol{h}_\sigma(\boldsymbol{x}),\\&\boldsymbol{z}=\boldsymbol{z}_\sigma=(\beta\boldsymbol{h}_\sigma^{\mathrm{T}}(\boldsymbol{x}),\ \boldsymbol{u}_\sigma^{\mathrm{T}}(\boldsymbol{x}))^{\mathrm{T}}.\end{aligned}\tag{8.1}$$

其中, $\boldsymbol{x}(t)\in\mathbf{R}^n$ 是状态, 切换函数 σ 是右连续的且取值在指标集合 $I=\{1, 2, \cdots, m\}$, 其中 m 是子系统的个数. $\boldsymbol{u}_i(\boldsymbol{x})\in\mathbf{R}^r$ 与 $\boldsymbol{h}_i(\boldsymbol{x})\in\mathbf{R}^r$ 分别为第 i 个子系统输入与输出, $\boldsymbol{\omega}_i(t)\in\mathbf{R}^r$ 是属于 $L_2[0, +\infty)$ 外部扰动. $\boldsymbol{z}\in\mathbf{R}^{2r}$ 是某一种输出, 其中常数 $\beta\geqslant 0$[98]. 此外, 设 $\boldsymbol{f}_i(\boldsymbol{x})$ 和 $\boldsymbol{g}_i(\boldsymbol{x})$ 是光滑函数, 并且满足 $\boldsymbol{f}_i(\mathbf{0})=\mathbf{0}$ 和 $\boldsymbol{h}_i(\mathbf{0})=\mathbf{0}$.

本节研究如下 H_∞ 控制问题[38]. 设常数 $\gamma>0$, 设计依赖于状态的切换律 $\sigma(\boldsymbol{x})$ 与每个子系统的控制器 $\boldsymbol{u}_i(\boldsymbol{x})$ 满足 $\boldsymbol{u}_i(\mathbf{0})=\mathbf{0}$, 使下面条件同时成立.

(a) 当外界扰动 $\boldsymbol{\omega}_i\equiv\mathbf{0}$ 时, 闭环系统是全局渐近稳定的.

(b) 在任意时间段 $[0, T]$, 系统从 $\boldsymbol{\omega}_\sigma$ 到 $\boldsymbol{z}=\boldsymbol{z}_\sigma$ 的 L_2 增益为 γ, 即如果 $\boldsymbol{x}(0)=\mathbf{0}$, 那么式(8.2)成立

$$J_T=\int_0^T(\boldsymbol{z}_{\sigma(t)}^{\mathrm{T}}(t)\boldsymbol{z}_{\sigma(t)}(t)-\gamma^2\boldsymbol{\omega}_{\sigma(t)}^{\mathrm{T}}(t)\boldsymbol{\omega}_{\sigma(t)}(t))\mathrm{d}t\leqslant 0,\ \forall T.\tag{8.2}$$

注 8.1　对于切换系统, 如果存在公共 Lyapunov 函数, 使下面不等式成立,

$$S(\boldsymbol{x}(T))-S(\boldsymbol{x}(t_0))=\int_0^T(\gamma^2\boldsymbol{\omega}_{\sigma(t)}^{\mathrm{T}}(t)\boldsymbol{\omega}_{\sigma(t)}(t)-\boldsymbol{z}_{\sigma(t)}^{\mathrm{T}}(t)\boldsymbol{z}_{\sigma(t)}(t))\mathrm{d}t,$$

则 H_∞ 控制问题可解. 实际系统中可能不存在或者找不到公共的 Lyapunov 函数, 因此通常采用多 Lyapunov 函数去研究该问题, 但是可能会导致传统的 L_2 性质弱化成加权 L_2, 并且需要求解 Hamilton-Jacobi 不等式.

8.2 基于无源性的 H_∞ 控制设计方法

本节考虑通过设计切换律使每个子系统被激活时具有无源性, 并且设计每个子系统控制器, 给出 H_∞ 控制问题的可解条件.

定理 8.1 设常数 $\gamma>1$, 假设对任意的 $i, j\in M$, 存在光滑且正定径向无界的函数 $\boldsymbol{S}_i(\boldsymbol{x})$ 满足 $\boldsymbol{S}_i(\boldsymbol{0})=\boldsymbol{0}$, 连续函数 $\boldsymbol{\lambda}_{ij}\leqslant 0$, 光滑函数 $\boldsymbol{\mu}_{ij}(\boldsymbol{x})$ 满足 $\boldsymbol{\mu}_{ij}(\boldsymbol{0})=\boldsymbol{0}$ 和 $\boldsymbol{\mu}_{ii}(\boldsymbol{x})=\boldsymbol{0}$, 使下面条件成立

$$\boldsymbol{L}_{f_i(\boldsymbol{x})}\boldsymbol{S}_i(\boldsymbol{x})+\sum_{j=1}^{m}\boldsymbol{\lambda}_{ij}(\boldsymbol{x})(\boldsymbol{S}_i(\boldsymbol{x})-\boldsymbol{S}_j(\boldsymbol{x})+\boldsymbol{\mu}_{ij}(\boldsymbol{x}))\leqslant 0 \tag{8.3}$$

$$(\boldsymbol{L}_{g_i}\boldsymbol{S}_i-\boldsymbol{h}_i^{\mathrm{T}})\min\{\max_j(\boldsymbol{S}_i(\boldsymbol{x})-\boldsymbol{S}_j(\boldsymbol{x})+\boldsymbol{\mu}_{ij}(\boldsymbol{x})),\boldsymbol{0}\}=0, \tag{8.4}$$

$$\boldsymbol{L}_{f_i(\boldsymbol{x})}\boldsymbol{\mu}_{ij}(\boldsymbol{x})\leqslant 0,\ \boldsymbol{L}_{g_i(\boldsymbol{x})}\boldsymbol{\mu}_{ij}(\boldsymbol{x})=0,\ i,j\in M, \tag{8.5}$$

$$\boldsymbol{\mu}_{ij}(\boldsymbol{x})+\boldsymbol{\mu}_{jk}(\boldsymbol{x})\leqslant\min\{\boldsymbol{0},\boldsymbol{\mu}_{ik}(\boldsymbol{x})\},\ \forall i,j,k\in M. \tag{8.6}$$

设计控制器为

$$\boldsymbol{u}_i(\boldsymbol{x})=-\eta\boldsymbol{L}_{g_i}^{\mathrm{T}}\boldsymbol{S}_i(\boldsymbol{x}),\ \eta_0\leqslant\eta,\ i\in M. \tag{8.7}$$

其中, $\eta_0=\dfrac{\beta}{\sqrt{\gamma^2-1}}$. 当 $\omega_i=0$ 时, 至少存在一个子系统, 其闭环系统存在无穷多个长度不小于 δ 的被激活时间区间并且小时间范数可观的, 则系统(8.1)的 H_∞ 控制问题在某切换律下可解.

证明 首先将状态空间划分成 m 个区域. 设 $\Omega_i=\{\boldsymbol{x}: \boldsymbol{S}_i(\boldsymbol{x})-\boldsymbol{S}_j(\boldsymbol{x})+\boldsymbol{\mu}_{ij}(\boldsymbol{x})\leqslant 0,\ \forall j\in M\}$, $\Omega_{i,j}=\{\boldsymbol{x}: \boldsymbol{S}_i(\boldsymbol{x})-\boldsymbol{S}_j(\boldsymbol{x})+\boldsymbol{\mu}_{ij}(\boldsymbol{x})=\boldsymbol{0}\}$, $i\neq j$, $\partial\Omega_i$ 是区域 Ω_i 的边界. 证明 $\bigcup\limits_{i=1}^{m}\Omega_i=\mathbf{R}^n$, 即状态空间被 Ω_i 划分成 m 个区域. 事实上, 如果结论不正确, 即对 $\forall i\in M$, 有 $\tilde{\boldsymbol{x}}\notin\Omega$, 则存在整数 q 与一列指标 $i_1,\cdots,i_{q-1},i_q$; $i_k\neq i_{k-1}$; $k=1,\cdots,q$. 其中, i_{q+1} 被看作 i_1, 使不等式(8.8)成立

$$\boldsymbol{S}_{i_k}(\tilde{\boldsymbol{x}})-\boldsymbol{S}_{i_{k+1}}(\tilde{\boldsymbol{x}})+\boldsymbol{\mu}_{i_ki_{k+1}}(\tilde{\boldsymbol{x}})>0\quad(k=1,\cdots,q). \tag{8.8}$$

另一方面, 由式(8.6)得到 $\sum\limits_{k=1}^{q}(\boldsymbol{S}_{i_k}(\tilde{\boldsymbol{x}})-\boldsymbol{S}_{i_{k+1}}(\tilde{\boldsymbol{x}})+\boldsymbol{\mu}_{i_ki_{k+1}}(\tilde{\boldsymbol{x}}))=\sum\limits_{k=1}^{q}\boldsymbol{\mu}_{i_ki_{k+1}}(\tilde{\boldsymbol{x}})\leqslant 0)$, 这与式(8.8)矛盾.

设计如下状态依赖型切换律

$$\sigma=\sigma(\boldsymbol{x}(t))=\begin{cases}\min\arg\{\Omega_i\}, & \text{当 } \sigma(t^-)=i,\ \boldsymbol{x}(t)\in\Omega_i \text{ 时};\\ \min\arg\{\Omega_j\}, & \text{当 } \sigma(t^-)=i,\ \boldsymbol{x}(t)\in\Omega_{i,j} \text{ 时}.\end{cases} \tag{8.9}$$

由式(8.9)可见，在被激活区域 Ω_i 内，切换函数 $\sigma(\boldsymbol{x}(t))$ 保持常值，如果轨线离开该区域，$\sigma(\boldsymbol{x}(t))$ 的值将改变. 下面给出(b)的证明.

假设在 $[t_k,t_{k+1})$ 上，第 i_k 个子系统在 Ω_i 内被激活，由式(8.3)和式(8.4)得 $\boldsymbol{L}_{\boldsymbol{g}_{i_k}}\boldsymbol{S}_{i_k}=\boldsymbol{h}_{i_k}^{\mathrm{T}}$ 与 $\boldsymbol{L}_{\boldsymbol{f}_{i_k}}\boldsymbol{S}_{i_k}\leqslant 0$，可见满足 KYP 定理. 表明当 $\boldsymbol{\omega}_{i_k}=\boldsymbol{0}$ 时，第 i_k 个子系统在 Ω_i 内具有无源性，储能函数为 $\boldsymbol{S}_{i_k}(\boldsymbol{x})$.

设计控制器为 $\boldsymbol{u}_{i_k}(\boldsymbol{x})=-\eta\boldsymbol{L}_{\boldsymbol{g}_{i_k}}^{\mathrm{T}}\boldsymbol{S}_{i_k}(\boldsymbol{x})$，则第 i_k 个子系统的闭环系统为

$$\begin{aligned}\dot{\boldsymbol{x}}&=\boldsymbol{a}_{i_k}(\boldsymbol{x})+\boldsymbol{b}_{i_k}(\boldsymbol{x})\boldsymbol{\omega}_{i_k},\\ \boldsymbol{z}&=\boldsymbol{c}_{i_k}(\boldsymbol{x}).\end{aligned} \tag{8.10}$$

其中，$\boldsymbol{a}_{i_k}(\boldsymbol{x})=\boldsymbol{f}_{i_k}(\boldsymbol{x})-\eta\boldsymbol{g}_{i_k}(\boldsymbol{x})\boldsymbol{L}_{\boldsymbol{g}_{i_k}}^{\mathrm{T}}\boldsymbol{S}_{i_k}(\boldsymbol{x})$，$\boldsymbol{c}_i(\boldsymbol{x})=(\beta\boldsymbol{h}_{i_k}^{\mathrm{T}}(\boldsymbol{x})-\eta\boldsymbol{L}_{\boldsymbol{g}_{i_k}}\boldsymbol{S}_{i_k}(\boldsymbol{x}))^{\mathrm{T}}$，$\boldsymbol{b}_{i_k}(\boldsymbol{x})=\boldsymbol{g}_{i_k}(\boldsymbol{x})$. 将 $\alpha\boldsymbol{S}_{i_k}(\boldsymbol{x})$ 代入第 i_k 个子系统 Hamiltonian 函数中，由 KYP 定理得

$$H_{i_k}\left(\boldsymbol{x},\ \alpha\frac{\partial\boldsymbol{S}_{i_k}^{\mathrm{T}}(\boldsymbol{x})}{\partial\boldsymbol{x}}\right)=\phi(\alpha,\beta,\eta)\left\|\boldsymbol{L}_{\boldsymbol{g}_{i_k}}\boldsymbol{S}_{i_k}(\boldsymbol{x})\right\|^2. \tag{8.11}$$

其中，函数 $\phi(\alpha,\beta,\eta)=\dfrac{\alpha^2}{2\gamma^2}-\eta\alpha+\dfrac{\eta^2+\beta^2}{2}$. 明显地，在 $\alpha^*(\eta)=\eta\gamma^2$ 时，函数 $\phi(\alpha,\beta,\eta)$ 取最小值，即 $\phi(\alpha^*,\beta,\eta)\leqslant\phi(\alpha,\beta,\eta)$. 此外，$\eta_0=\dfrac{\beta}{\sqrt{\gamma^2-1}}$ 是代数方程 $\phi(\alpha^*(\eta),\beta,\eta)=0$ 的唯一正解，且 $\left(\dfrac{\partial\phi(\alpha^*(\eta),\beta,\eta)}{\partial\eta}\right)_{\eta=\eta_0}<0$. 因此，$\phi(\alpha^*(\eta),\beta,\eta)\leqslant\phi(\alpha^*(\eta_0),\beta,\eta_0)=0$，则有下式成立

$$H_{i_k}\left(\boldsymbol{x},\ \alpha^*\frac{\partial\boldsymbol{S}_{i_k}^{\mathrm{T}}(\boldsymbol{x})}{\partial\boldsymbol{x}}\leqslant\phi(\alpha^*(\eta_0),\beta,\eta_0)\left\|\boldsymbol{L}_{\boldsymbol{g}_{i_k}}\boldsymbol{S}_{i_k}(\boldsymbol{x})\right\|^2=0\right).$$

因此，函数 $\widetilde{\boldsymbol{S}}_{i_k}(\boldsymbol{x})=\alpha^*\boldsymbol{S}_{i_k}(\boldsymbol{x})$ 满足 Hamilton-Jacobi 不等式. 在 $[t_k,t_{k+1})$ 上，得

$$\widetilde{\boldsymbol{S}}_{i_k}(\boldsymbol{x}(t_{k+1}))-\widetilde{\boldsymbol{S}}_{i_k}(\boldsymbol{x}(t_k))\leqslant\int_{t_k}^{t_{k+1}}(\gamma^2\boldsymbol{\omega}_{i_k}^{\mathrm{T}}(t)\boldsymbol{\omega}_{i_k}(t)-\boldsymbol{z}_{i_k}^{\mathrm{T}}(t)\boldsymbol{z}_{i_k}(t))\mathrm{d}t. \tag{8.12}$$

对于 $t_0<t_k<t<t_{k+1}$，切换律(8.9)，记为 (i_0,t_0)，(i_1,t_1)，…，(i_k,t_k)，…，式(8.5)表明，$\boldsymbol{\mu}_{ij}(\boldsymbol{x})$ 在 $[t_k,t_{k+1})$ 上是递减的，由此可得

$$\begin{aligned}&\widetilde{\boldsymbol{S}}_{i_{k+1}}(\boldsymbol{x}(t_{k+1}))-\widetilde{\boldsymbol{S}}_{i_k}(\boldsymbol{x}(t_{k+1}))+\widetilde{\boldsymbol{S}}_{i_{k+2}}(\boldsymbol{x}(t_{k+2}))-\widetilde{\boldsymbol{S}}_{i_{k+1}}(\boldsymbol{x}(t_{k+2}))\\ &\leqslant\boldsymbol{\mu}_{i_ki_{k+1}}(\boldsymbol{x}(t_{k+1}))+\boldsymbol{\mu}_{i_{k+1}i_{k+2}}(\boldsymbol{x}(t_{k+1}))\leqslant 0.\end{aligned} \tag{8.13}$$

由式(8.6)与式(8.13)得

$$\begin{aligned}&\widetilde{S}_{i_k}(x(t))-\widetilde{S}_{i_0}(x(t_0))\\&=\widetilde{S}_{i_k}(x(t))-\widetilde{S}_{i_k}(x(t_k))+\sum_{l=0}^{k-1}(\widetilde{S}_{i_l}(x(t_{l+1}))-\widetilde{S}_{i_l}(x(t_l)))+\\&\sum_{l=1}^{k-1}(\widetilde{S}_{i_k}(x(t_l))-\widetilde{S}_{i_{l-1}}(x(t_l)))\\&\leqslant\begin{cases}\int_{t_0}^{t}(\gamma^2\omega_{\sigma(t)}^{\mathrm{T}}(t)\omega_{\sigma(t)}(t)-z_{\sigma(t)}^{\mathrm{T}}(t)z_{\sigma(t)}(t))\mathrm{d}t,\ \text{if } k \text{ is odd},\\\int_{t_0}^{t}(\gamma^2\omega_{\sigma(t)}^{\mathrm{T}}(t)\omega_{\sigma(t)}(t)-z_{\sigma(t)}^{\mathrm{T}}(t)z_{\sigma(t)}(t))\mathrm{d}t+\alpha^*\mu_{i_0i_1}(x_0),\ \text{if } k \text{ is even}.\end{cases}\end{aligned}\tag{8.14}$$

因为$\mu_{i_0i_1}(0)=0$，对系统(8.1)，不等式(8.2)成立.

最后，给出(a)的证明.

设在$[t_k, t_{k+1})$上第i_k个子系统在区域Ω_i内被激活，当$\omega_{i_k}=0$时，在切换律(8.9)下，不等式(8.15)成立

$$\widetilde{S}_{i_k}(x(t_{k+1}))-\widetilde{S}_{i_k}(x(t_k))\leqslant-\eta\int_{t_k}^{t_{k+1}}h_{i_k}^{\mathrm{T}}(t)h_{i_k}(t)\mathrm{d}t.\tag{8.15}$$

当$t\in[t_k, t_{k+1})$时，由式(8.15)得$\widetilde{S}_{i_k}(x(t))\leqslant\widetilde{S}_{i_k}(x(t_k))$与下面不等式成立

$$\sum_{s=0}^{k}\widetilde{S}_{i_{s+1}}(x(t_{s+1}))-\widetilde{S}_{i_s}(x(t_{s+1}))\leqslant\begin{cases}0, & \text{if } k \text{ is odd},\\\alpha^*\mu_{i_0i_1}(x_0), & \text{if } k \text{ is even}.\end{cases}$$

选择$\chi(s)=\max\limits_{\|x\|\leqslant s}\{\alpha^*|\mu_{ij}(x)|, i, j\in M\}$，由文献[22]中定理4.10得到平衡点是渐近稳定的.

在定理8.1中，如果每个被激活的子系统都有无源性，需要检验当$\omega_{\sigma(t)}=0$时，至少存在一个子系统，其闭环系统存在无穷多个长度不小于δ的被激活时间区间并且小时间范数可观的. 下面直接应用严格无源性避免检查该条件.

定理8.2 设$\gamma>1$，假设对于任意的$i, j\in M$，存在光滑正定且径向无界的函数$S_i(x)$满足$S_i(0)=0$，连续函数$\lambda_{ij}(x)\leqslant0$，正定函数$Q_i(x)$与光滑函数$\mu_{ij}(x)$满足$\mu_{ij}(0)=0$且$\mu_{ii}(x)=0$，使下面条件成立

$$L_{f_i(x)}S_i(x)+Q_i(x)+\sum_{j=1}^{m}\lambda_{ij}(x)(S_i(x)-S_j(x)+\mu_{ij}(x))\leqslant0,\tag{8.16}$$

$$(L_{g_i}S_i-h_i^{\mathrm{T}})\min\{\max_j(S_i(x)-S_j(x)+\mu_{ij}(x)), 0\}=0,\tag{8.17}$$

$$L_{f_i(x)}\mu_{ij}(x)\leqslant0,\ L_{g_i(x)}\mu_{ij}(x)=0,\ i, j\in M,\tag{8.18}$$

$$\mu_{ij}(x)+\mu_{jk}(x)\leqslant\min\{0, \mu_{ik}(x)\},\ \forall i, j, k\in M.\tag{8.19}$$

设计控制器为

$$\boldsymbol{u}_i(\boldsymbol{x})=-\eta\boldsymbol{L}_{g_i}^{\mathrm{T}}\boldsymbol{S}_i(\boldsymbol{x}),\ \eta_0\leqslant\eta,\ i\in M. \tag{8.20}$$

其中，$\eta_0=\dfrac{\beta}{\sqrt{\gamma^2-1}}$，则在切换律(8.9)下系统(8.1)的 H_∞ 控制问题可解.

证明　下面只需要证明原点是渐近稳定的即可. 类似于定理 8.1，证明当 $\boldsymbol{\omega}=\boldsymbol{0}$ 时，在控制器(8.20)作用下，平衡点 $\boldsymbol{x}=\boldsymbol{0}$ 是全局渐近稳定的. 对于 $t\geqslant t_0$，$t\in[t_k,t_{k+1})$，$k\in\mathbf{N}$，不等式(8.21)成立，即

$$\widetilde{\boldsymbol{S}}_{i_k}(\boldsymbol{x}(t))-\widetilde{\boldsymbol{S}}_{i_0}(\boldsymbol{x}(t_0))\leqslant-\int_{t_0}^{t}\boldsymbol{Q}_{\sigma(t)}(\boldsymbol{x}(t))\mathrm{d}t+\alpha^*\boldsymbol{\mu}_{i_0i_1}(\boldsymbol{x}_0). \tag{8.21}$$

对任意给定的 $\varepsilon<0$，设 $B(\varepsilon)=\{\boldsymbol{x}:\ \|\boldsymbol{x}\|\leqslant\varepsilon\}$，其中 $r(\varepsilon)=\min\limits_i\{r_i(\varepsilon)\}$，$r_i(\varepsilon)=\min\{\widetilde{\boldsymbol{S}}_i(\boldsymbol{x}):\ \|\boldsymbol{x}\|=\varepsilon\}$. 因为 $\widetilde{\boldsymbol{S}}_i(\boldsymbol{x})$ 与 $\boldsymbol{\mu}_{ij}(\boldsymbol{x})$ 是连续函数，由不等式(8.21)得，当 $\|\boldsymbol{x}_0\|<\delta$ 时，不等式 $\widetilde{\boldsymbol{S}}_{i_k}(\boldsymbol{x}(t))\leqslant\widetilde{\boldsymbol{S}}_{i_0}(\boldsymbol{x}_0)+\alpha^*\boldsymbol{\mu}_{i_0i_1}(\boldsymbol{x}_0)$ 成立. 因为当 $\|\boldsymbol{x}_0\|<\delta$，$t\geqslant t_0$ 时，$\boldsymbol{x}(t)\in B(\varepsilon)$. 又因为 $\widetilde{\boldsymbol{S}}_i(\boldsymbol{x})$ 是径向无界且式(8.21)成立，所以 $\widetilde{\boldsymbol{S}}_i(\boldsymbol{x})$ 的有界性表明所有的解有界且 $\int_{t_0}^{\infty}\boldsymbol{Q}(\boldsymbol{x}(t))\mathrm{d}t<\infty$，其中 $\boldsymbol{Q}(\boldsymbol{x})=\min\limits_{i\in M}\{\boldsymbol{Q}_i(\boldsymbol{x})\}$，且当 $t\geqslant t_0$ 时，$\dot{\boldsymbol{x}}(t)$ 也是有界的，可见，$\boldsymbol{Q}(\boldsymbol{x}(t))$ 是一致有界的. 因此，$\lim\limits_{t\to\infty}\boldsymbol{Q}(\boldsymbol{x}(t))=0$ 表明 $\lim\limits_{t\to\infty}\boldsymbol{x}(t)=\boldsymbol{0}$. 这就证明了 $\boldsymbol{x}=\boldsymbol{0}$ 是全局渐近稳定的.

在定理 8.2 中，切换律(8.9)表明，在切换点处相邻的两个储能函数可以不相连，因此，此切换律是通常的最大或者最小切换律的推广[3]. 对任意 i，$j\in M$，当 $\boldsymbol{\mu}_{ij}(\boldsymbol{x})=\boldsymbol{0}$ 时，由定理 8.2 得到下面推论.

推论 8.1　考虑系统(8.1)，设 $\gamma>1$. 假设存在正定光滑的径向无界函数 $\boldsymbol{S}_i(\boldsymbol{x})$ 满足 $\boldsymbol{S}_i(\boldsymbol{0})=\boldsymbol{0}$，连续函数 $\boldsymbol{\lambda}_{ij}(\boldsymbol{x})\leqslant 0$，正定函数 $\boldsymbol{Q}_i(\boldsymbol{x})$ 使下面条件成立

$$\boldsymbol{L}_{f_i(x)}\boldsymbol{S}_i(\boldsymbol{x})+\boldsymbol{Q}_i(\boldsymbol{x})+\sum_{j=1}^{m}\boldsymbol{\lambda}_{ij}(\boldsymbol{x})(\boldsymbol{S}_i(\boldsymbol{x})-\boldsymbol{S}_j(\boldsymbol{x}))\leqslant 0,$$
$$(\boldsymbol{L}_{g_i}\boldsymbol{S}_i-\boldsymbol{h}_i^{\mathrm{T}})\min\{\max_j(\boldsymbol{S}_i(\boldsymbol{x})-\boldsymbol{S}_j(\boldsymbol{x})),\ \boldsymbol{0}\}=0.$$

设计控制器 $\boldsymbol{u}_i(\boldsymbol{x})=-\eta\boldsymbol{L}_{g_i}^{\mathrm{T}}\boldsymbol{S}_i(\boldsymbol{x})$，$\eta_0\leqslant\eta$，$i\in M$，其中 $\eta_0=\dfrac{\beta}{\sqrt{\gamma^2-1}}$，则在切换律 $\sigma=\sigma(\boldsymbol{x}(t))=\arg\min\{\boldsymbol{S}_i(\boldsymbol{x}),\ i=1,2,\cdots,m\}$ 下，系统(8.1)的 H_∞ 控制问题可解.

8.3　基于反馈无源化的 H_∞ 控制设计方法

本节考虑不能通过切换律的设计使每个子系统被激活时具有无源性的情形，此时，用定理 8.1 解 H_∞ 控制问题的方法失效，这就需要首先将被激活区域

内子系统反馈无源化，进而解 H_∞ 控制问题.

考虑下面的切换系统

$$\begin{aligned}\dot{\boldsymbol{x}} &= \boldsymbol{f}_\sigma(\boldsymbol{x})+\boldsymbol{g}_\sigma(\boldsymbol{x})\boldsymbol{u}_\sigma+\boldsymbol{g}_\sigma(\boldsymbol{x})\boldsymbol{\chi}_{1\sigma}(\boldsymbol{\omega}),\\ \boldsymbol{y} &= \boldsymbol{h}(\boldsymbol{x}),\\ \boldsymbol{z} &= (\beta\boldsymbol{h}^{\mathrm{T}}(\boldsymbol{x}),\boldsymbol{\chi}_{2\alpha}^{\mathrm{T}}(\boldsymbol{u}_\sigma))^{\mathrm{T}}.\end{aligned}\tag{8.22}$$

其中，$\boldsymbol{\chi}_{k\sigma}$：$\mathbf{R}^r\to\mathbf{R}^r(k=1, 2)$. 在实际的系统模型中，有共同输出的系统很常见，如 RLC 电路或者另外实际系统[109-110].

首先，找到一个共同的坐标变换，使每个子系统有相同的正则型. 为此作下面假设[71-73].

(i)对于任意 $\boldsymbol{x}\in\mathbf{R}^n$，矩阵 $\boldsymbol{L}_{\boldsymbol{g}_i}\boldsymbol{h}(\boldsymbol{x})$ 是非奇异的.

(ii)存在一个坐标变换 $\boldsymbol{\theta}=\boldsymbol{\xi}(\boldsymbol{x})$，$\boldsymbol{\theta}\in\mathbf{R}^{n-r}$，使 $\boldsymbol{L}_{\sigma^i}\boldsymbol{\xi}(\boldsymbol{x})=0$，其中 $\boldsymbol{g}_i=[g_1^i, \cdots, g_m^i]$，$1\leqslant i\leqslant m$，$1\leqslant j\leqslant m$.

选择共同的变量 $\boldsymbol{\theta}=\boldsymbol{\xi}(\boldsymbol{x})$ 与 $\boldsymbol{y}=\boldsymbol{h}(\boldsymbol{x})$. 在假设(i)与(ii)下，全局同胚变换记为 $\boldsymbol{T}(\boldsymbol{x})=(\boldsymbol{\xi}^{\mathrm{T}}(\boldsymbol{x}),\boldsymbol{h}^{\mathrm{T}}(\boldsymbol{x}))^{\mathrm{T}}$，系统(8.55)的每个子系统变换为

$$\begin{aligned}\dot{\boldsymbol{\theta}} &= \boldsymbol{p}_{1i}(\boldsymbol{\theta})+\boldsymbol{p}_{2i}(\boldsymbol{\theta},\boldsymbol{y})\boldsymbol{y},\\ \dot{\boldsymbol{y}} &= \boldsymbol{q}_{1i}(\boldsymbol{\theta},\boldsymbol{y})+\boldsymbol{q}_{2i}(\boldsymbol{\theta},\boldsymbol{y})\boldsymbol{u}_i+\boldsymbol{q}_{2i}(\boldsymbol{\theta},\boldsymbol{y})\boldsymbol{\chi}_{1i}(\boldsymbol{\omega}),\\ \boldsymbol{y} &= \boldsymbol{h}(\boldsymbol{x}),\\ \boldsymbol{z} &= (\beta\boldsymbol{h}^{\mathrm{T}}(\boldsymbol{x}),\boldsymbol{\chi}_{2i}^{\mathrm{T}}(\boldsymbol{u}_i))^{\mathrm{T}}.\end{aligned}\tag{8.23}$$

其中，$\boldsymbol{L}_{f_i}\boldsymbol{\xi}(\boldsymbol{x})=\boldsymbol{p}_i(\boldsymbol{\theta},\boldsymbol{y})=\boldsymbol{p}_{1i}(\boldsymbol{\theta})+\boldsymbol{p}_{2i}(\boldsymbol{\theta},\boldsymbol{y})\boldsymbol{y}$，$\boldsymbol{L}_{f_i}\boldsymbol{h}(\boldsymbol{x})=\boldsymbol{q}_{1i}(\boldsymbol{\theta},\boldsymbol{y})$，$\boldsymbol{L}_{g_i}\boldsymbol{h}(x)=\boldsymbol{q}_{2i}(\boldsymbol{\theta},\boldsymbol{y})$，方程 $\dot{\boldsymbol{\theta}}=\boldsymbol{p}_{1i}(\boldsymbol{\theta})$ 是第 i 个子系统的零动态.

定理 8.3 考虑切换系统(8.23)，假设(i)和(ii)成立，对于每个子系统的零动态 $\dot{\boldsymbol{\theta}}=\boldsymbol{p}_{1i}(\boldsymbol{\theta})$，假设存在光滑正定函数 $\boldsymbol{W}_i(\boldsymbol{\theta})$，满足 $\boldsymbol{W}_i(\boldsymbol{0})=\boldsymbol{0}$，使 $\boldsymbol{W}_i(\boldsymbol{\theta})+\frac{1}{2}\boldsymbol{y}^{\mathrm{T}}\boldsymbol{y}$为正定且径向无界函数. 此外，存在连续函数 $\boldsymbol{\lambda}_{ij}(\boldsymbol{\theta})\leqslant 0(1\leqslant i, j\leqslant m)$，光滑函数$\boldsymbol{\mu}_{ij}(\boldsymbol{\theta})$，满足$\boldsymbol{\mu}_{ij}(\boldsymbol{0})=\boldsymbol{0}$，$\boldsymbol{\mu}_{ii}(\boldsymbol{\theta})=\boldsymbol{0}$，$\boldsymbol{\chi}_{1i}(\boldsymbol{u}_i)=\boldsymbol{q}_{2i}^{-1}(\boldsymbol{\theta},\boldsymbol{y})\boldsymbol{u}_i$，$\boldsymbol{\chi}_{2i}(\boldsymbol{u}_i)=\boldsymbol{q}_{2i}(\boldsymbol{\theta},\boldsymbol{y})\boldsymbol{u}_i+(\boldsymbol{L}_{\boldsymbol{p}_{2i}}\boldsymbol{W}_i)^{\mathrm{T}}+\boldsymbol{q}_{1i}$，使下面条件成立

$$\boldsymbol{L}_{\boldsymbol{p}_{1i}}\boldsymbol{W}_i(\boldsymbol{\theta})+\sum_{i=1}^{m}\boldsymbol{\lambda}_{ij}(\boldsymbol{\theta})(\boldsymbol{W}_i(\boldsymbol{\theta})-\boldsymbol{W}_j(\boldsymbol{\theta})+\boldsymbol{\mu}_{ij}(\boldsymbol{\theta}))\leqslant 0,\ \forall j\in M,\tag{8.24}$$

$$\boldsymbol{L}_{\boldsymbol{p}_i(\boldsymbol{\theta})}\boldsymbol{\mu}_{ij}(\boldsymbol{\theta})\leqslant 0,\ \boldsymbol{L}_{\boldsymbol{g}_i(\boldsymbol{\theta})}\boldsymbol{\mu}_{ij}(\boldsymbol{\theta})=0,\ i, j\in M,\tag{8.25}$$

$$\boldsymbol{\mu}_{ij}(\boldsymbol{\theta})+\boldsymbol{\mu}_{jk}(\boldsymbol{\theta})\leqslant\min(\boldsymbol{0},\boldsymbol{\mu}_{ik}(\boldsymbol{\theta})),\ \forall i, j, k.\tag{8.26}$$

设计控制器为

$$\boldsymbol{u}_i=\boldsymbol{q}_{2i}^{-1}(\boldsymbol{\theta},\boldsymbol{y})-(-(\boldsymbol{L}_{\boldsymbol{p}_{2i}}\boldsymbol{W}_i)^{\mathrm{T}}-\boldsymbol{q}_{1i}(\boldsymbol{\theta},\boldsymbol{y})-\eta\boldsymbol{y}),\ \eta_0\leqslant\eta,\ i\in M,\tag{8.27}$$

其中，$\eta_0=\dfrac{\beta}{\sqrt{\gamma^2-1}}$. 当 $\boldsymbol{\omega}_{\sigma(t)}=\mathbf{0}$ 时，至少存在一个子系统，其闭环系统存在无穷多个长度不小于 δ 的被激活时间区间并且小时间范数可观的，则在某个切换律下系统(8.9)的 H_∞ 控制问题可解.

证明　分两步证明.

首先，设计切换律与控制器 $\boldsymbol{u}_i=\boldsymbol{q}_{2i}^{-1}(\boldsymbol{\theta},\boldsymbol{y})(-(L_{\boldsymbol{p}_{2i}}\boldsymbol{W}_i)^{\mathrm{T}}-\boldsymbol{q}_{1i}+\boldsymbol{v}_i)$，使系统(8.23)的每个子系统在 $\boldsymbol{\omega}_i=\mathbf{0}$ 时，对于新的控制输入 v_i，反馈等价于无源系统. 在假设(i)和(ii)下，当 $\boldsymbol{\omega}_i=\mathbf{0}$ 时，系统(8.23)的第 i 个子系统表示为

$$
\begin{aligned}
\dot{\boldsymbol{\theta}} &= \boldsymbol{p}_i(\boldsymbol{\theta},\boldsymbol{y}),\\
\dot{\boldsymbol{y}} &= \boldsymbol{q}_{1i}(\boldsymbol{\theta},\boldsymbol{y})+\boldsymbol{q}_{2i}(\boldsymbol{\theta},\boldsymbol{y})\boldsymbol{u}_i,\\
\boldsymbol{y} &= \boldsymbol{h}(\boldsymbol{x}).
\end{aligned}
$$

其中，$\boldsymbol{p}_i(\boldsymbol{\theta},\boldsymbol{y})=\boldsymbol{p}_{1i}(\boldsymbol{\theta})+\boldsymbol{p}_{2i}(\boldsymbol{\theta},\boldsymbol{y})\boldsymbol{y}$. 选择储能函数 $\boldsymbol{S}_i(\boldsymbol{\theta},\boldsymbol{y})=\boldsymbol{W}_i(\boldsymbol{\theta})+\frac{1}{2}\boldsymbol{y}^{\mathrm{T}}\boldsymbol{y}$. 当不等式 $\boldsymbol{W}_i(\boldsymbol{\theta})-\boldsymbol{W}_j(\boldsymbol{\theta})+\boldsymbol{\mu}_{ij}(\boldsymbol{\theta})\leqslant 0$ 成立时，得 $\boldsymbol{S}_i(\boldsymbol{\theta},\boldsymbol{y})-\boldsymbol{S}_j(\boldsymbol{\theta},\boldsymbol{y})+\boldsymbol{\mu}_{ij}(\boldsymbol{\theta})\leqslant 0$. 设计状态依赖型控制器

$$
\boldsymbol{u}_i=\boldsymbol{q}_{2i}^{-1}(\boldsymbol{\theta},\boldsymbol{y})(-(L_{p2i}\boldsymbol{W}_i)^{\mathrm{T}}-\boldsymbol{q}_{1i}+\boldsymbol{v}_i),\tag{8.28}
$$

使用状态切换律(8.9)，则在被激活区域 Ω_j 内

$$
\dot{\boldsymbol{S}}_i(\boldsymbol{\theta},\boldsymbol{y})=L_{\boldsymbol{p}_{1i}}\boldsymbol{W}_i(\boldsymbol{\theta})+L_{\boldsymbol{p}_{2i}}\boldsymbol{W}_i(\boldsymbol{\theta})\boldsymbol{y}+(\boldsymbol{q}_{1i}(\boldsymbol{\theta})+\boldsymbol{q}_{2i}\boldsymbol{u}_i)^{\mathrm{T}}\boldsymbol{y}.\tag{8.29}
$$

把控制器(8.27)代入式(8.29)得

$$
\dot{\boldsymbol{S}}_i(\boldsymbol{\theta},\boldsymbol{y})=L_{\boldsymbol{p}_{1i}}\boldsymbol{W}_i(\boldsymbol{\theta})+\boldsymbol{v}_i^{\mathrm{T}}\boldsymbol{y}\leqslant-\sum_{i=1}^{m}\boldsymbol{\lambda}_{ij}(\boldsymbol{\theta})(\boldsymbol{W}_i(\boldsymbol{\theta})-\boldsymbol{W}_j(\boldsymbol{\theta})+\boldsymbol{\mu}_{ij}(\boldsymbol{\theta}))+\boldsymbol{v}_i^{\mathrm{T}}\boldsymbol{y}.
$$

显然，在区域 Ω_{j} 内 $\dot{\boldsymbol{S}}_i(\boldsymbol{\theta},\boldsymbol{y})\leqslant\boldsymbol{v}_i^{\mathrm{T}}\boldsymbol{y}$，则当 $\boldsymbol{\omega}_i=\mathbf{0}$ 时得每个子系统在相应的被激活区域内具有无源性.

当 $\boldsymbol{\omega}_\sigma\neq\mathbf{0}$ 时，把控制器(8.23)代入式(8.23)得

$$
\begin{aligned}
\dot{\boldsymbol{\theta}} &= \boldsymbol{p}_\sigma(\boldsymbol{\theta},\boldsymbol{y}),\\
\dot{\boldsymbol{y}} &= -L_{\boldsymbol{p}_{2\sigma}}\boldsymbol{W}_\sigma+\boldsymbol{v}_\sigma+\boldsymbol{\omega}_\sigma,\\
\boldsymbol{y} &= \boldsymbol{h}(\boldsymbol{x}),\\
\boldsymbol{z} &= (\beta\boldsymbol{h}_\sigma^{\mathrm{T}}(\boldsymbol{x}),\boldsymbol{v}_\sigma)^{\mathrm{T}}.
\end{aligned}\tag{8.30}
$$

类似于定理 8.1 的证明，在切换律(8.9)、控制器(8.27)下，系统(8.23)的 H_∞ 控制问题可解. 如果每个子系统被激活时严格无源，且对 $\forall i,j\in M$，有 $\boldsymbol{\mu}_{ij}(\boldsymbol{x})=\mathbf{0}$，由定理 8.3 得到下面推论.

推论 8.2 考虑切换非线性系统(8.23)，假设(i)与(ii)成立. 对于子系统的零动态 $\dot{\boldsymbol{\theta}}=\boldsymbol{p}_{1i}(\boldsymbol{\theta})$，假设存在光滑 $\boldsymbol{W}_i(\boldsymbol{\theta})$，满足 $\boldsymbol{W}_i(\boldsymbol{0})=\boldsymbol{0}$，且 $\boldsymbol{W}_i(\boldsymbol{\theta})+\frac{1}{2}\boldsymbol{y}^{\mathrm{T}}\boldsymbol{y}$ 是正定的径向无界函数. 此外，存在正定函数 $\boldsymbol{Q}_i(\boldsymbol{\theta})$，连续函数 $\boldsymbol{\lambda}_{ij}(\boldsymbol{\theta})\leqslant 0$，$1\leqslant i, j\leqslant m$，$\boldsymbol{\chi}_{1i}(\boldsymbol{u}_i)=\boldsymbol{q}_{2i}^{-1}(\boldsymbol{\theta}, \boldsymbol{y})\boldsymbol{u}_i$，$\boldsymbol{\chi}_{2i}(\boldsymbol{u}_i)=\boldsymbol{q}_{2i}(\boldsymbol{\theta}, \boldsymbol{y})\boldsymbol{u}_i+(\boldsymbol{L}_{\boldsymbol{p}_{2i}}\boldsymbol{W}_i)^{\mathrm{T}}+\boldsymbol{q}_{1i}$，使下面条件成立

$$\boldsymbol{L}_{\boldsymbol{p}_{1i}}\boldsymbol{W}_i(\boldsymbol{\theta})+\boldsymbol{Q}_i(\boldsymbol{\theta})+\sum_{i=1}^{m}\boldsymbol{\lambda}_{ij}(\boldsymbol{\theta})(\boldsymbol{W}_i(\boldsymbol{\theta})-\boldsymbol{W}_j(\boldsymbol{\theta}))\leqslant 0,\ \forall j\in M.$$

设计控制器 $\boldsymbol{u}_i=\boldsymbol{q}_{2i}^{-1}(\boldsymbol{\theta}, \boldsymbol{y})(-(\boldsymbol{L}_{\boldsymbol{p}_{2i}}\boldsymbol{W}_i)^{\mathrm{T}}-\boldsymbol{q}_{1i}(\boldsymbol{\theta}, \boldsymbol{y})-\eta\boldsymbol{y})$，$\eta_0\leqslant\eta$，$i\in M$，其中 $\eta_0=\dfrac{\beta}{\sqrt{\gamma^2-1}}$，则在切换律 $\sigma(\boldsymbol{x}(t))=\arg\min\{\boldsymbol{S}_i(\boldsymbol{x}), i=1, 2, \cdots, m\}$ 下，系统(8.23)的 H_∞ 控制问题可解.

8.4 数值例子

下面通过一个数值例子验证本节结果的有效性.

例 8.1 考虑由两个子系统组成的切换非线性系统(8.1)，系统参数为

$\boldsymbol{f}_1(\boldsymbol{x})=(-2(x_1+x_2)^3+x_2^2+(x_1+x_2)(1+x_2),\ -(x_1+x_2)x_2)^{\mathrm{T}}$,

$\boldsymbol{g}_1(\boldsymbol{x})=(-1, 1)^{\mathrm{T}}$, $h(\boldsymbol{x})=x_2$,

$\boldsymbol{f}_2(\boldsymbol{x})=((x_1+x_2)(-3+x_2^2+(x_1+x_2)^2+2(x_1+x_2)^3x_2)-2(x_1+x_2)^4x_2)^{\mathrm{T}}$,

$\boldsymbol{g}_2(\boldsymbol{x})=(1, -1)^{\mathrm{T}}$, $\chi_{1i}(u_i)=u_i\quad(i=1, 2)$,

$\chi_{21}(u_1)=x_2+u_1$,

$\chi_{22}(u_2)=x_2-u_2$, $\boldsymbol{z}_1=(x_2, x_2+u_1)^{\mathrm{T}}$, $\boldsymbol{z}_2=(x_2, x_2-u_1)^{\mathrm{T}}$.

选择坐标变换 $\theta=x_1+x_2$ 与 $y=x_2$，第一个子系统转化为

$$\begin{aligned}
&\dot{\theta}=\theta-2\theta^3+y^2,\\
&\dot{y}=-\theta y+u_1+\omega_1(t),\\
&z=(y\quad y+u_1)^{\mathrm{T}},
\end{aligned}$$

第二个子系统转化为

$$\begin{aligned}
&\dot{\theta}=-3\theta+\theta^3+\theta y^2,\\
&\dot{y}=-2\theta^4y-u_2-\omega_2(t),\\
&z=(y\quad y-u_2)^{\mathrm{T}}
\end{aligned}$$

选择 $W_1(\theta)=\frac{1}{2}\theta^2$，$W_2(\theta)=\frac{1}{2}\theta^4$. 显然，$\dot{W}_1(\theta)=\theta^2-2\theta^4+\theta y^2$，$\dot{W}_2(\theta)=2\theta^2(\theta^4-\theta^2)-4\theta^4+2\theta^4y^2$. 储能函数分别为 $S_1(\theta, y)=W_1(\theta)+\frac{1}{2}y^2$ 与 $S_2(\theta, y)=W_2(\theta)+\frac{1}{2}y^2$. 设计控制器 $u_1=-y+v_1$，$u_2=y-v_2$. 当 $\boldsymbol{\omega}(t)=\mathbf{0}$ 时，得 $\dot{S}_1(\theta, y)=\theta^2-\theta^4+yv_1-(\theta^4+\theta^2)$，$\dot{S}_2(\theta, y)=2\theta^2(\theta^4-\theta^2)+yv_2-(4\theta^4+y^2)$. 设计切换律为

$$\sigma(t)=\begin{cases}1, & z^2-z^4\leqslant 0,\\ 2, & z^2-z^4\geqslant 0,\end{cases}$$

则在被激活的区域内系统反馈等价于从输入 v_i 到输出 y 严格无源系统. 由推论 8.2，选择控制器 $v_1=-x_2$，$v_2=-x_2$，在图 8.2 的切换信号下，闭环系统状态响应如图 8.1，其中初值为 $\boldsymbol{x}(0)=(5, -6)^{\mathrm{T}}$.

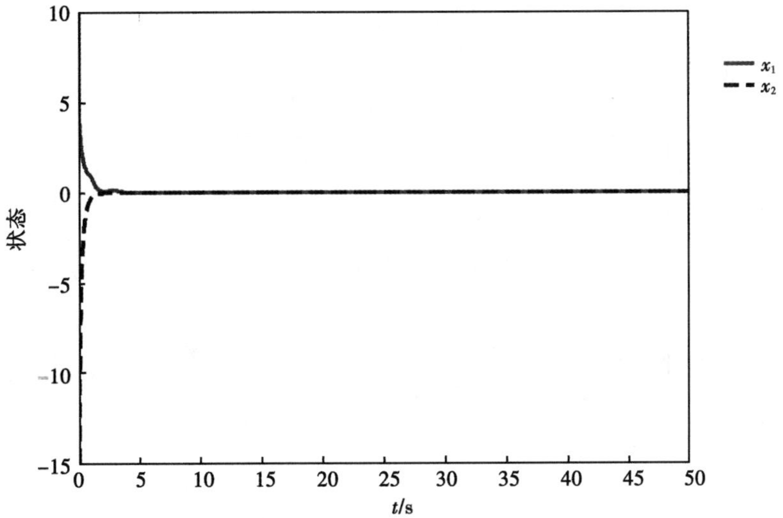

图 8.1　闭环系统的状态响应

定义函数 $k(t)=\dfrac{\int_0^t z^{\mathrm{T}}(\tau)z(\tau)\mathrm{d}\tau}{\boldsymbol{\omega}^{\mathrm{T}}(\tau)\boldsymbol{\omega}(\tau)\mathrm{d}\tau}$. 图 8.3 与图 8.4 分别为 $\boldsymbol{\omega}^{\mathrm{T}}\boldsymbol{\omega}$ 与 $z^{\mathrm{T}}z$ 动态响应，其中 $\omega_1(t)=\omega_2(t)=\boldsymbol{\omega}(t)=\mathrm{e}^{-t}$，初值为 $\boldsymbol{x}(0)=(0, 0)^{\mathrm{T}}$. 在图 8.6 切换信号下，图 8.5 表明系统从 $\boldsymbol{\omega}(t)$ 到 $z(t)$ 的 L_2 增益小于 2.

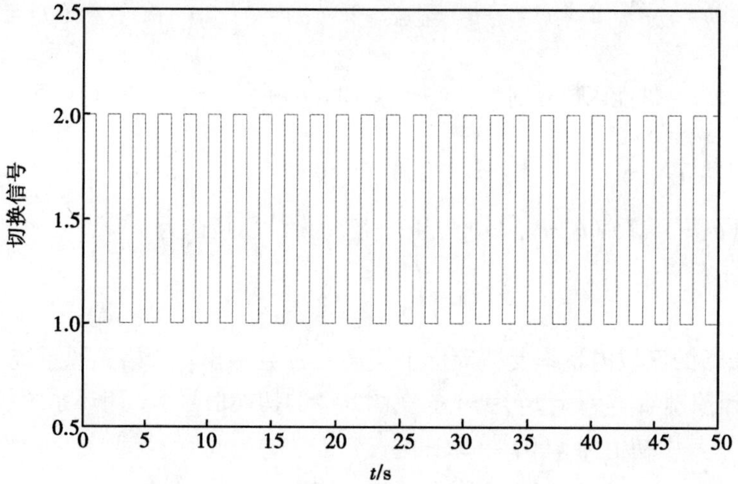

图 8.2　切换信号

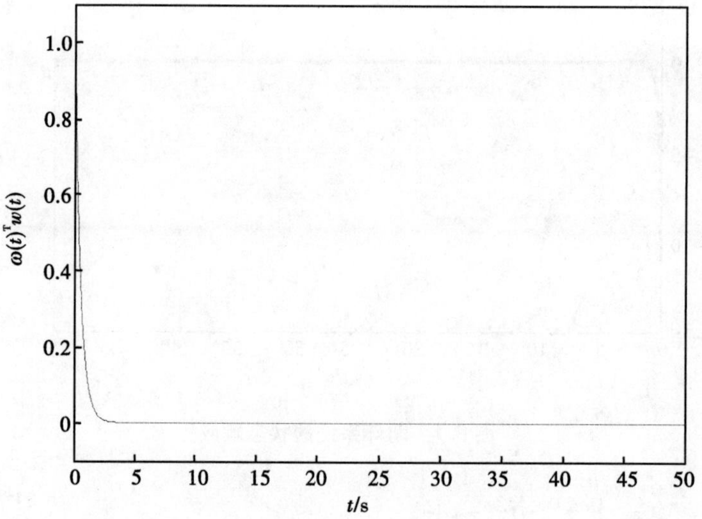

图 8.3　$\omega^{T}\omega$ 的响应

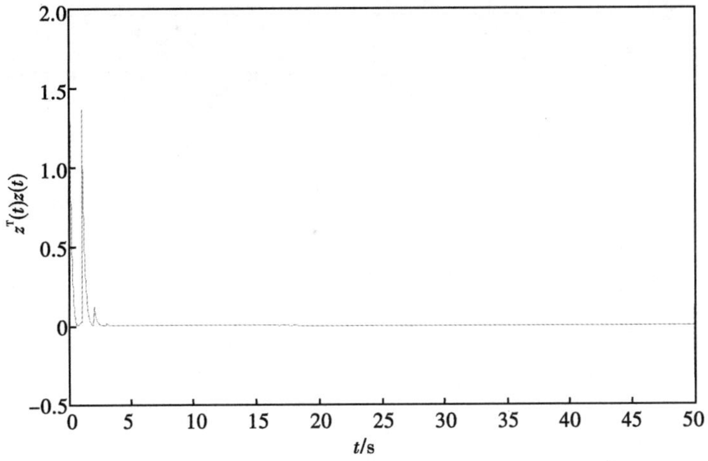

图 8.4　z^Tz 的响应

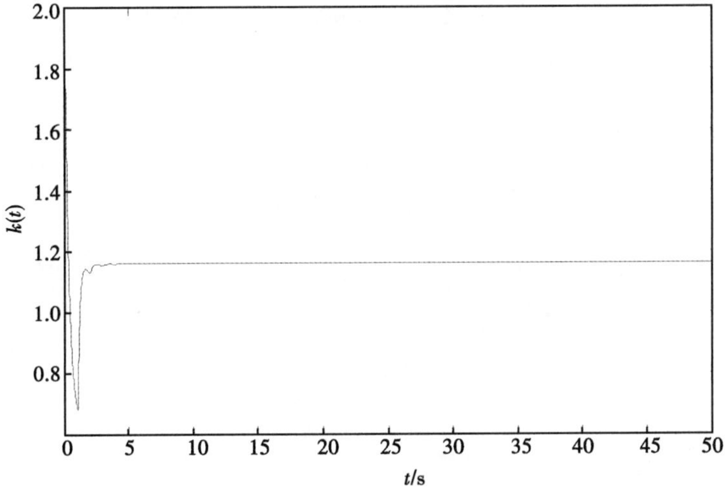

图 8.5　函数 $k(t)$ 的响应

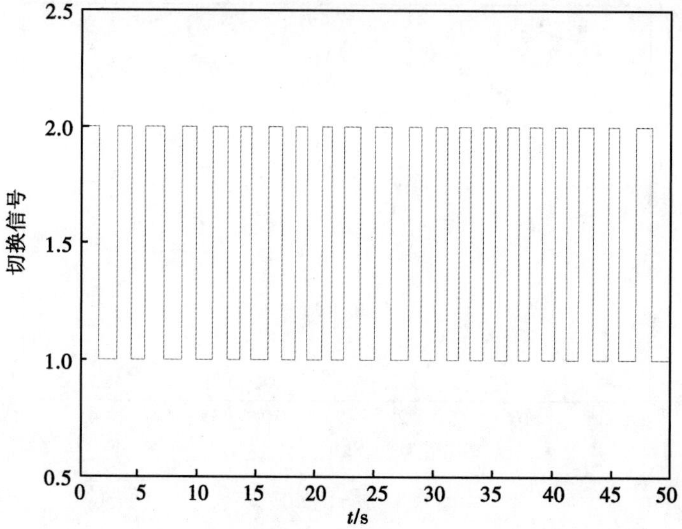

图 8.6 切换信号

第 9 章　非线性系统的不变性原理

9.1 引　言

不变性原理在研究一般非线性系统的稳定性问题中起着非常重要的作用. 众所周知, Lyapunov 在 1892 年创立了用于分析系统稳定性的 Lyapunov 第二方法. 此后, 有学者对第二方法作了进一步发展. 1960 年, LaSalle 首次发现了 Birkhoff 极限集和 Lyapunov 函数之间的关系, 提出了 LaSalle 不变性原理[109], 从而推广了 Lyapunov 第二方法. 由于该定理不仅放宽了稳定性定理中对 Lyapunov 函数导数负定的要求, 也提供了吸引域的估计方法. 后来, 这个不变性原理被延拓到微分方程[110-111]、泛函微分方程[112]以及更广泛的微分包含系统[113]. 此外, LaSalle 不变性原理也被推广到非光滑系统[114]、脉冲系统[115]、混杂系统[116]. 对于离散时间非线性系统, 也有相应的离散时间的 LaSalle 不变性原理[117]. 该不变性原理向前迈进了一步, 就是使用半负定的 Lyapunov 函数代替正定 Lyapunov 函数去分析解的渐近行为[118]. 不使用 Lyapunov 函数, 离散时间的 LaSalle 不变性原理也被推广到轨线吸引到输出函数为零集合中的最大不变集[119]. 此外, 离散时间的 LaSalle 不变性原理也被推广到在某些区域上一阶差分大于零的情况[120].

对于连续切换系统, 可能有多个平衡点或者特殊吸引子, 此时一般不考虑稳定性, 而是去研究解的渐近行为, 此时不变性原理是解决该问题的强有力的工具. 最近, 又有学者提出几个不变性理定, 文献[121]研究了时不变混杂系统解的渐近性, 并且给出了一个不变性定理. 可是该定理要求检验混杂系统的不变集, 这通常是很困难的. 将其直接用于切换系统有其局限性. 由于切换系统是一类特殊的混杂系统, 有可能避免这个困难. 因此, Hespanha 将不变性原理推广到切换线性系统, 得到了一些扩展的不变性原理, 并且利用这些结果判定切换线性系统渐近稳定性. Hespanha 把这些结果继续延拓到非线性切换系统[122], 通过使用小时间范数可观性得到切换非线性系统渐近稳定性的判定条件. 文献[123]首次给出弱不变集的概念, 分别基于公共 Lyapunov 函数与弱多 Lyapunov

函数，给出切换非线性系统的两个不变性原理. 为了减少文献[124]的限制，文献[125]延拓到在平均驻留时间意义下进行考虑，并且对不变集的结构提出更好的理解. 在驻留时间下，文献[124]给出基于 Lyapunov-like 函数的不变性原理，允许其在某些集合上一阶导数是正的. 此外，不使用 Lyapunov 函数，考虑具有特殊输出函数的切换系统，文献[126]提出两个不变性原理，展示切换系统的解吸引到输出函数为零的集合中最大弱不变集的并集. 上面建立的不变性原理成功地解决了复杂多智能体一致性问题、输出同步问题、输出调节问题. 对于离散时间切换系统，文献[112]给出了一个离散时间的不变性原理，并用它来设计切换控制器.

本章分别研究了离散时间与连续切换非线性系统的不变性原理. 首先，给出了基于公共 Lyapunov 函数的离散时间切换非线性系统的不变性原理. 其次，分别给出基于多 Lyapunov 函数与弱 Lyapunov 函数的离散时间切换非线性系统的不变性原理. 最后，对于连续切换非线性系统，给出基于类 Lyapunov 函数的不变性原理. 与现有的研究成果相比，本章有以下三个特点：第一，基于弱 Lyapunov 函数的不变性原理，可以允许其在某些集合上一阶差分为正，这使应用范围更广泛；第二，基于类 Lyapunov 函数的连续切换系统的不变性原理给出最大不变集的估计；第三，即使每个子系统单独工作时不满足非线性不变性原理，可以经过适当切换使整个切换系统满足切换系统的不变性原理.

9.2 非切换离散系统不变性原理

下面介绍离散时间非线性系统的不变性原理.

引理 9.1[117] 考虑下面的离散时间非线性系统

$$\boldsymbol{x}(k+1)=\boldsymbol{f}(\boldsymbol{x}(k)). \tag{9.1}$$

设 Ω 是系统(1.8)的不变紧集，$\boldsymbol{f}(\boldsymbol{x})$ 是连续映射且存在函数 V：$\Omega\to[0,+\infty)$，使对任意 $\boldsymbol{x}\in\Omega$，有 $V(\boldsymbol{f}(\boldsymbol{x}))-V(\boldsymbol{x})\leqslant 0$. 设 $E=\{\boldsymbol{x}\in\Omega$：$\Delta V=V(\boldsymbol{f}(\boldsymbol{x}))-V(\boldsymbol{x})=0\}$，且集合 M 是系统(1.8)在 E 中的最大不变集，则当 $\boldsymbol{x}(0)\in\Omega$，$k\to\infty$ 时，有 $\boldsymbol{x}(k)$ 吸引到集合 M.

9.3 离散切换非线性系统不变性原理

考虑下面离散切换非线性系统

$$\boldsymbol{x}(k+1)=\boldsymbol{f}_{\sigma(k)}(\boldsymbol{x}(k)), \tag{9.2}$$

其中 $x(k)\in\mathbf{R}^n$ 为系统状态, $k\in\mathbf{Z}^+$, $\sigma(k):\mathbf{Z}^+\to I=\{1, 2, \cdots, m\}$ 是切换信号, 表示切换系统(9.2)按照该切换律在 m 个子系统之间进行切换. $f_i(x)$ 是连续非线性映射并且满足 $f_i(\mathbf{0})=\mathbf{0}(i=1, 2, \cdots, m)$. 下面采用文献[39]和文献[40]的表示方法. 设

$$\Sigma=\{k_0, k_1, \cdots, k_t, \cdots: \sigma(k_t)=i_t\in I, t\in\mathbf{Z}^+\}, \tag{9.3}$$

它表示切换时刻为 $k_0, k_1, \cdots, k_t, \cdots$, 满足 $\sigma(k_t)=\sigma(k_t+1)=\cdots=\sigma(k_{t+1}-1)=i_t$, $\sigma(k_t)\neq\sigma(k_{t+1})$, $k_{t+1}>k_t$ 且 $\sigma(k_t)=i_t\in I$, $t\in\mathbf{Z}^+$, 即表示第 i_t 个子系统在 k_t , $k_t+1, \cdots, k_{t+1}-1$ 时刻工作. 因此, 在 $k\in[k_t, k_{t+1}]\cap\mathbf{Z}^+$, 切换系统以初值为 $x(0)=x_0$ 的解 $x(k, x_0)$ 是由第 i_t 个子系统的解组成的. 对任意 $j\in I$, 设 $\Sigma_j=\{k_{j1}, k_{j2}, \cdots, k_{jt}, \cdots: i_{j_t}=j, t\in\mathbf{Z}^+\}$ 表示第 j 个子系统切换的时刻. 设 $\Sigma=\{k_{j_1+1}, k_{j_2+1}, \cdots, k_{j_t+1}, \cdots: j_{j_t}=j, t\in\mathbf{Z}^+\}$ 表示第 j 个子系统切换的时刻, 也就是 k_{j_t} 表示第 j 个子系统第 t 次被激活, 在 k_{j_t+1} 时刻第 j 个子系统停止工作.

本章的目的是研究当 k 趋于无穷时, 切换系统的解的渐近行为. 为此, 先介绍弱不变集、吸引性及极限点与极限集的概念.

定义 9.1　集合 $m\subset\mathbf{R}^n$ 称为系统(9.2)的弱不变集, 如果满足对任意 $x\in M$, 那么存在一个指标 $i\in I$, 使第 i 个子系统满足 $f_i(x)\in M$ 或者存在 $\widetilde{x}\in M$ 满足 $f_i(\widetilde{x})x$.

注 9.1　定义 9.2 中的弱不变集是文献[20]中所定义的连续系统弱不变集的离散形式, 表示该弱不变集仅包含离散切换子系统的部分解, 这是由切换系统特点决定的.

定义 9.2　系统(9.2)的解 $x(k, x_0)$ 称为吸引到集合 $M\subset\mathbf{R}^n$, 如果对任意 $\varepsilon>0$, 存在 $K>0$, 使对任意的 $k\geqslant K$, 有 $x(k, x_0)\in B(\varepsilon, M)$ 成立. 此处, $B(\varepsilon, M)=\bigcup\limits_{x\in M}B(\varepsilon, x)$, 其中 $B(\varepsilon, x)$ 表示以 x 为球心、半径为 ε 的球.

定义 9.3　点 q 称为解 $x(k, x_0)$ 的极限点, 如果存在整数列 $\{k_n\}_{n=0}^{\infty}$, 使 $\lim\limits_{n\to\infty}x(k_n, x_0)=q$ 成立. 解 $x(k, x_0)$ 的所有极限点的集合称为极限集, 记为 $\omega(x_0)$.

下面分别给出离散形式的公共 Lyapunov 函数、多 Lyapunov 函数和弱 Lyapunov 函数概念.

定义 9.4　设 Ω 为 $\mathbf{R}^n$ 中开集, 对于系统(9.2), 如果存在连续正定函数 $V(x):\Omega\to[0, \infty)$ 满足下面条件

$$\Delta V=V(f_i(x))-V(x)\leqslant 0, \quad \forall x\in\Omega, i\in I. \tag{9.4}$$

则称 $V(x)$ 为系统(9.2)的公共 Lyapunov 函数.

定义 9.5　对于系统(9.2)在切换序列 Σ 下, 一族连续函数 $V_j(x):\Omega\to\mathbf{R}$, $j\in I$, 称为多 Lyapunov 函数, 且满足下面条件(i)和(ii). 如果 $V_j(x)$ 满足下面条

件(i)和(iii)，则 $V_j(\boldsymbol{x})$ 称为弱 Lyapunov 函数.

(i)对任意的 $j\in I$ 和所有 $k\in\bigcup_{t=0}^{\infty}[k_{j_t},k_{j_t+1})\cap\mathbf{Z}^+$，一阶差分 $\Delta V_j(\boldsymbol{x}(k))=V_j(f_j(\boldsymbol{x}(k)))-V_j(\boldsymbol{x}(k))$ 是非正的，即对所有 $k\in\bigcup_{t=0}^{\infty}[k_{j_t},k_{j_t+1})\mathbf{Z}^+$ 满足 $\Delta V_j(\boldsymbol{x}(k))\leqslant 0$；

(ii)对任意 $\boldsymbol{x}_0\in\Omega$ 和任意系统(9.2)的解 $\boldsymbol{x}(k,\boldsymbol{x}_0)$，$V_j(\boldsymbol{x})$ 满足 $V_j(\boldsymbol{x}(k_{j_{t+1}}))\leqslant V_j(\boldsymbol{x}(k_{j_t+1}))$.

(iii)对任意 $\boldsymbol{x}_0\in\Omega$ 系统(9.2)的解 $\boldsymbol{x}(k,\boldsymbol{x}_0)$，$V_j(\boldsymbol{x})$ 满足 $V_j(\boldsymbol{x}(k_{j_{t+1}}))\leqslant V_j(\boldsymbol{x}(k_{j_t}))$. 此外，任意的 k_{j_t+1}，存在 $k_{j_s}>k_{j_t+1}$，使 $V_j(\boldsymbol{x}(k_{j_t+1}))\geqslant V_j(\boldsymbol{x}(k_{j_s}))$.

注 9.2 在定义 9.5 中，弱 Lyapunov 函数的条件(i)和(iii)仅在某个集合 C 外成立，则称函数 $V_j(\boldsymbol{x})$ 为关于集合 C 的弱 Lyapunov 函数.

注 9.3 对于切换列 Σ，多 Lyapunov 函数表示对于第 j 个子系统，V_j 在被激活的整个区间上是非增的. 而弱 Lyapunov 函数表示对于第 j 个子系统，V_j 在每次被激活区间上的左端点是非增的.

为了证明不变原理，下面给一个命题.

命题 9.1 设 $\boldsymbol{x}(k,\boldsymbol{x}_0)$ 是系统(9.2)的有界解，则此解的极限集 $\omega(\boldsymbol{x}_0)$ 是有界的且为弱不变的.

证明 因为 $\boldsymbol{x}(k,\boldsymbol{x}_0)$ 是有界的，由 Bolzano-Weierstrass 定理得每个点列至少有一个聚点，因此极限集 $\omega(\boldsymbol{x}_0)$ 是非空的. 此外，对任意 $\boldsymbol{x}^*\in\omega(\boldsymbol{x}_0)$，存在数列 $\{k_n\}_{n=0}^{\infty}$，使 $\lim\limits_{n\to\infty}\boldsymbol{x}(k_n,\boldsymbol{x}_0)=\boldsymbol{x}^*$. 因为 $\boldsymbol{x}(k_n,\boldsymbol{x}_0)$ 关于 n 是一致有界的，所以 $\omega(\boldsymbol{x}_0)$ 是有界的. 因为指标集 I 是有限集，所以存在指标 $i_q=s\in I$ 与 $\{k_n\}_{n=0}^{\infty}$ 的子列 $\{k_{n_j}\}_{j=0}^{\infty}$，使 $\lim\limits_{n\to\infty}\boldsymbol{x}(k_n,\boldsymbol{x}_0)=\boldsymbol{x}^*$. 此处 $k_{n_j}\in[k_q,k_{q+1})\cap\mathbf{Z}^+$，$\sigma(k_q)=i_q=s\in I$，即第 s 个子系统在 k_{n_j} 时刻被激活. 那么，存在 $\{\boldsymbol{f}_s(\boldsymbol{x}(k_{n_j}))\}_{j=0}^{\infty}$ 的子列 $\{\boldsymbol{x}(k_{n_t},\boldsymbol{x}_0)\}_{t=0}^{\infty}$ 趋近于 $\boldsymbol{x}^{**}\in\omega(\boldsymbol{x}_0)$. 明显地，由 $\boldsymbol{f}_s(\boldsymbol{x})$ 的连续性得 $\boldsymbol{x}^{**}=\boldsymbol{f}_s(\boldsymbol{x}^*)$，且 $\boldsymbol{f}_s(\boldsymbol{x}^*)\in\omega(\boldsymbol{x}_0)$.

9.3.1 基于公共 Lyapunov 函数的不变性原理

定理 9.1 设 $V:\Omega\to[0,+\infty)$ 是系统(5.1)的公共 Lyapunov 函数. 设 $\Omega_l=\{\boldsymbol{x}\in\Omega: V(\boldsymbol{x})<l,\ l>0\}$ 是连续的且 $\mathbf{0}\in\Omega_l$. 假设 Ω_l 是有界集且 $Z=\{\boldsymbol{x}\in G:\ \exists p\in P,\ \Delta V=V(\boldsymbol{f}_p(\boldsymbol{x}))-V(\boldsymbol{x})=0\}$ 设 Π 是在集合 $Z\cap G_l$ 中最大弱不变集. 那么对于任意切换信号 $\sigma(k)$，每个解 $\boldsymbol{x}(k,\boldsymbol{x}_0)$ 吸引到集合 Π，其中 $\boldsymbol{x}_0\in\Omega_l$.

证明 设 $\sigma(k)$ 是任意一个切换信号，$\boldsymbol{x}(k,\boldsymbol{x}_0)$ 为在该信号下的解，满足 $\boldsymbol{x}(0,\boldsymbol{x}_0)=\boldsymbol{x}_0\in\Omega_l$，$V(\boldsymbol{x}_0)=\bar{l}<l$. 因为 $\Delta V(\boldsymbol{x}(k))\leqslant 0$，所以存在正数 γ_{x_0}，使 $\lim\limits_{k\to\infty}V(\boldsymbol{x}(k,\boldsymbol{x}_0))=\gamma_{x_0}$ 成立且 $V(\boldsymbol{x}(k))-V(\boldsymbol{x}(k_0))\leqslant 0$，因此 $V(\boldsymbol{x}(k))\leqslant$

$V(\boldsymbol{x}(k_0))$, $V(\boldsymbol{x}(k))-V(\boldsymbol{x}(k_0))\leqslant\sum_{i=k_0}^{k-1}(V(\boldsymbol{x}(i+1))-V(\boldsymbol{x}(i)))\leqslant 0$, $k-1\geqslant k_0$. 这表明 $\boldsymbol{x}(k, \boldsymbol{x}_0)$ 是有界并且 $\omega(\boldsymbol{x}_0)$ 是非空的. 现在对于任意的 $\boldsymbol{x}^*\in\omega(\boldsymbol{x}_0)$，存在 $\{k\}_{k=0}^{\infty}$ 的子列 $\{k_n\}_{n=0}^{\infty}$，使 $\lim\limits_{n\to\infty}\boldsymbol{x}(k_n, \boldsymbol{x}_0)=\boldsymbol{x}^*$. 因为 $V(\boldsymbol{x})$ 是连续的，所以 $V(\boldsymbol{x}^*)=\lim\limits_{n\to\infty}V(\boldsymbol{x}(k_n))=\gamma_{x_0}$. 由命题 5.1 得，存在 $\{k_n\}_{n=0}^{\infty}$ 的子列 $\{k_{n_j}\}_{j=0}^{\infty}$ 与 $\boldsymbol{x}^{**}\in\omega(\boldsymbol{x}_0)$，使 $\lim\limits_{j\to\infty}\boldsymbol{x}(k_{n_j}, \boldsymbol{x}_0)=\boldsymbol{x}^*$ 和 $\boldsymbol{f}_s(\boldsymbol{x}^*)=\boldsymbol{x}^{**}$. 由 $V(\boldsymbol{x})$ 的连续性，得 $V(\boldsymbol{x}^*)=V(\boldsymbol{f}_s(\boldsymbol{x}^*))=\gamma_{x_0}$. 因此 $\Delta V(\boldsymbol{x}^*)=0$，进而得证 $\omega(\boldsymbol{x}_0)\subset Z$.

9.3.2　基于多 Lyapunov 函数的不变性原理

下面给出系统(5.1)基于多 Lyapunov 函数的不变性原理.

定理 9.2　设系统(5.1)在切换列 Σ 下的多 Lyapunov 函数为 $V_j(x)$: $\mathbf{R}^n\to\mathbf{R}$, $j\in I$. 设对任意的常数 l，集合 $\Omega_l^j=\{\boldsymbol{x}\in\mathbf{R}^n: V_j(\boldsymbol{x})<l\}$ 是有界的且满足 $\mathbf{0}\in\Omega_l^j$, $j\in I$. 定义集合

$$\Omega_l=\bigcap_{j\in I}\Omega_l^j,\ S=\{\boldsymbol{x}\in\mathbf{R}^n: \exists j\in I, 使\ \Delta V_j(\boldsymbol{x})=0\}.$$

此外，设 E 是集合 S 中最大弱不变集，那么对任意 $\boldsymbol{x}_0\in\Omega_l$，解 $\boldsymbol{x}(k, \boldsymbol{x}_0)$ 吸引到集合 E.

证明　下面分两步进行证明.

第一步，证明 $\boldsymbol{x}(k, \boldsymbol{x}_0)$ 是有界的，即对任意 l，存在 $r\geqslant l$，使对所有 $\boldsymbol{x}_0\in\Omega_l$, $k\in\mathbf{Z}^+$，解 $\boldsymbol{x}(k, \boldsymbol{x}_0)\in U_r=\bigcup_{j\in I}\overline{\Omega}_r^j$.

使用类似于文献[124]和文献[125]的思想，对子系统个数 m 使用数学归纳法进行证明. 首先，当 $m=1$ 时，即 $I=\{1\}$，这个结论明显正确. 因为，当 $\boldsymbol{x}_0\in\Omega_l$ 时，由多 Lyapunov 函数定义得对所有 $k\in\mathbf{Z}^+$, $V_1(\boldsymbol{x}(k))\leqslant V_1(\boldsymbol{x}_0)<l$ 成立，可见 $\overline{\Omega}_l=U_l$.

当 $m=j-1$ 时，也就是 $I=\{1, \cdots, j-1\}$，假设该结论正确，即当 $\boldsymbol{x}_0\in\Omega_l$，存在 $s>l$，使对所有 $k\in\mathbf{Z}^+$，有 $\boldsymbol{x}(k, \boldsymbol{x}_0)\in U_S=\bigcup_{j\in I}\overline{\Omega}_S^j$ 成立. 下面证明 $m=j$，也就是当 $I=\{1, \cdots, j\}$ 时结论成立. 设 $\boldsymbol{x}_0\in\Omega_l$, $\widetilde{U}_S=(\bigcup_{i\in I}\{\boldsymbol{f}_i(\boldsymbol{x}: \boldsymbol{x}\in U_S\})\cup U_S$ 和 $\widetilde{s}=\max\{V_i(\boldsymbol{x}): i\in I, \boldsymbol{x}\in\widetilde{U}_S\}$，则下面的包含关系

$$\Omega_l\subseteq U_S\subseteq\widetilde{U}_S\subseteq\overline{\Omega}_{\widetilde{S}}\subseteq U_{\widetilde{S}}\tag{9.5}$$

成立. 其实，$\widetilde{U}_S\subseteq\widetilde{\Omega}_{\widetilde{S}}$ 是正确的，因为对任意 $\boldsymbol{x}\in\widetilde{U}_S$，则 $V_i(\boldsymbol{x})\leqslant\widetilde{S}$, $i\in I$. 因此 $\boldsymbol{x}\in\overline{\Omega}_{\widetilde{S}}$. 此外，包含关系 $\Omega_l\subseteq U_S\subseteq\widetilde{U}_S$ 和 $\overline{\Omega}_{\widetilde{S}}\subseteq U_{\widetilde{S}}$ 明显成立. 当第 j 个子系统在 $k=k_{j_1}$ 时

刻被激活时，则 $\boldsymbol{x}(k_{j_1}, \boldsymbol{x}_0) \in U_S$. 由(9.5)和多 Lyapunov 函数定义得到对所有 $k \in [k_{j1}, k_{j_1+1}) \cap \mathbf{Z}^+$ 有 $\boldsymbol{x}(k, \boldsymbol{x}_0) \in U_{\tilde{S}}$成立，那么当 $k_{j_1+1}<k$，切换函数 $\delta(k)$将等于某个指标，不妨设为 $i \in I=\{1, \cdots, j\}$. 这表明 $\boldsymbol{x}(k, \boldsymbol{x}_0)$属于集合 $\Omega_{l_i}^i=\{\boldsymbol{x} \in \mathbf{R}^n$: $V_i(\boldsymbol{x})<l_i\} \subset \widetilde{U}_{\tilde{S}}$，此处 $l_i \leqslant \tilde{s}$. 因为由定义在第 i 个子系统被激活的所有时间内 V_i 是非增的，所以对所有 $k \in \mathbf{Z}^+$，$\boldsymbol{x}(k, \boldsymbol{x}_0) \in U_{\tilde{S}}$.

第二步，因为 $\boldsymbol{x}(k, \boldsymbol{x}_0)$是有界的，由命题9.1得极限集 $\omega(\boldsymbol{x}_0)$非空. 对所有 $j \in I$，$k \in I_j=\bigcup_{n=1}^{\infty}[k_{j_n}, k_{j_n+1}) \cap \mathbf{Z}^+$，函数 $V_j(\boldsymbol{x}(k))$满足 $\Delta V_j(\boldsymbol{x}(k)) \leqslant 0$，这表明在 I_j 上，$V_j(\boldsymbol{x}(k))$为非增有下界的数列，所以存在常数 $\gamma_j(\boldsymbol{x}_0)$，使 $\lim\limits_{k\to\infty} V_j(\boldsymbol{x}(k))=\gamma_i(\boldsymbol{x}_0)$.类似于命题9.1的证明，对任意的 $\boldsymbol{x}^* \in \omega(\boldsymbol{x}_0)$，存在 $\boldsymbol{x}^{**} \in \omega(\boldsymbol{x}_0)$和某个指标 j，使 $\boldsymbol{f}_i(\boldsymbol{x}^*)=\boldsymbol{x}^{**}$. 因为集合 $\omega(\boldsymbol{x}_0)$是弱不变的且在 I_j 上 $V_j(\boldsymbol{x}(k))$为非增的，所以 $V_j(\boldsymbol{x}^{**})=V_j(f_j(\boldsymbol{x}^*))=\gamma_j(\boldsymbol{x}_0)$. 由此可得 $x_j(k, \boldsymbol{x}_0)$，也就是 $\boldsymbol{x}(k, \boldsymbol{x}_0)$在 I_j 上的部分，吸引到集合 $S_j=\{\boldsymbol{x} \in \mathbf{R}^n: \Delta V_j(\boldsymbol{x})=0\}$，$j \in I$.

下面给定理9.1的推论，也就是当任意 $j=I$，$V_j(\boldsymbol{x})$等于 $V(\boldsymbol{x})$的情况.

推论 9.1 考虑系统(9.5)，设在切换列 Σ 下，$V(\boldsymbol{x})$: $\mathbf{R}^n \to \mathbf{R}$ 满足 $\Delta V(\boldsymbol{x}(k)) \leqslant 0$. 设集合 $\Omega_l=\{\boldsymbol{x} \in \mathbf{R}^n: V(\boldsymbol{x})<l\}$是有界的，$S=\{\boldsymbol{x} \in \mathbf{R}^n: \exists j \in I, \Delta V=V(\boldsymbol{f}_i(\boldsymbol{x}))-V(\boldsymbol{x})=0\}$. 此外，设 E 是 S 中最大弱不变集，那么对任意 $\boldsymbol{x}_0 \in \Omega_l$，解 $\boldsymbol{x}(k, \boldsymbol{x}_0)$吸引到集合 $E \cap \Omega_l$.

证明 类似于定理9.1证明.

9.3.3 基于弱 Lyapunov 函数的不变性原理

下面给出系统(9.2)基于弱 Lyapunov 函数的不变性原理.

首先，设集合 $C=\{\boldsymbol{x} \in \mathbf{R}^n: \exists j \in I, \Delta V_j>0\}$是有界集. 定义集合 $S=\{\boldsymbol{x} \in \mathbf{R}^n: \exists j \in I, \Delta V_j=0\}$与 $C^*=(\bigcup_{i \in I}\{\boldsymbol{f}_i(\boldsymbol{x}) \in \mathbf{R}^n: \boldsymbol{x} \in C\}) \cup C$. 对任意 $\boldsymbol{x} \in \mathbf{R}^n$，定义函数 $a(\boldsymbol{x})=\min\limits_{j \in I}\{V_j(\boldsymbol{x})\}$和 $b(\boldsymbol{x})=\max\limits_{j \in I}\{V_j(\boldsymbol{x})\}$. 明显地，关系式(4.6)成立.

$$C \subseteq C^* \subseteq \Theta \subset \Theta_{l_0} \subset \cdots \subset \Theta_{l_p} \subset \Theta_{l_{p+1}} \subset \cdots \subset \Theta_{l_m} \subset \Theta_{l_{m+1}}. \tag{9.6}$$

其中，$\Theta_{l_p}=\{\boldsymbol{x} \in \mathbf{R}^n: a(\boldsymbol{x}) \leqslant l_p\}$，$\Theta=\{\boldsymbol{x} \in \mathbf{R}^n: b(\boldsymbol{x}) \leqslant l_0\}$，$\sup\limits_{\boldsymbol{x} \in C^*}\{b(\boldsymbol{x})\} \leqslant l_0<\infty$，$\sup\limits_{\boldsymbol{x} \in \Theta_{l_{p-1}}}\{b(\boldsymbol{x})\} \leqslant l_p<\infty$.

定理 9.3 考虑系统(9.6)，设在切换列 Σ 下 $V_j(\boldsymbol{x})$: $\mathbf{R}^n \to \mathbf{R}$ 是关于集合 C 多的弱 Lyapunov 函数. 设对任意的 l 和 $j \in I$，集合 $\Omega_l^j=\{\boldsymbol{x} \in \mathbf{R}^n: V_j(\boldsymbol{x})<l\}$是有界的，那么满足 $\boldsymbol{x}_0 \in \mathbf{R}^n$ 的每个解 $\boldsymbol{x}(k, \boldsymbol{x}_0)$吸引到集合 $S \cup \Theta_{l_{m+1}}$中的最大弱不变集.

证明 下面分三步证明.

第一步，证明当 $\boldsymbol{x}(k_{j_n}, \boldsymbol{x}_0) \in Ⓗ_{l_p}$ 时，对任意的 $p=0, 1, \cdots, m$ 和 $k \in [k_{j_n}, k_{j_n+1}) \cap \mathbf{Z}^+$，有 $\boldsymbol{x}(k, \boldsymbol{x}_0) \in Ⓗ_{l_{p+1}}$ 成立.

第二步，证明当 $\boldsymbol{x}_0 \in \Theta$，则对于所有 $k \in \mathbf{Z}^+$，解 $\boldsymbol{x}(k, \boldsymbol{x}_0)$ 保持在集合 $\boldsymbol{\Theta}_{l_{m+1}}$ 内部.

第三步，证明每个解都吸引到集合 $S \cup \Theta_{l_{m+1}}$ 内的最大弱不变集.

下面证明第一步. 假设第一步的结论不正确，则存在 $\widetilde{k}_1, \widetilde{k}_2 \in [k_{j_n}, k_{j_n+1}) \cap \mathbf{Z}^+$，使 $\boldsymbol{x}(\widetilde{k}_2, \boldsymbol{x}_0) \notin \boldsymbol{\Theta}_{l_{p+1}}$ 和 $\boldsymbol{x}(\widetilde{k}_2-v, \boldsymbol{x}_0) \in \boldsymbol{\Theta}_{l_{p+1}}/\boldsymbol{\Theta}_{l_p}$，$v=1, \cdots, \widetilde{k}_2-\widetilde{k}_1-1$ 且 $\boldsymbol{x}(\widetilde{k}_1, \boldsymbol{x}_0) \in \boldsymbol{\Theta}_{l_p}$，$p=0, \cdots, m$. 明显地，$\boldsymbol{x}(\widetilde{k}_1, \boldsymbol{x}_0) \notin C \subset \boldsymbol{\Theta}_{l_p}$，否则与 $\boldsymbol{x}(\widetilde{k}_1+1, \boldsymbol{x}_0) \in C^* \subset \boldsymbol{\Theta}_{l_p}$ 矛盾，因此，$\boldsymbol{x}(\widetilde{k}_1, \boldsymbol{x}_0) \in \boldsymbol{\Theta}_{l_p}/C$. 这表明 $V_j(\boldsymbol{x}(\widetilde{k}_2))>a(\boldsymbol{x})$ 对所有 $\boldsymbol{x} \in \boldsymbol{\Theta}_{l_{p+1}}$. 因此，$V_j(\boldsymbol{x}(\widetilde{k}_2))>\sup\limits_{s \in \Theta_{l_p}} b(\boldsymbol{x})>V_j(\boldsymbol{x}(k_1))$，这与在 C 外有 $\Delta V_j(\boldsymbol{x}(k)) \leqslant 0$ 矛盾. 其中，$k \in [\widetilde{k}_1, \widetilde{k}_2] \cap \mathbf{Z}^+$.

下面证明第二步. 使用类似于文献[123]，文献[124]和文献[125]的思想，对子系统个数 m 的数学归纳法进行证明.

首先，当 $m=1$ 时，即 $I=\{1\}$，明显第二步是正确的. 事实上，如果 $\boldsymbol{x}_0 \in \boldsymbol{\Theta}_{l_0}$，则直接由第一步证明得到当 $\boldsymbol{x}_0 \in \boldsymbol{\Theta}_{l_0}$，则解保持在 $\boldsymbol{\Theta}_{l_1}$ 内.

当 $m=j-1$ 时，即 $I=\{1, \cdots, j-1\}$，假设第二步结论正确，也就是如果 $\boldsymbol{x}_0 \in \boldsymbol{\Theta}_{l_0}$，则对所有 $k \in \mathbf{Z}^+$，有 $\boldsymbol{x}(k, \boldsymbol{x}_0) \in \boldsymbol{\Theta}_j$ 成立. 下面证明当 $m=j$ 时，即 $I=\{1, \cdots, j\}$. 设 $\boldsymbol{x}_0 \in \boldsymbol{\Theta}_{l_0}$，对于第 j 个子系统，当 $k=k_{j_1}$ 时，有 $\boldsymbol{x}(k_{j_1}, \boldsymbol{x}_0) \in \boldsymbol{\Theta}_j$. 类似于第一步证明得到对所有 $k \in [k_{j_1}, k_{j_1+1}) \cap \mathbf{Z}^+$，有 $\boldsymbol{x}(k, \boldsymbol{x}_0) \in \boldsymbol{\Theta}_{j+1}$ 成立. 而且当 $k_{j_1+1}<k$ 时，则 $\sigma(k)$ 等于在指标集 $I=\{1, \cdots, j\}$ 中的某个指标 i，这表明 $\boldsymbol{x}(k, \boldsymbol{x}_0)$ 属于某个集合 $\boldsymbol{\Theta}_p$，$p \in I=\{1, \cdots, j\}$，因为 V_i 在被激活的区间左端点是非增的且在集合 C 外，所以对所有 $k \in \mathbf{Z}^+$，解 $\boldsymbol{x}(k, \boldsymbol{x}_0)$ 属于集合 $\boldsymbol{\Theta}_{l_{i+1}}$.

下面证明第三步. 设 $\boldsymbol{x}_0 \in \boldsymbol{\Theta}$. 由第一步与第二步结论得解 $\boldsymbol{x}(k, \boldsymbol{x}_0)$ 有界. 由命题 9.1，极限集 $\omega(\boldsymbol{x}_0)$ 是非空，弱不变的且 $\omega(\boldsymbol{x}_0) \subset \boldsymbol{\Theta}_{l_{m+1}}$，那么解吸引到在集合 $\boldsymbol{\Theta}_{l_{m+1}}$ 内的最大弱不变集. 现在设 $\boldsymbol{x}_0 \notin \boldsymbol{\Theta}$. 如果存在 K，使 $\boldsymbol{x}(K, \boldsymbol{x}_0) \in \boldsymbol{\Theta}$，则由上面得证. 如果对于所有 $k \in \mathbf{Z}^+$，有 $\boldsymbol{x}(k, \boldsymbol{x}_0) \notin \boldsymbol{\Theta}$，则解 $\boldsymbol{x}(k, \boldsymbol{x}_0)$ 是有界的，那么极限集 $\omega(\boldsymbol{x}_0)$ 是非空的、有界的，由弱 Lyapunov 函数定义，存在常数 $\gamma_j(\boldsymbol{x}_0)$，使 $\lim\limits_{k \to \infty} V_j(\boldsymbol{x}(k_{j_k}))=\gamma_j(\boldsymbol{x}_0)$ 与对于点列 $\{\boldsymbol{x}(k_n)\}_{n=1}^{\infty}$，$k_n \in I_j$，有 $\lim\limits_{n \to \infty} V_j(\boldsymbol{x}(k_n))=\gamma_j(\boldsymbol{x}_0)$. 类似于命题 9.1 证明，对任意 $\boldsymbol{x}^* \in \omega(\boldsymbol{x}_0)$，存在 $\boldsymbol{x}^{**} \in \omega(\boldsymbol{x}_0)$ 和某个指标 j，使 $\boldsymbol{f}_j(\boldsymbol{x}^*)=\boldsymbol{x}^{**}$，$V_j(\boldsymbol{x}^{**})=\gamma_j(\boldsymbol{x}_0)$. 因此，$\omega(\boldsymbol{x}_0) \subset S$，解吸引到集合 S 中最大弱不变集.

9.4 连续时间切换非线性系统不变性原理

考虑下面连续非线性切换系统

$$\dot{\boldsymbol{x}}=\boldsymbol{f}_{\sigma(t)}(\boldsymbol{x}). \tag{9.7}$$

其中，$\boldsymbol{x}(t)\in\mathbf{R}^n$ 是状态，σ 是切换函数，取值在指标集 $M=\{1,2,\cdots,m\}$ 中，m 是子系统个数. 假设 $\boldsymbol{f}_i(\boldsymbol{x})$ 光滑且满足 $\boldsymbol{f}_i(\boldsymbol{0})=\boldsymbol{0}(i=1,\cdots,m)$.

首先介绍系统(9.7)的类 Lyapunov 函数概念.

定义 9.6 对于系统(9.7)，在切换序列 Σ 下，连续函数族 $V_j(\boldsymbol{x}):\Omega\to[0,+\infty)$满足 $V_j(\boldsymbol{0})=0$，$j\in I$，称为类 Lyapunov 函数，如果满足下面条件.

(i)对任意 $j\in M$，在 $\bigcup\limits_{k=0}^{\infty}[t_{i_k},t_{j_{k+1}})$ 上，$\nabla V_j(\boldsymbol{x})\cdot\boldsymbol{f}_j(\boldsymbol{x})\leqslant0$.

(ii)对任意 $\boldsymbol{x}_0\in\Omega$，任意解 $\boldsymbol{x}(t,\boldsymbol{x}_0)$ 有 $V_j(\boldsymbol{x}(t_{j_{k+1}}))\leqslant V_j(\boldsymbol{x}(t_{j_k}))$.

下面根据文献[124]和文献[125]介绍关于切换系统(9.7)的弱不变性概念.

定义 9.7 对于系统(9.7)，集合 Ω 称为弱不变的，如果对任意 $\boldsymbol{x}_0\in\Omega$，则存在一个指标 $i\in M$，第 i 个子系统的解 $\boldsymbol{x}_i(t)$ 和常数 $b>0$，使当 $\boldsymbol{x}_i(0)=\boldsymbol{x}_0$ 与 $t\in[-b,0]$或者 $t\in[0,b]$，有 $\boldsymbol{x}_i(t)\in\Omega$ 成立.

定义 9.8 对于系统(9.7)的解 $\boldsymbol{x}(t,\boldsymbol{x}_0)$称为有驻留时间，如果存在一个常数 $h>0$，使$\operatorname*{Inf}\limits_{i}(t_{i-1}-t_i)\geqslant h$ 成立，这里$\{t_i\}$表示切换时刻，常数 h 称为驻留时间. 用 Y_{dwell}表示具有驻留时间切换信号所形成的集合.

下面介绍几个符号，对任意 $\boldsymbol{x}\in\mathbf{R}^n$，$a(\boldsymbol{x})=\min\limits_{j\in M}\{V_j(\boldsymbol{x})\}$ 和 $b(\boldsymbol{x})=\max\limits_{j\in M}\{V_j(\boldsymbol{x})\}$，则下面包含关系成立：$\Omega_l\subset\widetilde{\Theta}\subset\widetilde{\Theta}_{l_0}\subset\cdots\subset\widetilde{\Theta}_{l_p}\subset\widetilde{\Theta}_{l_{p+1}}\subset\cdots\subset\widetilde{\Theta}_{l_m}\subset\widetilde{\Theta}_{l_{m+1}}$，其中 $\widetilde{\Theta}=\{\boldsymbol{x}\in\mathbf{R}^n:b(\boldsymbol{x})\leqslant l\}$，$\widetilde{\Theta}_{i_p}=\{\boldsymbol{x}\in\mathbf{R}^n:a(\boldsymbol{x})\leqslant l_p\}$，$\sup\limits_{x\in\widetilde{\Theta}_{l_{p-1}}}\{b(\boldsymbol{x})\}\leqslant l_p<\infty$，$l_0=1$.

下面给出基于类 Lyapunov 函数的连续切换系统的不变性原理. 此外，假设下面的切换信号 σ 属于集合 Y_{dwell}.

定理 9.4 对于系统(9.7)，设 $V_j(\boldsymbol{x}):\mathbf{R}^n\to[0,+\infty)$，$j\in M$，是类 Lyapunov 函数. 设对于任意 $l>0$ 和所有 $j\in M$，集合 $\Omega_l^j=\{\boldsymbol{x}\in\mathbf{R}^n:V_j(\boldsymbol{x})<l\}$是有界的，$\Omega_l=\bigcap\limits_{j\in M}\Omega_l^j$，那么，对所有 $\boldsymbol{x}_0\in\Omega_l$，每个解 $\boldsymbol{x}(t,\boldsymbol{x}_0)$吸引到集合 $Z\cap\Theta_{l_{m+1}}$ 中的最大弱不变集，其中 $Z=\bigcup\limits_{j\in M}Z_j$，$Z_j=\{\boldsymbol{x}\in\mathbf{R}^n:\nabla V_j(\boldsymbol{x})\cdot\boldsymbol{f}_j(\boldsymbol{x})=0\}$.

证明 下面分三步证明

第一步，当 $\boldsymbol{x}(t_{j_n},\boldsymbol{x}_0)\in\widetilde{\Theta}_{l_p}$时，对任意 $p=0,1,\cdots,m$ 和 $t\in[t_{j_n},t_{j_n+1})$，有

$\boldsymbol{x}(t,\boldsymbol{x}_0)\in\widetilde{\Theta}_{l_{p+1}}$.

第二步，如果 $\boldsymbol{x}_0\in\Omega_l$，那么对于所有 $t\geqslant 0$，每个解 $\boldsymbol{x}(t,\boldsymbol{x}_0)$ 都在集合 $\widetilde{\Theta}_{l_{m+1}}$ 中.

第三步，对于所有 $\boldsymbol{x}_0\in\Omega_l$，每个解 $\boldsymbol{x}(t,\boldsymbol{x}_0)$ 吸引到集合 $Z\cap\Theta_{l_{m+1}}$ 中的最大弱不变集.

首先证明第一步，假设第一步结论不成立，则存在 $\tilde{t}\in[t_{j_n},t_{j_n+1})$，使 $\boldsymbol{x}(\tilde{t},\boldsymbol{x}_0)\notin\widetilde{\Theta}_{l_{p+1}}$ 且满足 $\boldsymbol{x}(t_{j_n},\boldsymbol{x}_0)\in\widetilde{\Theta}_{l_p}$，$(p=0,1,\cdots,m)$. 这表明对所有 $\boldsymbol{x}\in\Theta_{l_{p+1}}$，$V_j(\boldsymbol{x}(\tilde{t},x_0))>a(\boldsymbol{x})$. 因此，$V_j(\boldsymbol{x}(\tilde{t},\boldsymbol{x}_0))>\sup\limits_{\boldsymbol{x}\in\widetilde{\Theta}_{l_p}}b(\boldsymbol{x})>V_j(\boldsymbol{x}(t_{j_n},x_0))$，这与当 $t\in[t_{j_n},t_{j_n+1})$ 时，有 $\nabla V_j(\boldsymbol{x}(t))\cdot\boldsymbol{f}_j(\boldsymbol{x}(t))\leqslant 0$ 矛盾.

下面证明第二步，使用类似于文献[124]和文献[125]的思想，对子系统个数 m 进行使用数学归纳法证明.

首先，当 $m=1$，即 $M=\{1\}$，第二步的结论明显正确. 类似于第一步证明，如果 $\boldsymbol{x}_0\in\widetilde{\Theta}_{l_0}$ 时，解保持在集合 $\widetilde{\Theta}_{l_1}$ 中.

下面，当 $m=p-1$ 时，即 $M=\{1,\cdots,p-1\}$，假设第二步的结论是正确的，也就是如果 $\boldsymbol{x}_0\in\Omega_l$，则对所有 $t\geqslant 0$ 解 $\boldsymbol{x}(t,\boldsymbol{x}_0)\in\widetilde{\Theta}_p$. 下面证明当 $m=p$ 时，即 $M=\{1,\cdots,p\}$，结论正确. 设 $\boldsymbol{x}_0\in\Omega_l$，当第 p 个子系统在 $t=t_{p_1}$ 时刻被激活时，有 $\boldsymbol{x}(t_{p_1},\boldsymbol{x}_0)\in\widetilde{\Theta}_p$ 成立. 类似于第一步证明，当 $t\in[t_{p_1},t_{p_1+1})$ 时，$\boldsymbol{x}(t,\boldsymbol{x}_0)\in\widetilde{\Theta}_{p+1}$. 此外，当 $t_{p_1+1}<t$ 时，$\sigma(t)$ 必等于某个指标 $i\in M=\{1,\cdots,p\}$，这表明 $\boldsymbol{x}(t,\boldsymbol{x}_0)$ 属于某个集合 $\widetilde{\Theta}_p$，因为对第 i 个子系统，在被激活区间的左端点处 V_i 是非增的，那么对所有 $t\geqslant 0$，有 $\boldsymbol{x}(t,\boldsymbol{x}_0)\in\widetilde{\Theta}_{l_{p+1}}$.

下面证明第三步. 设 $\boldsymbol{x}_0\in\Omega_l$，有第一步与第二步结论，得解 $\boldsymbol{x}(t,\boldsymbol{x}_0)$ 是有界的. 因此极限集 $\omega(\boldsymbol{x}_0)$ 是非空的，弱不变的且 $\omega(\boldsymbol{x}_0)\subset\widetilde{\Theta}_{l_{m+1}}$，由文献[11]，解吸引到 $\Theta_{l_{m+1}}$ 中最大弱不变集. 考虑第 j 个子系统的切换列 $\{t_{j_k}\}$，即 $\sigma(t_{j_k})=j$. 由类 Lyapunov 函数定义得 $V_j(\boldsymbol{x}(t_{j_k}))$ 非增且有下界. 因此，对所有 $j\in M$，$\lim\limits_{k\to\infty}V_j(\boldsymbol{x}(t_{j_k}))=r_j^*$. 当 $\boldsymbol{x}^*\in\omega(x_0)$ 时，设存在数列 $\{t_k\}_{k=0}^{\infty}$，使当 $k\to\infty$ 时，$\boldsymbol{x}(t_k,\boldsymbol{x}_0)\to\boldsymbol{x}^*$. 因为指标集 M 是有限的，所以存在 $j\in M$ 与数列 $\{t_k\}_{k=0}^{\infty}$ 的子列 $\{t_{k_n}\}_{n=0}^{\infty}$，使 $t_{k_n}\in[t_{j_{k_n}},t_{j_{k_n}+1})$ 且 $\lim\limits_{n\to\infty}V_j(\boldsymbol{x}(t_{k_n})=V_j(\boldsymbol{x}^*)=r_j$. 由文献[125]，存在包含原点的区间 $[\gamma,\delta]$ 与函数列 $\psi_{j_{k_n}}=\boldsymbol{x}(t+t_{k_n},\boldsymbol{x}_0)$ 定义在 $[\gamma,\delta]$，满足下面性质.

(1)当 n 趋于$+\infty$时，在$[\gamma,\delta]$上 ψ_{j_k} 一致收敛到函数 ψ_j，其中对所有 $t\in[\gamma,\delta]$有 $\psi_j\subset\omega(\boldsymbol{x}_0)$成立.

(2)对所有 $t\in[\gamma,\delta]$，$\psi_j(t)$满足 $\dot{\boldsymbol{x}}=\boldsymbol{f}_j(\boldsymbol{x})$ 且 $\boldsymbol{\psi}(0)=\boldsymbol{x}^*$.

则对任意$[\gamma,\delta]$，有 $V_j(\psi_j(t))=r_j$ 和$\nabla V_j(\psi_j(t))\cdot\boldsymbol{f}_j(\psi_j(t))=0$ 成立. 其实，当 $t=0$ 时，$\nabla V_j(\boldsymbol{x}^*)\cdot\boldsymbol{f}_j(\boldsymbol{x}^*)=0$. 因此，对第 j 个子系统有 $\boldsymbol{x}^*\in\omega(\boldsymbol{x}_0)\subset Z$.

9.5 数值例子

下面通过一个数值例子验证本节所得结果的有效性.

例 9.1 考虑下面由两个子系统组成的切换系统

$$\boldsymbol{x}(k+1)=\begin{pmatrix}x_1(k+1)\\x_2(k+1)\end{pmatrix}=f_\sigma\boldsymbol{x}(k))=\begin{pmatrix}\dfrac{a_\sigma x_2(k)}{1+x_1^2(k)}\\\dfrac{b_\sigma x_1(k)}{1+x_2^2(k)}\end{pmatrix}\tag{9.8}$$

其中，$\sigma\in\{1,2\}$，设这个切换律为

$$\sigma(k)=1,\ \text{if}\quad k\in\bigcup_{n=0}^{\infty}[4n,2(2n+1))\cap\mathbf{Z}^+;$$

$$\sigma(k)=2,\ \text{if}\quad k\in\bigcup_{n=0}^{\infty}[2(2n+1),4(n+1))\cap\mathbf{Z}^+.$$

情形 1：$a_1=\dfrac{1}{2}$，$a_2=\dfrac{1}{3}$，$b_1=b_2=1$.

选择 $V_i(\boldsymbol{x})=V(\boldsymbol{x})=x_1^2+x_2^2(i=1,2)$. 明显地对于第一个子系统有 $\Delta V(\boldsymbol{x})\leqslant-\dfrac{3}{4}\boldsymbol{x}_2^2$；对第二个子系统有 $\Delta V(\boldsymbol{x})\leqslant-\dfrac{8}{9}x_2^2$. 除此之外，集合 $S=\{\boldsymbol{x}:\Delta V(\boldsymbol{x})=0\}=\{\boldsymbol{x}:x_2=0\}$，并且对任意$(b,0)^{\mathrm{T}}\in S$，$b\neq 0$，有 $\boldsymbol{f}_i((b,0)^{\mathrm{T}})=(0,b)^{\mathrm{T}}\notin S(i=1,2)$. 明显地在集合 S 中最大弱不变集是$\{(0,0)^{\mathrm{T}}\}$. 推论 9.1 的条件都满足，解 $\boldsymbol{x}(k,\boldsymbol{x}_0)$吸引到集合$\{(0,0)^{\mathrm{T}}\}$. 对于初始值 $\boldsymbol{x}(0)=(-1,2)^{\mathrm{T}}$，仿真结果如图 9.1.

情形 2：$a_1=1$，$a_2=-1$，$b_1=1$，$b_2=-1$.

对第一与第二个子系统，得 $\Delta V(\boldsymbol{x})=\left[\dfrac{1}{(1+x_2^2)^2}-1\right]x_1^2+\left[\dfrac{1}{(1+x_1^2)^2}-1\right]x_2^2$，因此，$S=\{\boldsymbol{x}:x_1=0\}\cup\{\boldsymbol{x}:x_2=0\}$. 推论 9.1 的条件都满足，解 $\boldsymbol{x}(k,\boldsymbol{x}_0)$吸引到集合 S 中弱不变集$\{(c,0)^{\mathrm{T}},(0,c)^{\mathrm{T}},(-c,0)^{\mathrm{T}},(0,-c)^{\mathrm{T}}\}$，其中 c 为某个常数. 对于初始值 $\boldsymbol{x}(0)=(-2,2)^{\mathrm{T}}$，仿真结果见图 9.2.

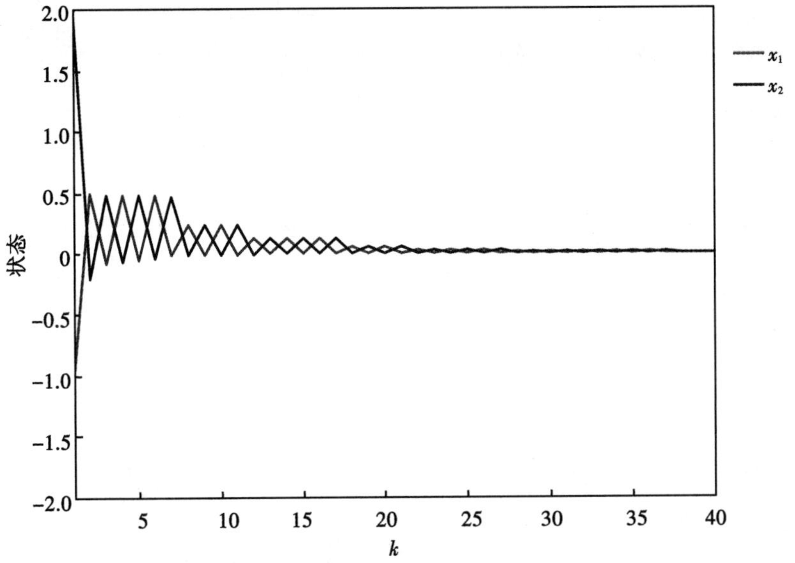

图 9.1　系统(9.8)的状态

情形 3：$a_1=1$，$a_2=-1$，$b_1=b_2=1$.

对于初值 $\boldsymbol{x}(0)=(-2,\ -2)^{\mathrm{T}}$，仿真结果如图 9.3 和图 9.4，其中图 9.3 给出了系统状态响应，而图 9.4 给出了系统在相空间中的动态响应.

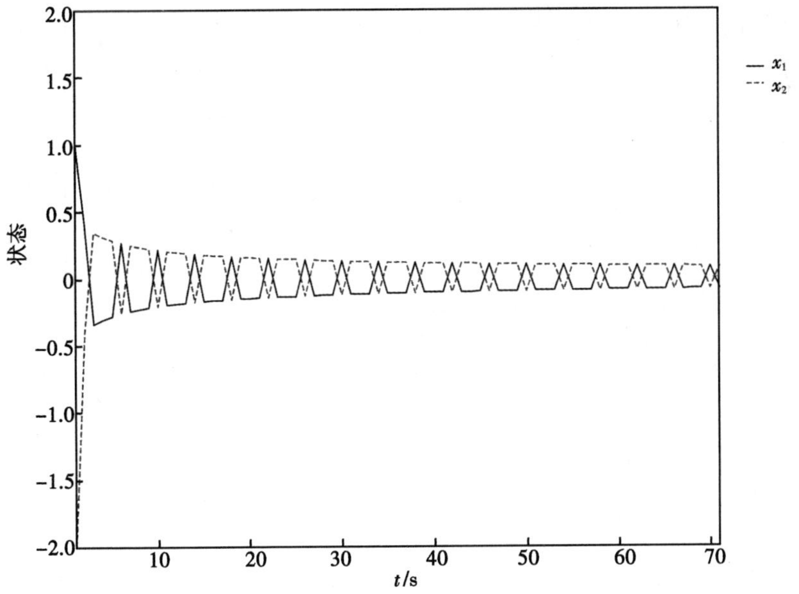

图 9.2　系统的状态

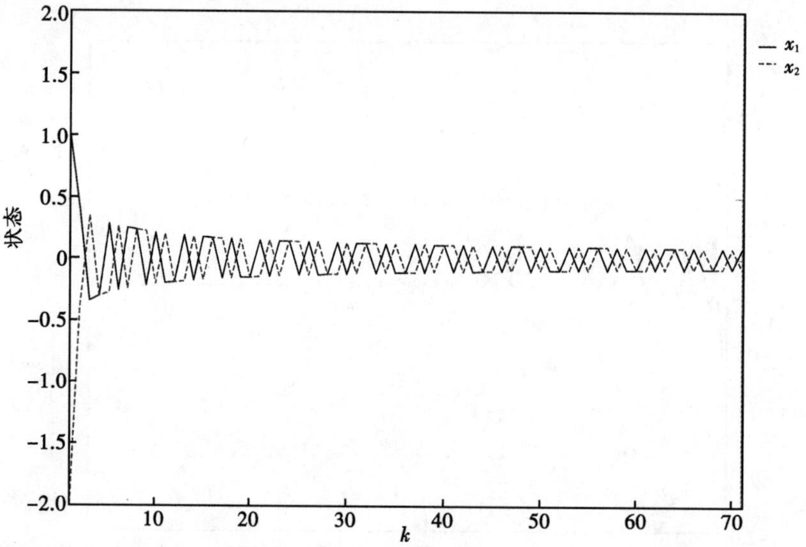

图 9.3　系统的状态

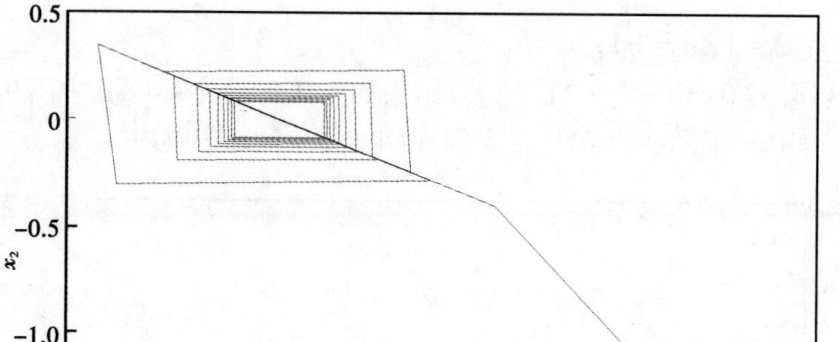

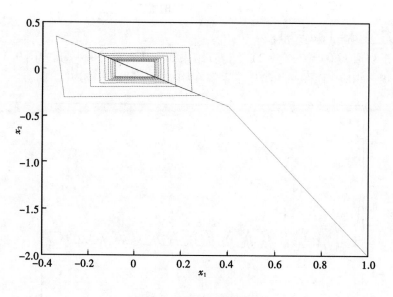

图 9.4　系统的动态响应

第 10 章　基于增长几何耗散性的离散动态网络输出同步

10.1 引　言

近十几年来，动态网络引起学者广泛关注. 主要因为在社会与工程等领域存在大量的动态网络，如计算机网络[127-130]、生物网络等[131]. 概括起来，动态网络是由相互连接的节点组成，通常每个节点用连续或者离散时间系统来刻画. 为研究动态网络性质，不仅要分析网络每个节点的动态，而且要考虑网络连接的方式[132-133]，称为拓扑结构.

动态网络在社会生产和科学技术中的广泛存在自然引出了一个朴素而重要的问题，网络结构是怎样改善或者约束网络的动态行为的. 例如，社会网络怎样促成了疾病的传播；大型电网是怎样运行的；全球经济体系中怎样产生级联效应的；某个复杂的网络怎样应对突然的环境改变或者节点出现故障等. 许许多多的问题直至今日仍然困扰着人们，尚待探知.

简单地解释动态网络，它是由一定数量的节点和构成节点之间连接的边组成的. 这里所说的节点是抽象出来的个体或者事件，通常用一个动态系统来表示. 用图论来诠释理解网络结构是很合适的. 网络(或称图)G 是一个有序二元组(V, E)，其中 $V=\{v_1, v_2, \cdots, v_N\}$是有限非空的节点集合，$E$ 是 V 中不同元素的非有序对偶集合. V 和 E 中元素的个数分别表示网络的阶和边数. 一些图论中的简单术语有助于更好地理解网络. 两个节点称为相邻接，若对偶$\{v_i, v_j\}$是图 G 的边. 图 G 中 p 条边的序列$\{v_0, v_1\}\{v_1, v_2\}\cdots\{v_{p-1}, v_p\}$称为连接 v_0 到 v_p 的一条长为 p 的路(path). 若 $v_0=v_p$，则称该路为回路，否则为开路. 在图 G 中，若存在一条连接 v_i 和 v_j 的路，则称节点 v_i 和 v_j 是连接的. 没有边与其相连的节点称为孤立节点(isolated node). 若图 G 中任意两个节点都是连接的，则称 G 是连通图，否则称 G 为非连通图. 若 E 中任意对偶$\{v_i, v_j\}$和 v_j, v_i 对应同一条边，则称图 G 为无向图，否则称为有向图. 下面介绍网络的三个重要度量概念——平均路径长度(the average path length)、簇系数(clustering coefficient)和度分布

(degree distribution)[92].

(1)平均路径长度. 在一个网络中, 连接 i 和 j 两个节点的最短的路的距离记为 d_{ij}. 所有节点对的最大距离称为网络的直径 D. 对网络中所有节点对的距离求平均值就得到了网络的平均路径长度. 平均路径长度和直径可以用来度量网络的传输性能和效率等.

(2)簇系数. 一个节点的簇系数定义为与它相邻的节点之间存在边的数量占总可能的百分比. 用 k_i 表示节点 i 的所有边的个数, 即有 k_i 个节点与 i 相邻. 那么, 这些节点之间最多存在 $k_i(k_i-1)/2$ 边. 用 e_i 表示与 i 相邻的节点间存在边的个数, 那么 $C_i=2e_i/k_i(k_i-1)$ 即为节点 i 的簇系数. 网络的簇系数定义为所有节点簇系数的算术平均值, 它是用来衡量一个网络集团化程度的参数.

(3)度分布. 与一个节点关联的边的个数就是这个节点的度(degree). 所有节点的度的平均值记为网络的度. 度分布表示节点度的分布函数. 不同的网络所呈现的度分布也不同. 所以, 度分布也是刻画网络的一个重要参数.

这三个重要参数可以用来区分不同网络, 描述网络的特征. 网络模型的发展经历了从规则网络到随机网络再到小世界网络和无标度网络的过程. 规则网络, 顾名思义, 就是网络中节点的关系是确定的且规则的, 网络的平均路径长度随着网络的阶数的增长而增长. 然而, 随着科技的不断发展, 科学家通过计算机采集到的大量数据显示, 很多网络用这种规则图来描述并不能诠释网络复杂的特性. 这种用确定结构描述网络的方式过于简单化、理想化. 20 世纪中期, 随机网络模型的提出更好地演示了网络. 与规则网络相比, 随机网络具有较小的平均路径长度和较小的簇系数. 小世界网络[93]和无标度网络[94-95]的提出揭示了不同的网络具有的普遍特性, 被公认为复杂动态网络的两项开创性研究. 从此, 动态网络的研究掀起了新的热潮.

小世界网络(small world network)是由 Watts 和 Strogatz 于 1998 年提出的. 这种建模思想源于人类社会网络. 实验结果表明, 一个美国人可以通过六个人找到他想认识的人, 这一特性就是所谓小世界效应. 利用这种思想建模网络, 可以在网络中寻找一些“捷径”, 这些“捷径”能够使复杂的网络的平均路径减小. 但是, 很多节点仍和它邻近的节点相连, 这使网络的簇系数仍然很大.

Barabási 和 Albert 于 1999 年提出了无标度网络(scale-free network). 他们认为, 现实中很多网络都是不断增长的, 呈现了高度的自组织性, 即网络的节点度呈幂指数分布. 而这些新增的节点也往往选择最优路径. 这一特性可以从万维网的例子中看出. 基于这种特性所构建的网络即无标度网络, 它克服了前面几种模型的局限性, 平均路径长度和簇系数都相对较小. 准确地描述动态网络的结构模型是非常重要的. 因为结构往往对动态系统的行为意义和影响都很大, 特别是动态网络. 因为动态网络是由大量的独立部分连接而成的, 所以网络的连接结构影响甚至限制了网络中的各个节点的行为. 例如，无标度网络的不均匀特性可能造成网络节点容错能力的连带性，导致网络非常脆弱，容易受到攻击.

同步化是动态网络中最重要的研究内容之一. 对网络同步化的研究可以追溯到 1665 年，物理学家 Huygens 观察到两个钟摆不管从什么位置出发，经过一段时间以后，它们总会趋向于同步摆动. 现今，在物理、生物和工程技术等领域能发现各种各样的同步现象[134]. 例如，在核磁共振仪和通信系统等方面，同步起到非常重要的作用. 然而，同步有时也是有害的，例如在 Internet 信息网络上，每个路由器都要周期性地向外发布信息，可能会出现大量路由器以同步的方式发送信息，进而引发网络信息传递堵塞[135]，因此有必要研究网络同步现象. 同步可分为完全同步(complete synchronization)、相位同步(phase synchronization)、滞后同步(lag synchronization)和广义同步(generalized synchronization)等. 主要的研究思路是把动态网络的同步化问题转换成稳定性问题来处理. 通常用下面几种方法研究，如主稳定函数法(master stability function method)[136]、连通图稳定法(the connection graph stability method)[137]、收缩理论[138]与内模原理(internal modelprinciple)[139]等. 此外，一些控制策略也用于该问题研究[140]. 特别是无源性也用于研究网络输出同步化问题[141-142]，从结果来看，当每个节点都具有无源性时，同步化判定条件变得更简单.

对于离散时间动态网络，输出同步问题研究结果相对较少. 文献[143]通过使用 Razumikhin-type 与 Lyapunov 函数方法研究全局一致指数同步；文献[144]通过解 Riccati 方程来构造系统的 Lyapunov 函数，结合分布式事件触发策略给出线性离散时间动态网络同步化准则；文献[145]通过 Lyapunov-Krasovskii 泛函方法用线性矩阵不等式给出变时滞的同步化准则；也有研究离散时间混沌系统的广义同步问题[146-147]. 对于切换拓扑连接的动态网络，有一些方法可以使用，如随机矩阵的无穷乘积法(infinite products of stochastic matrices)[148]与图解法(graphical method)[149-150]等. 此外，文献[151]采用每个节点恒等、节点与节点之间使用分散连接方式(diffusive connections)的假设给出离散时间动态网络的同步化条件.

增长无源性是非线性系统的一个重要性质. 它最早是从算子的角度给出的[152]，是传统无源性概念的推广. 增长无源性是通过任意两个输入之差与对应的输出之差来描述系统输入-输出性质. 即使系统不存在平衡点，也可以利用增长无源性来分析系统的性质与指导设计. 连续系统的增长无源性不仅理论体系比较成熟，也有广泛的应用背景，如可以用来研究电路分析[153]与连续动态网络的输出同步问题[154-156]. 此外，离散时间系统的几何耗散性是由 M. Wassim Haddad 等人在 2001 年提出的[157]，目的是利用该性质考虑 Hammerstein 系统的非线性动态补偿器设计问题. 概括起来，几何耗散性是指离散时间非线性系统内部消耗的能量不超出外界对它供应的能量. 这一性质通过几何存储函数和几何供应率来描述，并建立了几何储存函数与几何供应率之间的关系. 几何无源性是作为几何耗散性的一种特殊情况给出的. 既然增长无源性有利于连续动态网络同步化问题的研究[158]，几何增长无源性就应该对研究离散时间动态网络输出同步化问题有所帮助.

本章利用增长几何耗散性研究离散时间动态网络的输出同步化问题. 本章共分两部分，第一部分给出增长几何耗散性的概念，第二部分分别讨论了在任意切换信号与设计切换信号下使网络达到输出同步两种情形. 与现有的研究成果相比，本章有三个特点：首先，当每个节点都是增长几何耗散性时，选择合适的输入与输出，网络整体就可以转化成传统的具有几何耗散性的系统研究；其次，基于增长几何耗散性，可以放宽连接矩阵对称性条件，因此本书的研究结果适合更广泛的网络；最后，设计的切换律只依赖于系统的输出，切换律容易实现.

10.2　离散时间非线性系统的增长几何耗散性

考虑下面非线性离散时间系统

$$\begin{aligned} \boldsymbol{x}(k+1)&=\boldsymbol{f}(\boldsymbol{x}(k),\ \boldsymbol{u}(k)),\\ \boldsymbol{y}(k)&=\boldsymbol{h}(\boldsymbol{x}(k),\ \boldsymbol{u}(k)),\ k\in \mathbf{Z}^+. \end{aligned} \tag{10.1}$$

其中，$\boldsymbol{x}\in\mathbf{R}^n$，$\boldsymbol{u}\in U\subseteq\mathbf{R}^m$ 与 $\boldsymbol{y}\in\mathbf{R}^l$ 分别是系统的状态、输入与输出，$\boldsymbol{f}$: $\mathbf{R}^n\times U\to\mathbf{R}^n$，$\boldsymbol{h}$: $\mathbf{R}^n\to\mathbf{R}^l$ 是连续映射，满足 $\boldsymbol{f}(\mathbf{0},\ \mathbf{0})=\mathbf{0}$，$\boldsymbol{h}(\mathbf{0},\ \mathbf{0})=\mathbf{0}$，$k\in\mathbf{Z}^+$.

定义 10.1[157]　称系统(10.1)关于供应率 $r(\boldsymbol{u},\ \boldsymbol{y})$ 是 ρ-几何耗散的($\rho\geqslant 1$)，其中，$r(\mathbf{0},\ \mathbf{0})=0$，如果存在正定的连续函数 V: $D\subseteq\mathbf{R}^n\to\mathbf{R}$，满足 $V(\mathbf{0})=0$，使对所有 $k\in\mathbf{Z}^+$ 和 $\boldsymbol{u}\in U$，下面不等式成立

$$\rho V(\boldsymbol{x}(k+1))\leqslant V(\boldsymbol{x}(k))+\rho r(\boldsymbol{u}(k),\ \boldsymbol{y}(k)).$$

此时称 V: $D\subseteq\mathbf{R}^n\to\mathbf{R}$ 为几何储能函数. 当 $\rho=1$ 时，称为耗散的.

下面对于系统(10.1)介绍几个特殊的供应率.

定义 10.2[157]　系统(10.1)称为 ρ-$(\boldsymbol{Q},\ \boldsymbol{S},\ \boldsymbol{R})$几何耗散的，如果式(10.1)关于二次供应率 $r(\boldsymbol{u},\ \boldsymbol{y})=\boldsymbol{y}^{\mathrm{T}}\boldsymbol{Q}\boldsymbol{y}+2\boldsymbol{y}^{\mathrm{T}}\boldsymbol{S}\boldsymbol{u}+\boldsymbol{u}^{\mathrm{T}}\boldsymbol{R}\boldsymbol{u}$ 是 ρ-几何耗散的，其中 $\boldsymbol{Q}=\boldsymbol{Q}^{\mathrm{T}}\in\mathbf{R}^{p\times p}$，$\boldsymbol{S}\in\mathbf{R}^{p\times m}$，$\mathbf{R}=\mathbf{R}^{\mathrm{T}}\in\mathbf{R}^{m\times m}$.

类似于文献[81]和文献[138]，下面给出系统(10.1)的 ρ-$(\boldsymbol{Q},\ \boldsymbol{S},\ \boldsymbol{R})$-增长几何耗散性定义.

定义 10.3　系统(10.1)称为 ρ-$(\boldsymbol{Q},\ \boldsymbol{S},\ \boldsymbol{R})$-增长几何耗散的，如果存在连

续正定储能函数 $V(\boldsymbol{x}_1, \boldsymbol{x}_2): D\times D\to\mathbf{R}^+$，使对于任意两个输入 $\boldsymbol{u}_1(k)$ 和 $\boldsymbol{u}_2(k)$ 分别对应两个解 $\boldsymbol{x}_1(k)$ 和 $\boldsymbol{x}_2(k)$ 满足下面条件：

$$\begin{aligned}&\rho V(\boldsymbol{x}_1(k+1), \boldsymbol{x}_2(k+1))-V(\boldsymbol{x}_1(k), \boldsymbol{x}_2(k))\\ \leqslant&\rho\{(\boldsymbol{y}_1(k)-\boldsymbol{y}_2(k))^{\mathrm{T}}\boldsymbol{Q}(\boldsymbol{y}_1(k)-\boldsymbol{y}_2(k))+\\ &2(\boldsymbol{y}_1(k)-\boldsymbol{y}_2(k))^{\mathrm{T}}\boldsymbol{S}(\boldsymbol{u}_1(k)-\boldsymbol{u}_2(k))+\\ &(\boldsymbol{u}_1(k)-\boldsymbol{u}_2(k))^{\mathrm{T}}\boldsymbol{R}(\boldsymbol{u}_1(k)-\boldsymbol{u}_2(k))\},\end{aligned}\tag{10.2}$$

其中，$\boldsymbol{Q}=\boldsymbol{Q}^{\mathrm{T}}\in\mathbf{R}^{p\times p}$，$\boldsymbol{S}\in\mathbf{R}^{p\times m}$，$\boldsymbol{R}=\boldsymbol{R}^{\mathrm{T}}\in\mathbf{R}^{m\times m}$是常数矩阵.

对于系统(10.1)，下面介绍几种特殊的ρ-$(\boldsymbol{Q}, \boldsymbol{S}, \boldsymbol{R})$-增长几何耗散性.

定义 10.4 当 $m=p$ 时，ρ-$(\boldsymbol{Q}, \boldsymbol{S}, \boldsymbol{R})$-增长几何耗散性的系统(10.1)称为

(i)ρ-增长几何无源的，如果 $\boldsymbol{Q}=0$，$\boldsymbol{S}=I_m$ 和 $\boldsymbol{R}=0$；

(ii)ρ-增长几何输入无源的，如果 $\boldsymbol{Q}=0$，$\boldsymbol{S}=\boldsymbol{I}_m$ 和 $\boldsymbol{R}=-\varepsilon\boldsymbol{I}_m$，其中常数 $\varepsilon>0$；

(iii)ρ-增长几何输出无源的，如果 $\boldsymbol{Q}=-\varepsilon\boldsymbol{I}_m$，$\boldsymbol{R}=\boldsymbol{I}_m$ 和 $\boldsymbol{R}=0$，其中常数 $\varepsilon>0$.

10.3 离散时间动态网络的输出同步化条件和设计方法

本节利用增长几何耗散性，分别研究在任意切换信号与设计切换信号下，离散时间动态网络的输出同步化问题.

10.3.1 问题描述

考虑由 N 个恒等节点组成的动态网络，每个节点的动态为

$$\begin{aligned}&\boldsymbol{x}_i(k+1)=\boldsymbol{f}(\boldsymbol{x}_i(k), \boldsymbol{u}_i(k))\\ &\boldsymbol{y}_i(k)=\boldsymbol{h}(\boldsymbol{x}_i(k), \boldsymbol{u}_i(k))\quad(k\in\mathbf{Z}^+;\ i=1, \cdots, N).\end{aligned}\tag{10.3}$$

其中，$\boldsymbol{x}_i\in\mathbf{R}^n$，$\boldsymbol{u}_i\in\mathbf{R}^m$ 和 $\boldsymbol{y}_i\in\mathbf{R}^n$ 分别为第 i 个节点的状态、控制输入和输出. $\boldsymbol{f}$: $\mathbf{R}^n\times\mathbf{R}^m\to\mathbf{R}^n$，$\boldsymbol{h}$: $\mathbf{R}^n\times\mathbf{R}^m\to\mathbf{R}^m$ 是连续映射且满足$\boldsymbol{f}(\mathbf{0}, \mathbf{0})=\mathbf{0}$，$\boldsymbol{h}(\mathbf{0}, \mathbf{0})=\mathbf{0}$.

设每个节点之间通过下面方式连接

$$\boldsymbol{u}_i(k)=\sum_{j=1, j\neq i}^{N}a_{ij}^{\sigma(k)}(\boldsymbol{y}_j-\boldsymbol{y}_i).\tag{10.4}$$

其中，切换信号 $\sigma(k)\in P=\{1, \cdots, p\}$ 为分段常值函数且右连续的，即在两次切换之间，它为常数. 对于每个固定的 $\sigma(k)=s\in P$，$\boldsymbol{A}_S=(a_{ij}^s)_{N\times N}$称为关联矩阵，它表示耦合强度与相应的节点之间连接方式. 如果第 i 个节点与第 j 个节点连接，则 $a_{ij}^S\neq0$，否则 $a_{ij}^S=0$. 假设每个固定拓扑下第 i 与 j 之间最多有一个连接. 此外，如果 $\boldsymbol{A}_S^{\mathrm{T}}=\boldsymbol{A}_S$，这个网络称为对称耦合网络[139, 152].

定义 10.5 由式(10.3)与式(10.4)描述的动态网络称为输出同步网络，如果下面条件成立

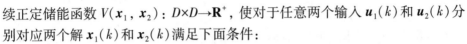

$$\lim_{k\to\infty}\|\boldsymbol{y}_i(k)-\boldsymbol{y}_j(k)\|=0 \quad (\forall i, j=1, 2, \cdots, N). \tag{10.5}$$

由定义 10.5 可见，离散时间动态网络输出同步依赖每个节点的动态，每个节点连接的拓扑结构与切换信号 $\sigma(k)$.

本章研究在切换信号 $\sigma(k)$ 下，由式(10.3)与式(10.4)描述的动态网络输出同步化问题：

(i)在任意切换信号下，离散时间网络输出同步判定准则.

(ii)当每个网络单独工作不能输出同步时，找到切换律设计方法，使网络在该切换律下输出同步.

下面先介绍一些符号. 可以将连接方式(10.4)写成

$$\boldsymbol{u}(k)=-(\boldsymbol{L}_{\sigma(k)}\otimes\boldsymbol{I}_m)\boldsymbol{y}, \tag{10.6}$$

其中，$\sigma(k)\in P=\{1, \cdots, p\}$，$\boldsymbol{L}_{\sigma(k)}$ 称为 Laplacian 矩阵[139]

$$l_{ij}^S=\begin{cases}\sum\limits_{z=1}^{N}a_{iz}^S, & i=j,\\ -a_{ij}^k, & i\neq j,\end{cases} \tag{10.7}$$

其中，$s\in P$，$\otimes$表示两个矩阵的 Kronecker 积，有下面性质：$(\boldsymbol{A}\otimes\boldsymbol{B})^{\mathrm{T}}=\boldsymbol{A}^{\mathrm{T}}\otimes\boldsymbol{B}^{\mathrm{T}}$；$a(\boldsymbol{A}\otimes\boldsymbol{B})=(a\boldsymbol{A})\otimes\boldsymbol{B}=\boldsymbol{A}\otimes(a\boldsymbol{B})$；$(\boldsymbol{A}\otimes\boldsymbol{B})\otimes\boldsymbol{C}=\boldsymbol{A}\otimes(\boldsymbol{B}\otimes\boldsymbol{C})=\boldsymbol{A}\otimes\boldsymbol{B}\otimes\boldsymbol{C}$；$(\boldsymbol{A}\otimes\boldsymbol{B})(\boldsymbol{C}\otimes\boldsymbol{D})=(\boldsymbol{AC})\otimes(\boldsymbol{BD})$，其中 $\boldsymbol{A}$，$\boldsymbol{B}$，$\boldsymbol{C}$，$\boldsymbol{D}$ 为常数矩阵.

设 $\bar{\boldsymbol{y}}=\frac{1}{N}\sum\limits_{i=1}^{N}\boldsymbol{y}_i$ 与 $\bar{\boldsymbol{u}}=\frac{1}{N}\sum\limits_{i=1}^{N}\boldsymbol{u}_i$ 分别表示平均输出与平均输入，分别定义如下误差向量 $\boldsymbol{y}_\Delta$ 与 $\boldsymbol{u}_\Delta$：

$$\boldsymbol{y}_\Delta=((\boldsymbol{y}_1-\bar{\boldsymbol{y}})^{\mathrm{T}}, (\boldsymbol{y}_2-\bar{\boldsymbol{y}})^{\mathrm{T}}, \cdots, (\boldsymbol{y}_N-\bar{\boldsymbol{y}})^{\mathrm{T}})^{\mathrm{T}}, \tag{10.8}$$

$$\boldsymbol{u}_\Delta=((\boldsymbol{u}_1-\bar{\boldsymbol{u}})^{\mathrm{T}}, (\boldsymbol{u}_2-\bar{\boldsymbol{u}})^{\mathrm{T}}, \cdots, (\boldsymbol{u}_N-\bar{\boldsymbol{u}})^{\mathrm{T}})^{\mathrm{T}}, \tag{10.9}$$

则

$$\boldsymbol{y}_\Delta=\boldsymbol{y}-(\boldsymbol{1}_N\otimes\boldsymbol{I}_m)\bar{\boldsymbol{y}}, \ \boldsymbol{u}_\Delta=\boldsymbol{u}-(\boldsymbol{1}_N\otimes\boldsymbol{I}_m)\bar{\boldsymbol{u}}.$$

定义 $\boldsymbol{\Phi}\in\mathbf{R}^{(N-1)\times N}$ 为

$$\boldsymbol{\Phi}=\begin{pmatrix}-1+(N-1) & 1-v & -v & \cdots & -v\\ -1+(N-1) & -v & 1-v & \cdots & -v\\ \vdots & \vdots & \vdots & & \vdots\\ -1+(N-1) & -v & -v & \cdots & 1-v\end{pmatrix}.$$

其中，$v=\frac{N-\sqrt{N}}{N(N-1)}$. 明显地，$\boldsymbol{\Phi}$ 满足 $\boldsymbol{\Phi}\boldsymbol{\Phi}^{\mathrm{T}}=\boldsymbol{I}_{N-1}$ 与 $\boldsymbol{\Phi}^{\mathrm{T}}\boldsymbol{\Phi}=\boldsymbol{I}_N-\frac{1}{N}\boldsymbol{1}_{N\times N}$. 设 $\bar{\boldsymbol{y}}=(\boldsymbol{\Phi}\otimes\boldsymbol{I}_m)\boldsymbol{y}$，$\tilde{\boldsymbol{u}}=(\boldsymbol{\Phi}\otimes\boldsymbol{I}_m)\boldsymbol{u}$.

下面要证明，如果式(10.3)每个节点都具有 ρ-$(\boldsymbol{Q}, \boldsymbol{S}, \boldsymbol{R})$-增长几何耗散性，则在固定切换信号下，网络可以转化成具有传统的几何耗散性的非线性系统.

定理 10.1 设每个节点都是ρ-($\lambda_y\boldsymbol{I}_m$, $\lambda_{uy}\boldsymbol{I}_m$, $\lambda_u\boldsymbol{I}_m$)-增长几何耗散的，则

(i)对于输入—输出对($\widetilde{\boldsymbol{u}}$, $\widetilde{\boldsymbol{y}}$)，由式(10.3)与式(10.4)描述的动态网络是ρ-($\lambda_y\boldsymbol{I}_{m(N-1)}$, $\lambda_{uy}\boldsymbol{I}_{m(N-1)}$, $\lambda_u\boldsymbol{I}_{m(N-1)}$)-几何耗散的，即存在连续储能函数 $V(\boldsymbol{x})$，使不等式(10.9)成立.

$$\rho V(\boldsymbol{x}(k+1))-V(\boldsymbol{x}(k))\leqslant\rho(\lambda_y\|\widetilde{\boldsymbol{y}}(k)\|^2+2\lambda_{uy}\widetilde{\boldsymbol{u}}^{\mathrm{T}}(k)\widetilde{\boldsymbol{y}}(k)+\lambda_u\|\widetilde{\boldsymbol{u}}(k)\|^2);\tag{10.9}$$

(ii)对于输入—输出对($\widetilde{\boldsymbol{u}}$, $\widetilde{\boldsymbol{y}}$)，由式(10.3)与式(10.4)描述的动态网络是($\rho\lambda_y\boldsymbol{I}_{m(N-1)}$, $\rho\lambda_{uy}\boldsymbol{I}_{m(N-1)}$, $\rho\lambda_u\boldsymbol{I}_{m(N-1)}$)-几何耗散的.

证明 (i)因为每个节点是ρ-($\lambda_y\boldsymbol{I}_m$, $\boldsymbol{\lambda}_{uy}\boldsymbol{I}_m$, $\lambda_u\boldsymbol{I}_m$)-增长几何耗散的，所以存在连续正定函数 V_{ij}: $\mathbf{R}^n\times\mathbf{R}^n\to\mathbf{R}^+$，使对于式(10.3)与式(10.4)描述的动态网络中任意两个节点，都有不等式(10.10)成立.

$$\begin{aligned}&\rho V_{ij}(\boldsymbol{x}_i(k+1),\boldsymbol{x}_j(k+1))-V_{ij}(\boldsymbol{x}_i(k),\boldsymbol{x}_j(k))\\&\leqslant\rho\{\lambda_y\|\boldsymbol{y}_i(k)-\boldsymbol{y}_j(k)\|^2+\\&\quad 2\lambda_{uy}(\boldsymbol{y}_i(k)-\boldsymbol{y}_j(k))^{\mathrm{T}}(\boldsymbol{u}_i(k)-\boldsymbol{u}_j(k))+\lambda_u\|\boldsymbol{u}_i(k)-\boldsymbol{u}_j(k)\|^2\}\end{aligned}\tag{10.10}$$

其中，$\boldsymbol{x}_i$，$\boldsymbol{x}_j$，$\boldsymbol{u}_i$，$\boldsymbol{u}_j$，$\boldsymbol{y}_i$ 和 $\boldsymbol{y}_j$ 分别是第 i 个节点和第 j 个节点的状态、输入和输出.

定义 $V(\boldsymbol{x})=\dfrac{1}{2N}\sum\limits_{i,j}^{N}V_{ij}(\boldsymbol{x}_i,\boldsymbol{x}_j)$，由式(10.10)得

$$\begin{aligned}&\rho V(\boldsymbol{x}(k+1))-V(\boldsymbol{x}(k))\\&\leqslant\frac{1}{2N}\sum_{i,j}^{N}(\rho V_{ij}(\boldsymbol{x}_i(k+1),\boldsymbol{x}_j(k+1))-V_{ij}(\boldsymbol{x}_i(k),\boldsymbol{x}_j(k)))\\&\leqslant\frac{\rho}{2N}\sum_{i,j}^{N}\{\lambda_y\|\boldsymbol{y}_i-\boldsymbol{y}_j\|^2+2\lambda_{uy}(\boldsymbol{y}_i-\boldsymbol{y}_j)^{\mathrm{T}}(\boldsymbol{u}_i-\boldsymbol{u}_j)+\lambda_u\|\boldsymbol{u}_i-\boldsymbol{u}_j\|^2\}.\end{aligned}\tag{10.11}$$

对于式(10.11)右端第一项

$$\begin{aligned}&\frac{\lambda_y}{2N}\sum_{i,j}^{N}\|\boldsymbol{y}_i(k)-\boldsymbol{y}_j(k)\|^2\\&=\frac{\lambda_y}{2N}\sum_{i,j}^{N}(\|\boldsymbol{y}_i(k)\|^2-2\boldsymbol{y}_i^{\mathrm{T}}(k)\boldsymbol{y}_i(k)+\|\boldsymbol{y}_i(k)\|^2)\\&=\frac{\lambda_y}{N}\sum_{i,j}^{N}(\|\boldsymbol{y}_i(k)\|^2-\boldsymbol{y}_i^{\mathrm{T}}(k)\boldsymbol{y}_j(k))\\&=\lambda_y\boldsymbol{y}^{\mathrm{T}}(\boldsymbol{y}-(1_{N\times N}\otimes I_m)\bar{\boldsymbol{y}})\\&=\lambda_y\boldsymbol{y}^{\mathrm{T}}\boldsymbol{y}_\Delta.\end{aligned}\tag{10.12}$$

由性质 $\boldsymbol{\Phi}\boldsymbol{\Phi}^{\mathrm{T}}=\boldsymbol{I}_{N-1}$ 和 $\boldsymbol{\Phi}^{\mathrm{T}}\boldsymbol{\Phi}=\boldsymbol{I}_N-\frac{1}{N}\mathbf{1}_{N\times N}$ 得

$$(\boldsymbol{\Phi}^{\mathrm{T}}\otimes\boldsymbol{I}_m)\widetilde{\boldsymbol{y}}=(\boldsymbol{\Phi}^{\mathrm{T}}\otimes\boldsymbol{I}_m)(\boldsymbol{\Phi}\otimes\boldsymbol{I}_m)\boldsymbol{y}=((\boldsymbol{\Phi}^{\mathrm{T}}\boldsymbol{\Phi})\otimes\boldsymbol{I}_m)\boldsymbol{y}$$
$$=\left(\left(\boldsymbol{I}_N-\frac{1}{N}\mathbf{1}_{N\times N}\right)\otimes\boldsymbol{I}_m\right)\boldsymbol{y}=\boldsymbol{y}-\frac{1}{N}(\mathbf{1}_{N\times N}\otimes\boldsymbol{I}_m)\boldsymbol{y}=\boldsymbol{y}_\Delta. \quad (10.13)$$

因为由 $\bar{\boldsymbol{y}}=(\boldsymbol{\Phi}\otimes\boldsymbol{I}_m)\boldsymbol{y}$ 得

$$\widetilde{\boldsymbol{y}}^{\mathrm{T}}=\boldsymbol{y}^{\mathrm{T}}(\boldsymbol{\Phi}\otimes\boldsymbol{I}_m)^{\mathrm{T}}=\boldsymbol{y}^{\mathrm{T}}(\boldsymbol{\Phi}^{\mathrm{T}}\otimes\boldsymbol{I}_m) \quad (10.14)$$

替换式(10.14)和式(10.15)到式(10.12)中得

$$\frac{\lambda_y}{2N}\sum_{i,j}^{N}\|\boldsymbol{y}_i-\boldsymbol{y}_j\|^2=\lambda_y\boldsymbol{y}^{\mathrm{T}}\boldsymbol{y}_\Delta=\lambda_y\boldsymbol{y}^{\mathrm{T}}(\boldsymbol{\Phi}^{\mathrm{T}}\otimes\boldsymbol{I}_m)(\boldsymbol{\Phi}\otimes\boldsymbol{I}_m)y=\lambda_y\widetilde{\boldsymbol{y}}^{\mathrm{T}}\widetilde{\boldsymbol{y}}. \quad (10.15)$$

相似地，对于式(10.11)右端第二与第三项

$$\frac{\lambda_{uy}}{2N}\sum_{i,j}^{N}(\boldsymbol{y}_i(k)-\boldsymbol{y}_j(k))^{\mathrm{T}}(\boldsymbol{u}_i(k)-\boldsymbol{u}_j(k))$$
$$=\frac{\lambda_{uy}}{N}\sum_{i,j}^{N}(\boldsymbol{y}_i^{\mathrm{T}}(k)\boldsymbol{u}_i(k)-\boldsymbol{y}_i^{\mathrm{T}}(k)\boldsymbol{u}_j(k))$$
$$=\lambda_{uy}\boldsymbol{y}^{\mathrm{T}}(\boldsymbol{\Phi}^{\mathrm{T}}\otimes\boldsymbol{I}_m)(\boldsymbol{\Phi}\otimes\boldsymbol{I}_m)\boldsymbol{u}=\lambda_{uy}\widetilde{\boldsymbol{y}}^{\mathrm{T}}\widetilde{\boldsymbol{u}}. \quad (10.16)$$

$$\frac{\lambda_u}{2N}\sum_{i,j}^{N}\|\boldsymbol{u}_i-\boldsymbol{u}_j\|^2=\lambda_u\boldsymbol{u}^{\mathrm{T}}\boldsymbol{u}_\Delta=\lambda_u\boldsymbol{u}^{\mathrm{T}}(\boldsymbol{\Phi}^{\mathrm{T}}\otimes\boldsymbol{I}_m)(\boldsymbol{\Phi}\otimes\boldsymbol{I}_m)\boldsymbol{u}=\lambda_u\widetilde{\boldsymbol{u}}^{\mathrm{T}}\widetilde{\boldsymbol{u}}. \quad (10.17)$$

把式(10.15)、式(10.16)和式(10.17)代入式(10.11)得证.

(ii)定义几何储能函数 $V(\boldsymbol{x})=\frac{\rho}{2N}\sum_{i,j}^{N}V_{ij}(\boldsymbol{x}_i,\boldsymbol{x}_j)$，类似于(i)的证明得

$$V(\boldsymbol{x}(k+1))-V(\boldsymbol{x}(k))$$
$$=\frac{\rho}{2N}\sum_{i,j}^{N}V_{ij}(\boldsymbol{x}_i(k+1),\boldsymbol{x}_j(k+1))-\frac{\rho}{2N}\sum_{i,j}^{N}V_{ij}(\boldsymbol{x}_i(k),\boldsymbol{x}_j(k))$$
$$=\frac{\rho}{2N}\sum_{i,j}^{N}V_{ij}(\boldsymbol{x}_i(k+1),\boldsymbol{x}_j(k+1))-\frac{1}{2N}\sum_{i,j}^{N}V_{ij}(\boldsymbol{x}_i(k),\boldsymbol{x}_j(k))+$$
$$\frac{1}{2N}(1-\rho)\sum_{i,j}^{N}V_{ij}(\boldsymbol{x}_i(k),\boldsymbol{x}_j(k))$$
$$\leqslant\frac{\rho}{2N}\sum_{i,j}^{N}V_{ij}(\boldsymbol{x}_i(k+1),\boldsymbol{x}_j(k+1))-\frac{1}{2N}\sum_{i,j}^{N}V_{ij}(\boldsymbol{x}_i(k),\boldsymbol{x}_j(k))$$
$$\leqslant\frac{\rho}{2N}\sum_{i,j}^{N}\{\lambda_y\|\boldsymbol{y}_i-\boldsymbol{y}_j\|^2+2\lambda_{uy}(\boldsymbol{y}_i-\boldsymbol{y}_j)^{\mathrm{T}}(\boldsymbol{u}_i-\boldsymbol{u}_j)+\lambda_u\|\boldsymbol{u}_i-\boldsymbol{u}_j\|^2\}$$

$$\leqslant \rho\lambda_y \|\tilde{\boldsymbol{y}}(k)\|^2 + 2\rho\lambda_{uy}\tilde{\boldsymbol{u}}^{\mathrm{T}}(k)\tilde{\boldsymbol{y}}(k) + \rho\lambda_u \|\tilde{\boldsymbol{u}}(k)\|^2.$$

注 10.1　定理 10.1 表明，如果每个节点都是ρ-$(\lambda_y \boldsymbol{I}_m, \lambda_{uy}\boldsymbol{I}_m, \lambda_u \boldsymbol{I}_m)$-增长几何耗散的，那么通过选择输入-输出对$(\tilde{\boldsymbol{u}}, \tilde{\boldsymbol{y}})$，整个网络可看成传统意义下的$\rho$-几何耗散的，并且与选择几何储能函数有关.

下面应用离散时间非线性系统的ρ-几何耗散理论简化动态网络输出同步化分析与设计方法.

10.3.2　离散时间动态网络的输出同步化：任意切换拓扑情形

本节给出在任意切换拓扑下网络输出同步的判据.

定理 10.2　考虑由式(10.3)与式(10.4)描述的动态网络. 设每个节点都是ρ-$(\lambda_y \boldsymbol{I}_m, \lambda_{uy}\boldsymbol{I}_m, \lambda_u \boldsymbol{I}_m)$-增长几何耗散的，如果对所有 $s \in P$ 与 $\boldsymbol{E}_s = \boldsymbol{\Phi}\boldsymbol{L}_s\boldsymbol{\Phi}^{\mathrm{T}}$，条件(10.18)成立

$$\boldsymbol{\Gamma}_s = \lambda_y \boldsymbol{I}_{N-1} - \lambda_{uy}(\boldsymbol{E}_s^{\mathrm{T}} + \boldsymbol{E}_s) + \lambda_u \boldsymbol{E}_s^{\mathrm{T}}\boldsymbol{E}_s < 0, \tag{10.18}$$

则在任意切换拓扑下，动态网络输出同步. 此外，如果该动态网络是对称耦合网络，则条件式(10.18)能简化成

$$\lambda_y - 2\lambda_{uy}\mu_{sj} + \lambda_u \mu_{sj}^2 < 0. \tag{10.19}$$

其中，μ_{sj}是矩阵 $\boldsymbol{E}_s$ 的所有特征值；$j=1, 2, \cdots, N-1$；$s=1, 2, \cdots, p$.

证明　因为 $\boldsymbol{\Phi}^{\mathrm{T}}\boldsymbol{\Phi} = \boldsymbol{I}_N - \frac{1}{N}\boldsymbol{1}_{N\times N}$与 $\boldsymbol{L}_S\boldsymbol{1}_{N\times N} = 0$，在式(10.6)两边乘以 $\boldsymbol{\Phi}\otimes\boldsymbol{I}_m$ 得

$$\begin{aligned}
\tilde{\boldsymbol{u}} &= (\boldsymbol{\Phi}\otimes\boldsymbol{I}_m)\boldsymbol{u}(k)\\
&= -(\boldsymbol{\Phi}\otimes\boldsymbol{I}_m)(\boldsymbol{L}_s\otimes\boldsymbol{I}_m)\boldsymbol{y}\\
&= -((\boldsymbol{\Phi}\boldsymbol{L}_s)\otimes\boldsymbol{I}_m)\boldsymbol{y}\\
&= -((\boldsymbol{\Phi}\boldsymbol{L}_s\boldsymbol{\Phi}^{\mathrm{T}})\otimes\boldsymbol{I}_m)(\boldsymbol{\Phi}\otimes\boldsymbol{I}_m)\boldsymbol{y}\\
&= -((\boldsymbol{\Phi}\boldsymbol{L}_s\boldsymbol{\Phi}^{\mathrm{T}})\otimes\boldsymbol{I}_m)\tilde{\boldsymbol{y}}.
\end{aligned} \tag{10.20}$$

对所有子系统，定义公共 Lyapunov 函数 $V(\boldsymbol{x}) = \frac{\rho}{2N}\sum_{i,j}^{N} V_{ij}(\boldsymbol{x}_i, \boldsymbol{x}_j)$. 由定理 10.1 得

$$V(\boldsymbol{x}(k+1)) - V(\boldsymbol{x}(k)) \leqslant \rho(\lambda_y \|\tilde{\boldsymbol{y}}(k)\|^2 + 2\lambda_{uy}\tilde{\boldsymbol{u}}^{\mathrm{T}}(k)\tilde{\boldsymbol{y}}(k) + \lambda_u \|\tilde{\boldsymbol{u}}(k)\|^2). \tag{10.21}$$

由式(10.20)与式(10.21)得

$$V(\boldsymbol{x}(k+1)) - V(\boldsymbol{x}(k)) \leqslant \rho(\lambda_y \|\tilde{\boldsymbol{y}}(k)\|^2 - \lambda_{uy}\tilde{\boldsymbol{y}}^{\mathrm{T}}(k)(\tilde{\boldsymbol{E}}_s^{\mathrm{T}} + \tilde{\boldsymbol{E}}_s)\tilde{\boldsymbol{y}}(k) + \lambda_u \tilde{\boldsymbol{y}}^{\mathrm{T}}(k)\tilde{\boldsymbol{E}}_s^{\mathrm{T}}\tilde{\boldsymbol{E}}_s\tilde{\boldsymbol{y}}(k)),$$

其中，$\widetilde{E}_S=E_S\otimes I_m$，$E_S=\Phi L_S\Phi^{\mathrm{T}}$. 从条件式(10.18)得

$$(\lambda_y I_{N-1}-\lambda_{uy}(E_S^{\mathrm{T}}+E_S)+\lambda_u E_S^{\mathrm{T}}E_S)\otimes I_m<0. \tag{10.22}$$

因此，对所有 $j\in P$，由式(10.22)得

$$\begin{aligned}&V(x(k+1))-V(x(k))\\ &\leqslant \rho\widetilde{y}^{\mathrm{T}}(k)((\lambda_y I_{N-1}-\lambda_{uy}(E_S^{\mathrm{T}}+E_S)+\lambda_u E_S^{\mathrm{T}}E_S)\otimes I_m)\widetilde{y}(k)\\ &<0.\end{aligned}$$

因为对所有 $\widetilde{y}\neq 0$，$\Delta V(x)<0$，网络状态吸引到集合 $S_1=\{x: \widetilde{y}(x)=0,\ x\in\mathbf{R}^{nN}\}$. 由式(10.13)得 $y_\Delta^{\mathrm{T}}y_\Delta=\widetilde{y}^{\mathrm{T}}(\Phi\otimes I_m)(\Phi^{\mathrm{T}}\otimes I_m)\widetilde{y}=\widetilde{y}^{\mathrm{T}}\widetilde{y}$. 因此 $S_1=S_2=\{x: y_\Delta=0,\ x\in\mathbf{R}^{nN}\}$. 这表明

$$\lim_{k\to\infty}\|y_i(k)-y_j(k)\|=0,\ \forall i,j=1,2,\cdots,N.$$

如果该网络是对称耦合网络，则存在正交矩阵 B_S，满足 $B_S^{\mathrm{T}}B_S=I_{N-1}$，使 $B_S^{\mathrm{T}}\widetilde{E}_S B_S=\Lambda_S=\mathrm{diag}\{\mu_{S1},\mu_{S2},\cdots,\mu_{S(N-1)}\}$. 显然，

$$B_S^{\mathrm{T}}\Gamma_{S_j}B_S=\lambda_y I_{N-1}-2\lambda_{uy}\Lambda_S+\lambda_u\Lambda_S^2<0,$$

即矩阵 $B_S^{\mathrm{T}}\Gamma_S B_S$ 的对角元素 $\lambda_y-2\lambda_{uy}\mu_{Sj}+\lambda_u\mu_{Sj}^2<0$, $j=1,2,\cdots,N-1$. 因此，由条件式(10.19)得到 Γ_S 是负定的，定理得证.

注 10.2 在定理 10.2 中，对切换信号与连接矩阵不作任何限制，所以适用范围比较广泛. 由于利用了几何耗散性，网络输出同步可以用容易检验的矩阵的特征值来判定. 此外，这个定理的意义还在于，当网络在任意切换下输出同步时，可通过设计适当的切换信号追求其他性能而不用担心破坏网络输出同步.

对于定义 10.3 的特殊形式给出下面推论.

推论 10.1 考虑由式(10.3)与式(10.4)描述的动态网络，设每个节点都是 ρ-$(\lambda_y I_m,\lambda_{uy}I_m,\lambda_u I_m)$-增长几何耗散的，如果每个节点是

(i) ρ-增长几何耗散的，且 $E_S^{\mathrm{T}}+E_S>0$.

(ii) ρ-增长几何输入无源的，且 $\lambda_u E_S^{\mathrm{T}}E_S-\lambda_{uy}(E_S^{\mathrm{T}}+E_S)>0$;

(iii) ρ-增长几何输出无源的，且 $\lambda_y I_{N-1}-\lambda_{uy}(E_S^{\mathrm{T}}+E_S)>0$.

则在任意切换下，由式(10.3)与式(10.4)描述的动态网络输出同步.

证明 由定理 10.2 直接得证.

10.3.3 离散时间动态网络的输出同步化：切换拓扑信号可设计情形

本节考虑每个拓扑连接都不能达到输出同步的特例. 这时通过使用凸组合方法进行状态空间划分，进而设计切换律来达到网络输出同步.

定理 10.3　考虑由式(10.3)与式(10.4)描述的动态网络. 设每个节点都是 ρ-$(\lambda_y \boldsymbol{I}_m, \lambda_{uy}\boldsymbol{I}_m, \lambda_u \boldsymbol{I}_m)$-增长几何耗散的，如果存在常数 $0<\theta_S<1$，$S=1, 2, \cdots, p$，满足 $\sum_{S=1}^{p}\theta_S = 1$，得

$$\boldsymbol{\Gamma}=\lambda_y \boldsymbol{I}_{N-1}-\lambda_{uy}(\widetilde{\boldsymbol{E}}^{\mathrm{T}}+\widetilde{\boldsymbol{E}})+\lambda_u \widetilde{\boldsymbol{E}}^{\mathrm{T}}\widetilde{\boldsymbol{E}}<0. \tag{10.23}$$

其中，$\widetilde{\boldsymbol{E}}=\boldsymbol{\Phi E \Phi}^{\mathrm{T}}$ 和 $\boldsymbol{E}=\sum_{S=1}^{p}\theta_S \boldsymbol{E}_S$，则

(i)集合

$$\Omega_S=\{\widetilde{\boldsymbol{y}}: \widetilde{\boldsymbol{y}}^{\mathrm{T}}\boldsymbol{\Gamma}_S \widetilde{\boldsymbol{y}}<0\}, S=1, 2, \cdots, p, \tag{10.24}$$

把空间 $R^{m(N-1)}/\{\boldsymbol{0}\}$ 划分成 P 个区域，即 $\bigcup_{i=1}^{p}\Omega_S=\mathbf{R}^{m(N-1)}/\{\boldsymbol{0}\}$；

(ii)该网络在某个切换律下达到输出同步.

(iii)如果每个网络都是对称耦合网络，条件式(10.23)可简化成

$$\lambda_y-2\lambda_{uy}\mu_j+\lambda_u \mu_j^2<0 \tag{10.25}$$

其中，$\mu_j>0(j=1, 2, \cdots, N-1)$是矩阵 $\boldsymbol{E}$ 的所有特征值.

证明　(i)因为式(10.23)定义的矩阵是负定的，所以存在 $\varepsilon>0$ 使 $\boldsymbol{\Gamma}<-\varepsilon \boldsymbol{I}_{N-1}<0$. 因此，对任意 $\widetilde{\boldsymbol{y}}\neq 0$ 有

$$\widetilde{\boldsymbol{y}}^{\mathrm{T}}\boldsymbol{\Gamma}\widetilde{\boldsymbol{y}}<-\varepsilon\, \widetilde{\boldsymbol{y}}^{\mathrm{T}}\widetilde{\boldsymbol{y}}<0, \tag{10.26}$$

则下面结论成立.

对任意 $\widetilde{\boldsymbol{y}}\neq 0$，存在指标 i，使 $\widetilde{\boldsymbol{y}}\in\Omega$，即 $\bigcup_{i=1}^{p}\Omega_S=\mathbf{R}^{m(N-1)}/\{\boldsymbol{0}\}$. 用反证法，假如此结论不成立，即存在集合 $D\subset\mathbf{R}^{m(N-1)}/\{\boldsymbol{0}\}$，使 $D=\boldsymbol{R}^{m(N-1)}/(\bigcup_{i=1}^{p}\Omega_S\cup\{\boldsymbol{0}\})$，则对任意 $\widetilde{\boldsymbol{y}}\in D$，有 $\widetilde{\boldsymbol{y}}^{\mathrm{T}}\boldsymbol{\Gamma}_S\widetilde{\boldsymbol{y}}>\varepsilon\, \widetilde{\boldsymbol{y}}^{\mathrm{T}}\widetilde{\boldsymbol{y}}>0$. 因为 $0<\theta_S<1$ 满足 $\sum_{S=1}^{p}\theta_S = 1$，得

$$\widetilde{\boldsymbol{y}}^{\mathrm{T}}\boldsymbol{\Gamma}\widetilde{\boldsymbol{y}} = \sum_{S=1}^{p}\widetilde{\boldsymbol{y}}^{\mathrm{T}}\theta_S\boldsymbol{\Gamma}_S\widetilde{\boldsymbol{y}} = \theta_S\varepsilon\widetilde{\boldsymbol{y}}^{\mathrm{T}}\widetilde{\boldsymbol{y}} > 0,$$

这与式(10.26)矛盾. 又因为当 $\widetilde{\boldsymbol{y}}\in\Omega_S$ 时，对任意 $\lambda\in\mathbf{R}$ 有 $\lambda\widetilde{\boldsymbol{y}}\in\Omega_S$. 可见 Ω_S 覆盖空间 $\mathbf{R}^{m(N-1)}/\{\boldsymbol{0}\}$.

(ii)首先，利用(i)把空间 $\mathbf{R}^{m(N-1)}/\{\boldsymbol{0}\}$ 划分成 p 个区域. 设计切换律

$$\sigma(k)=\begin{cases}\min\arg\{\Omega_i\}, \text{当 } \widetilde{\boldsymbol{y}}(k)\in\Omega_i \text{ 时} \\ \min\arg\{\Omega_j\}, \text{当 } \widetilde{\boldsymbol{y}}(k)\in\Omega_j \text{ 时}\end{cases} \tag{10.27}$$

由式(10.27)可见，如果 $\widetilde{\boldsymbol{y}}(k)$ 在被激活区域内，则切换函数 $\sigma(k)$ 保持常值，当

$\widetilde{y}(k)$离开该区域，则$\sigma(k)$的值将改变. 因此，得切换列$\{y_0; (i_0, k_0), (i_1, k_1), \cdots, (i_n, k_n), \cdots: i_n \in P, n \in \mathbf{N}\}$，表示任意$k \in [k_n, k_{n+1}) \cap \mathbf{Z}^+$则$\sigma(k) = i_n$，即在区域$\Omega_{i_n} = \{\widetilde{\boldsymbol{y}}: \widetilde{\boldsymbol{y}}^{\mathrm{T}} \boldsymbol{\Gamma}_{i_n} \widetilde{\boldsymbol{y}} < 0\}$内，第$i_n$个子系统被激活. 定义 Lyapunov 函数$V(\boldsymbol{x}) = \frac{\rho}{2N} \sum_{i,j}^{N} V_{ij}(\boldsymbol{x}_i, \boldsymbol{x}_j)$，对任意$k \in [k_n, k_{n+1}) \cap \mathbf{Z}^+$与$\widetilde{\boldsymbol{y}} \in \Omega_{i_n}$有

$$
\begin{aligned}
&V(\boldsymbol{x}(k+1)) - V(\boldsymbol{x}(k)) \\
&\leqslant \frac{\rho}{2N} \sum_{i,j}^{N} \{\lambda_y \|\boldsymbol{y}_i - \boldsymbol{y}_j\|^2 + 2\lambda_{uy}(\boldsymbol{y}_i - \boldsymbol{y}_j)^{\mathrm{T}}(\boldsymbol{u}_i - \boldsymbol{u}_j) + \lambda_u \|\boldsymbol{u}_i - \boldsymbol{u}_j\|^2\} \\
&\leqslant \rho \widetilde{\boldsymbol{y}}^{\mathrm{T}}(k)(\lambda_y \boldsymbol{I}_{N-1} - \lambda_{uy}(\boldsymbol{E}_j^{\mathrm{T}} + \boldsymbol{E}_j) + \lambda_u \boldsymbol{E}_j^{\mathrm{T}} \boldsymbol{E}_j) \otimes \boldsymbol{I}_m) \widetilde{\boldsymbol{y}}(k) \\
&< 0,
\end{aligned} \tag{10.28}
$$

因此，在切换律(10.27)下，当$k \to \infty$时，网络(10.3)吸引到集合$S = \{\boldsymbol{x}: \widetilde{\boldsymbol{y}} \neq 0, \boldsymbol{x} \in \mathbf{R}^{nN}\}$，即网络输出同步.

(iii)由定理 10.3 及(ii)直接得证.

注 10.3 参数$\boldsymbol{Q}_S$的存在性可以通过解矩阵不等式判断或数值算法求解[140].

注 10.4 在实际应用中，很难获得动态网络的所有信息或者不可能获得，这里只利用了网络的输出信息进行切换律的设计，因此切换律(10.27)容易实现.

对于特殊的增长耗散性，有下面的推论.

推论 10.2 在定理 10.3 中条件式(10.23)可以简化成

(i)每个节点ρ-增长几何无源且$\boldsymbol{\Gamma} = \widetilde{\boldsymbol{E}}^{\mathrm{T}} + \widetilde{\boldsymbol{E}} < 0$.

(ii)每个节点ρ-增长几何输入无源且$\boldsymbol{\Gamma} = \lambda_u \widetilde{\boldsymbol{E}}^{\mathrm{T}} \widetilde{\boldsymbol{E}} - \lambda_{uy}(\widetilde{\boldsymbol{E}}^{\mathrm{T}} + \widetilde{\boldsymbol{E}}) < 0$.

(iii)每个节点ρ-增长几何输出无源且$\boldsymbol{\Gamma} = \lambda_y \boldsymbol{I}_{N-1} - \lambda_{uy}(\widetilde{\boldsymbol{E}}^{\mathrm{T}} + \widetilde{\boldsymbol{E}}) + \lambda_u \widetilde{\boldsymbol{E}}^{\mathrm{T}} \widetilde{\boldsymbol{E}} < 0$.

则在切换律(10.27)下网络(10.3)达到网络输出同步.

证明 由定理 10.3 直接得证.

10.4 数值例子

例 10.1 考虑由四个节点组成的动态网络，每个节点是 Chua's circuit 系统[159]，每个节点动态如下：

$$\begin{aligned}\dot{x}_1&=-100x_1+45x_2+10u,\\ \dot{x}_2&=30x_1-26x_2+30x_3,\\ \dot{x}_3&=50x_2-100x_3,\\ y&=x_2,\end{aligned}\tag{10.29}$$

采样周期为 $T=0.01$ s，使用 Euler 方法离散化系统(10.29)得

$$\begin{aligned}\boldsymbol{x}(k+1)&=\boldsymbol{A}\boldsymbol{x}(k)+\boldsymbol{B}u,\\ y(k)&=\boldsymbol{C}\boldsymbol{x}(k)\end{aligned}\tag{10.30}$$

其中，$\boldsymbol{A}=\begin{pmatrix}0 & 0.45 & 0\\ 0.3 & -0.25 & 0.3\\ 0 & 0.5 & 0\end{pmatrix}$，$\boldsymbol{B}=\begin{pmatrix}0.1\\ 0\\ 0\end{pmatrix}$，$\boldsymbol{C}=(0\quad 1\quad 0)$. 几何储能函数为 $V(\boldsymbol{x},\tilde{\boldsymbol{x}})=(x_1-\tilde{x}_1)^2+(x_2-\tilde{x}_2)^2+0.2(x_3-\tilde{x}_3)^2$，则系统(10.29)是(0.3216, 0.09, 0.1)-增长耗散的.

下面分两种情形验证结果的有效性.

首先，在任意切换拓扑下达到输出同步. 其次，即使每个网络不是输出同步的，通过切换律(10.27)也能达到输出同步.

情形 1：任意切换拓扑情形

设连接矩阵

$$\boldsymbol{A}_1=\begin{pmatrix}0 & 1 & 0 & \frac{1}{2}\\ 1 & 0 & 1 & 0\\ 0 & 1 & 0 & \frac{1}{2}\\ \frac{1}{2} & 0 & \frac{1}{2} & 0\end{pmatrix},\quad \boldsymbol{A}_2=\begin{pmatrix}0 & 1 & 0 & \frac{3}{2}\\ 1 & 0 & \frac{1}{2} & 0\\ 0 & \frac{1}{2} & 0 & \frac{1}{2}\\ \frac{3}{2} & 0 & \frac{1}{2} & 0\end{pmatrix}.$$

直接计算可知连接拓扑满足定理 10.2 条件式(10.18)，仿真结果见在图 10.1 和图 10.2，其中图 10.2 给出的是切换信号，图 10.1 是在该切换信号下的输出误差 y_Δ.

情形 2：设计切换拓扑情形

设连接矩阵 $\boldsymbol{A}_1$ 与 $\boldsymbol{A}_2$ 分别为

$$\boldsymbol{A}_1=\begin{pmatrix}0 & 6 & 3 & 0\\ 6 & 0 & 4 & 3\\ 3 & 4 & 0 & 2\\ 0 & 3 & 2 & 0\end{pmatrix},\quad \boldsymbol{A}_2=\begin{pmatrix}0 & 3 & 6 & 0\\ 3 & 0 & 4 & 2\\ 6 & 4 & 0 & 3\\ 0 & 2 & 3 & 0\end{pmatrix}.$$

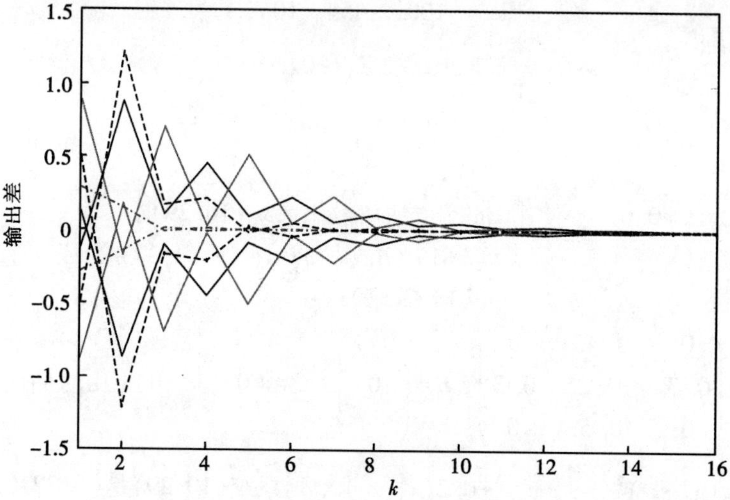

图 10.1　网络输出误差 y_{Δ}

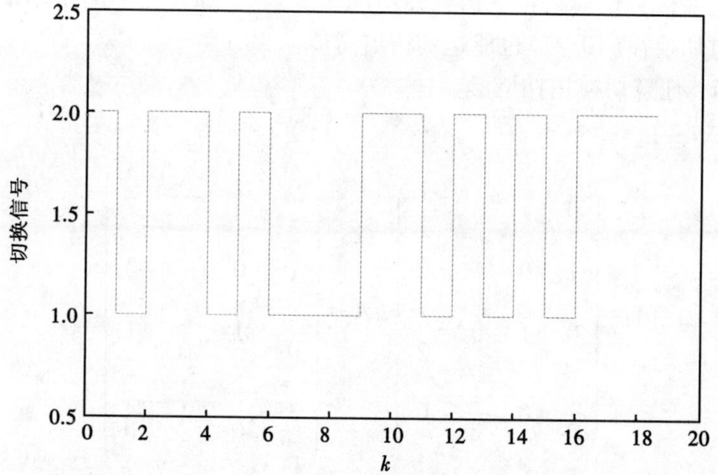

图 10.2　切换信号

可见，每个网络单独工作时不是输出同步的. 仿真结果见图 10.3 和图 10.4. 显然，定理 10.3 条件都满足，仿真结果见图 10.5 和图 10.6，其中图 10.6 给出了切换信号，而图 10.5 给出了在该切换信号下输出误差 y_{Δ}.

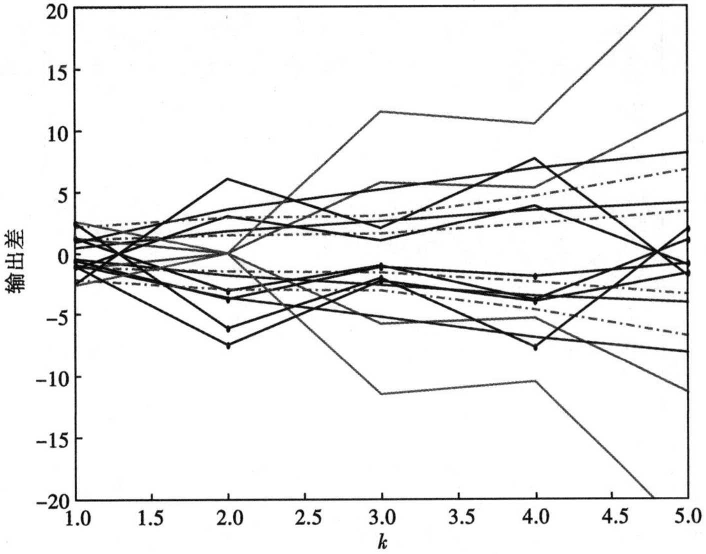

图 10.3　在连接矩阵 A_1 下的网络输出误差 y_Δ

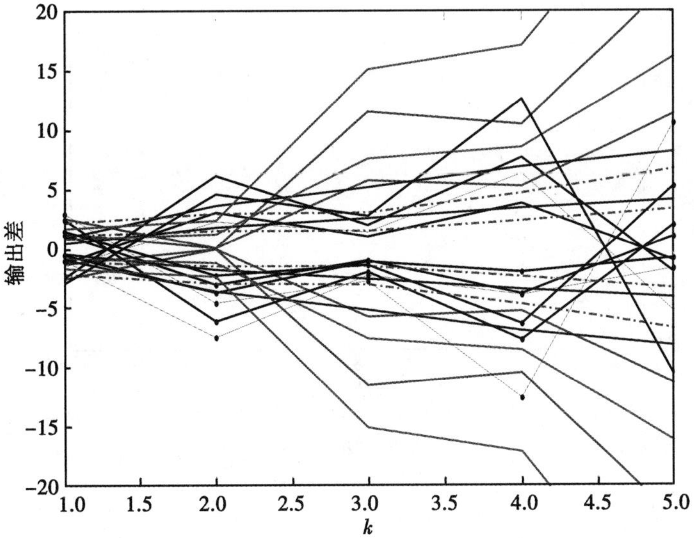

图 10.4　在连接矩阵 A_2 下的网络输出误差 y_Δ

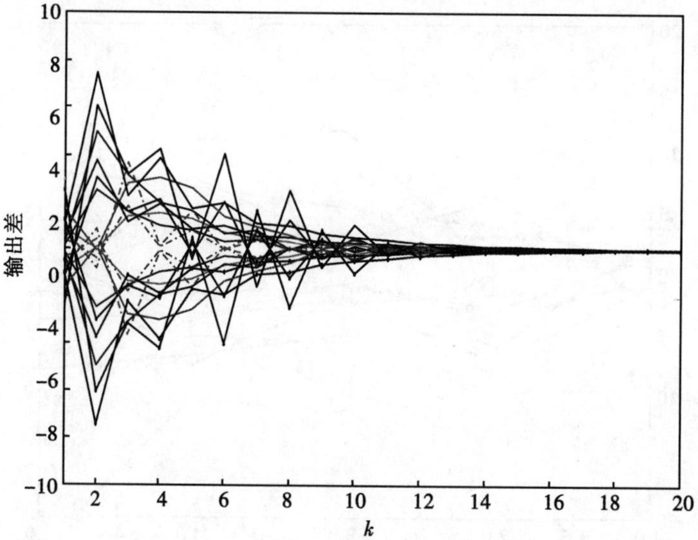

图 10.5　网络输出误差 y_Δ

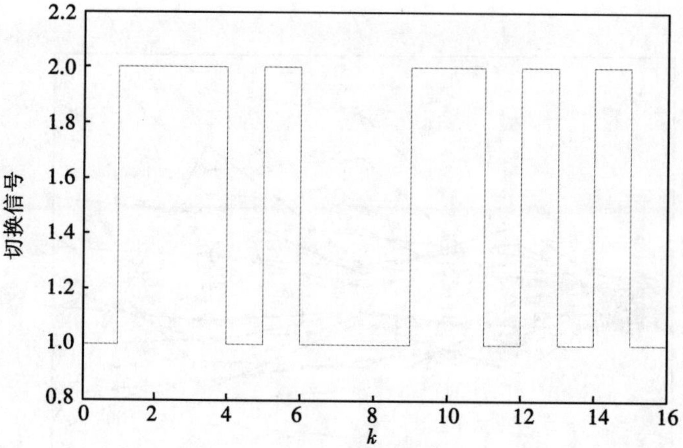

图 10.6　切换信号

第 11 章　基于几何耗散性的离散动态网络的广义输出同步

11.1　引　言

近几十年来，网络同步这一课题备受广大学者关注. 主要问题大致分为两类：一类是对网络自身的同步能力的研究，主要通过改变网络连接结构等手段来改善网络的同步能力[160-161]；另一类是同步化控制，利用控制理论思想，设计每个节点的控制器，使网络达到同步化[162-163]. 上面提到的结果都是基于恒等节点，该假设确实简化了问题，降低了难度. 但是在工程技术领域中的动态网络几乎都是非恒等节点的，即每个节点动态不相同. 例如电力系统就是非恒等节点的动态网络，它的节点由发电机(功率源)和动态的负载(功率接收器)构成，通过传输线以网络结构互相连接. 因为发电机具有不同的物理参数，所以每个发电机的模型都会呈现出不同的动态，因此电力系统显然是具有非恒等节点的动态网络. 当节点动态不相同时，即使每个节点都有平衡点，整个网络可能也没有公共的平衡点，或者可能也不存在同步化流形. 因此具有非恒等节点的网络动态行为要比具有恒等节点网络动态行为复杂，这就使同步化的分析变得十分困难[163].

对于非恒等节点的离散时间动态网络的输出同步问题研究结果相对较少. 具有切换拓扑结构的离散时间动态网络，每个动态网络由节点组成，每个节点用离散时间系统来刻画，主要研究下面两个内容：第一，在什么条件下，网络在任意切换信号下能达到网络广义输出同步；第二，在什么条件下，能通过设计切换信号，使网络达到广义输出同步. 当每个节点具有几何耗散性时，期望几何耗散理论对上面两个输出同步问题的研究有所帮助.

本章研究了具有非恒等节点的离散时间动态网络的广义输出同步化问题. 主要分为三种情形：第一种情形是基于几何耗散性，给出两个在固定拓扑下输出同步化的判定准则；第二种情形是基于几何耗散性与本书中所建立的不变性原理，给出在任意切换信号下广义输出同步化的判定方法；第三种情形是当每个网络单独工作不能达到广义输出同步时，基于几何耗散性与本书中所建立的另一个不变性原理，给出达到广义输出同步的切换律设计方法. 与现有的研究成果相比，本章有以下三个特点：一是考虑的动态网络具有非恒等节点，不要求每个节点特殊结构与特殊连接方式，所以考虑的网络更具有一般性；二是由于利用每个节点的几何耗散性，使对于固定拓扑与任意切换拓扑同步化判定只需要验证相关的矩阵的特征值，容易检验；三是在设计切换拓扑时，切换律只依赖于系统输出，所以切换律容易执行.

11.2 在任意切换拓扑下离散时间动态网络的广义输出同步化

本节分别考虑在固定拓扑连接与任意切换拓扑连接下，具有非恒等节点的离散时间动态网络的广义输出同步化问题.

11.2.1 问题描述

考虑具有 N 个非恒等节点组成的离散时间动态网络，每个节点有如下形式：

$$\begin{aligned} &\boldsymbol{x}_i(k+1)=\boldsymbol{f}_i(\boldsymbol{x}_i(k))+\boldsymbol{g}_i(\boldsymbol{x}_i(k))\boldsymbol{u}_i(k), \\ &\boldsymbol{y}_i(k)=\boldsymbol{h}_i(\boldsymbol{x}_i(k)) \quad (i=1, \cdots, N). \end{aligned} \tag{11.1}$$

其中，$\boldsymbol{x}_i=(x_{i1}, \cdots, x_{in})^{\mathrm{T}}\in\mathbf{R}^n$，$\boldsymbol{u}_i\in\mathbf{R}^m$ 和 $\boldsymbol{y}_i\in\mathbf{R}^m$ 分别为第 i 个节点的状态、输入和输出. $\boldsymbol{f}_i$：$\mathbf{R}^n\to\mathbf{R}^n$，$\boldsymbol{g}_i$：$\mathbf{R}^n\to\mathbf{R}^{n\times m}$，$\boldsymbol{h}_i$：$\mathbf{R}^n\to\mathbf{R}^m$ 是连续映射且满足 $\boldsymbol{f}_i(\mathbf{0})=\mathbf{0}$，$\boldsymbol{h}_i(\mathbf{0})=\mathbf{0}(i=1, \cdots, N)$，$k\in\mathbf{Z}^+$.

每个节点之间的连接方式为

$$\boldsymbol{u}_i(k)=\sum_{j=1}^{N}a_{ij}\boldsymbol{\Gamma}\boldsymbol{y}_j(k), \tag{11.2}$$

等价地写成 $\boldsymbol{u}(k)=(\boldsymbol{A}\otimes\boldsymbol{\Gamma})\boldsymbol{y}(k)$，其中矩阵 $\boldsymbol{A}=(a_{ij})\in\mathbf{R}^{N\times N}$ 被称为外部耦合矩阵，矩阵 $\boldsymbol{\Gamma}=(\gamma_{i,j})\in\boldsymbol{R}^{m\times m}$ 称为内部耦合矩阵.

使用连接方式(11.2)，每个节点(11.1)写成

$$\begin{aligned} &\boldsymbol{x}_i(k+1)=\boldsymbol{f}_i(\boldsymbol{x}_i(k))+\boldsymbol{g}_i(\boldsymbol{x}_i(k))\sum_{j=1}^{N}a_{ij}\boldsymbol{\Gamma}\boldsymbol{y}_j(k), \\ &\boldsymbol{y}_i(k)=\boldsymbol{h}_i(\boldsymbol{x}_i(k)) \quad (i=1, \cdots, N). \end{aligned} \tag{11.3}$$

其中，$\boldsymbol{x}=(\boldsymbol{x}_1^{\mathrm{T}}, \cdots, \boldsymbol{x}_N^{\mathrm{T}})^{\mathrm{T}}$，$\boldsymbol{y}=(\boldsymbol{y}_1^{\mathrm{T}}, \cdots, \boldsymbol{y}_N^{\mathrm{T}})^{\mathrm{T}}$ 分别表示网络的状态和输出. 设 $\boldsymbol{F}(\boldsymbol{x})=(\boldsymbol{f}_1^{\mathrm{T}}(\boldsymbol{x}_1), \cdots, \boldsymbol{f}_N^{\mathrm{T}}(\boldsymbol{x}_N))^{\mathrm{T}}$，$\boldsymbol{H}(\boldsymbol{x})=(\boldsymbol{h}_1^{\mathrm{T}}(\boldsymbol{x}_1), \cdots, \boldsymbol{h}_N^{\mathrm{T}}(\boldsymbol{x}_N))^{\mathrm{T}}$，$\boldsymbol{G}(\boldsymbol{x})=\mathrm{diag}\{\boldsymbol{g}_1(\boldsymbol{x}_1), \cdots, \boldsymbol{g}_N(\boldsymbol{x}_N)\}$，则该网络写成

$$\begin{aligned} \boldsymbol{x}(k+1) &= \boldsymbol{F}(\boldsymbol{x}(k)) + \boldsymbol{G}(\boldsymbol{x}(k))(\boldsymbol{A} \otimes \boldsymbol{\Gamma})\boldsymbol{y}(k), \\ \boldsymbol{y}(k) &= \boldsymbol{H}(\boldsymbol{x}(k)). \end{aligned} \tag{11.4}$$

下面给出系统(11.4)的广义输出同步流形定义.

定义 11.1　对于某个矩阵 $\boldsymbol{C}$, $\boldsymbol{D}$, 集合 $M=\{\boldsymbol{x}:(\boldsymbol{C}\otimes\boldsymbol{D})\boldsymbol{H}(\boldsymbol{x})=0\}$ 称为系统(11.4)的广义输出同步流形. 如果 $\boldsymbol{x}(k)$ 吸引到集合 M, 那么网络(11.4)称为达到广义输出同步.

为研究网络广义输出同步, 先考虑下面离散时间的非线性系统

$$\begin{aligned} \boldsymbol{x}(k+1) &= \boldsymbol{f}(\boldsymbol{x}(k), \boldsymbol{u}(k)), \\ \boldsymbol{y}(k) &= \boldsymbol{h}(\boldsymbol{x}(k)). \end{aligned} \tag{11.5}$$

其中, $\boldsymbol{x}\in\mathbf{R}^n$, $\boldsymbol{u}\in U\subseteq\boldsymbol{R}^m$ 和 $\boldsymbol{y}\in\boldsymbol{R}^l$ 分别是系统的状态、输入和输出. $\boldsymbol{f}$: $\mathbf{R}^n\times U\to\mathbf{R}^n$, $\boldsymbol{h}$: $\mathbf{R}^n\to\mathbf{R}^l$ 是连续映射且满足 $\boldsymbol{f}(\mathbf{0}, \mathbf{0})=\mathbf{0}$, $\boldsymbol{h}(\mathbf{0})=\mathbf{0}$, $k\in\boldsymbol{Z}^+$. 下面对于系统(11.5)给出几个特殊的供应率.

定义 11.2　系统(11.5)称为 ρ-几何拟非膨胀的, 如果存在常数 ε 和 γ, 使系统(11.5)关于供应率 $\varepsilon\boldsymbol{u}^{\mathrm{T}}\boldsymbol{u}-\gamma\boldsymbol{h}^{\mathrm{T}}\boldsymbol{h}$ 是 ρ-几何耗散的, 其中常数 ε 和 γ 称为 ρ-几何拟非膨胀指标, 记为 $Gqn(\varepsilon, \gamma)$. 当 $m=l$ 时, 系统(11.5)称为 ρ-几何拟输出无源的, 如果存在常数 γ, 使系统(11.5)关于供应率 $2\boldsymbol{h}^{\mathrm{T}}\boldsymbol{u}-\gamma\boldsymbol{h}^{\mathrm{T}}\boldsymbol{h}$ 是 ρ-几何耗散的, 其中常数 γ 称为 ρ-几何拟输出无源指标, 记为 $Goq(\gamma)$.

11.2.2　在固定拓扑下离散时间动态网络的广义输出同步化判据

本节将给出动态网络(11.4)广义输出同步的判定准则. 首先, 介绍几个特殊符号. 设矩阵 $\boldsymbol{A}=(\boldsymbol{\alpha}_1, \cdots, \boldsymbol{\alpha}_N)^{\mathrm{T}}\in\mathbf{R}^{N\times N}$, 其中 $\boldsymbol{\alpha}_i$ 为其第 i 个行向量. 对于任意常数 $\rho_i\in\boldsymbol{R}(i=1, \cdots, N)$, 定义 $\boldsymbol{A}(\rho_1, \cdots, \rho_N)=(\rho_1\boldsymbol{\alpha}_1, \cdots, \rho_N\boldsymbol{\alpha}_N)^{\mathrm{T}}$.

定理 11.1　设动态网络(11.4)的每个节点都是 ρ_i-几何拟非膨胀, 指标为 $Gqn(\varepsilon_i^2, \gamma_i)$ 且满足 $\rho_i\gamma_i=\rho_j\gamma_j=l(i, j\in\{1, \cdots, N\})$. 设 $\mu_1, \cdots, \mu_m$ 与 $\lambda_1, \cdots, \lambda_N$ 分别是矩阵 $\boldsymbol{\Gamma}^{\mathrm{T}}\boldsymbol{\Gamma}$ 与 $\boldsymbol{A}^{\mathrm{T}}(\varepsilon_1\sqrt{\rho_1}, \cdots, \varepsilon_n\sqrt{\rho_n})\boldsymbol{A}(\varepsilon_1\sqrt{\rho_1}, \cdots, \varepsilon_n\sqrt{\rho_m})$ 的特征值.

(i) 如果 $\lambda_j\mu_j<l(i=1, \cdots, N; j=1, \cdots, m)$, 则动态网络(11.4)能达到广义输出同步且 $\boldsymbol{x}(k)$ 吸引到广义输出同步流形 $M=\ker(\boldsymbol{H})=\{\boldsymbol{x}: \boldsymbol{h}_i(\boldsymbol{x}_i)=\mathbf{0}, i=1, 2, \cdots, N\}$.

(ii) 如果 $\mu_i=\mu$, $i=1, \cdots, m$, , 且矩阵 $\boldsymbol{A}^{\mathrm{T}}(\varepsilon_1\sqrt{\rho_1}, \cdots, \varepsilon_N\sqrt{\rho_N})\boldsymbol{A}(\varepsilon_1\sqrt{\rho_1}, \cdots, \varepsilon_N\sqrt{\rho_N})$ 有 s 个特征值满足 $\lambda_i\mu=l$, 其中 $0\leqslant s<N$, 其余的 $N-s$ 个特征值满足 $\lambda_i\mu<l$, 那么存在常数 c_{ij} 满足 $\sum\limits_{i=1}^{N}c_{ij}^2=1(i=1, \cdots, N; j=1, \cdots, s)$, 使 $\boldsymbol{x}(k)$ 吸引到广义输出同步流形

$$M=\left\{\boldsymbol{x}: \sum_{j=1}^{S}\sum_{i=1}^{S}c_{ij}\boldsymbol{C}_{ij}^{*}\boldsymbol{h}_i(\boldsymbol{x}_t)=|\boldsymbol{C}_{SS}|\boldsymbol{h}_t(\boldsymbol{x}_t), t=S+1, \cdots, N\right\}$$

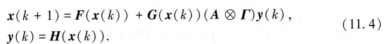

其中 $C_{SS}=(c_{ij})\in\mathbf{R}^{S\times S}$.

证明 (i)因为每个节点是 ρ_i-几何拟非膨胀的，所以存在几何储能函数 $V_i:\mathbf{R}^n\to\mathbf{R}^+$, $i=1,\cdots,N$. 定义函数 $V=\sum_{i=1}^{N}\rho_iV_i(\boldsymbol{x}(k))$，则有

$$\begin{aligned}\Delta V &= V(\boldsymbol{x}(k+1))-V(\boldsymbol{x}(k))\\ &\leqslant \sum_{i=1}^{N}(\rho_iV_i(\boldsymbol{x}_i(k+1))-V_i(\boldsymbol{x}_i(\boldsymbol{x}_i(k))))\\ &\leqslant \boldsymbol{y}^{\mathrm{T}}(\boldsymbol{A}^{\mathrm{T}}(\varepsilon_1\sqrt{\rho_1},\cdots,\varepsilon_N\sqrt{\rho_N})\boldsymbol{A}(\varepsilon_1\sqrt{\rho_1},\cdots,\varepsilon_N\sqrt{\rho_N}))\otimes\boldsymbol{\Gamma}^{\mathrm{T}}\boldsymbol{\Gamma}-\boldsymbol{P}\otimes\boldsymbol{I}_m)\boldsymbol{y},\end{aligned}$$

其中 $\boldsymbol{P}=\mathrm{diag}\{l,\cdots,l\}$. 由于矩阵 $\boldsymbol{A}^{\mathrm{T}}(\varepsilon_1\sqrt{\rho_1},\cdots,\varepsilon_N\sqrt{\rho_N})\boldsymbol{A}(\varepsilon_1\sqrt{\rho_1},\cdots,\varepsilon_N\sqrt{\rho_N})$ 与 $\boldsymbol{\Gamma}^{\mathrm{T}}\boldsymbol{\Gamma}$ 都是对称的，因此存在正交矩阵 $\boldsymbol{C}$, $\boldsymbol{D}$，使下式成立：

$\boldsymbol{C}^{\mathrm{T}}(\boldsymbol{A}^{\mathrm{T}}(\varepsilon_1\sqrt{\rho_1},\cdots,\varepsilon_N\sqrt{\rho_N})\boldsymbol{A}(\varepsilon_1\sqrt{\rho_1},\cdots,\varepsilon_N\sqrt{\rho_N}))\boldsymbol{C}=\mathrm{diag}(\boldsymbol{\lambda}_1,\cdots,\boldsymbol{\lambda}_N\}$,

$\boldsymbol{D}^{\mathrm{T}}\boldsymbol{\Gamma}^{\mathrm{T}}\boldsymbol{\Gamma}\boldsymbol{D}=\mathrm{diag}(\mu_1,\cdots,\mu_m\}$. 设 $\boldsymbol{y}=(\boldsymbol{C}\otimes\boldsymbol{D})\boldsymbol{z}$, $\boldsymbol{z}=(\boldsymbol{z}_1^{\mathrm{T}},\cdots,\boldsymbol{z}_N^{\mathrm{T}})^{\mathrm{T}}$，则有

$$\Delta V\leqslant \boldsymbol{z}^{\mathrm{T}}\mathrm{diag}_{mN}\{\lambda_1\mu_1-l,\cdots,\lambda_N\mu_m-l\}\boldsymbol{z}.$$

因为 $\lambda_i\mu_j<l$，所以这个对角矩阵 $\mathrm{diag}_{mN}(\lambda_1\mu_1-l,\cdots,\lambda_N\mu_m-l)$ 是负定的，这表明 $\Delta V\leqslant 0$. 此外，$\Delta V\leqslant 0$ 仅当 $\boldsymbol{y}=0$ 时，由引理 1.2 得 $\boldsymbol{x}(k)$ 吸引到广义输出同步流形 $M=\ker(\boldsymbol{H})$.

(ii)因为存在 s 个特征值满足 $\lambda_i\mu=l$，其余的特征值满足 $\lambda_i\mu<l$，假设 $l=\lambda_1\mu=\lambda_2\mu=\cdots=\lambda_S\mu\geqslant\lambda_{S+1}\mu\geqslant\cdots\geqslant\lambda_N\mu$. 类似于(i)的证明，假设 $\boldsymbol{z}=(\boldsymbol{z}_1^{\mathrm{T}},\cdots,\boldsymbol{z}_N^{\mathrm{T}})^{\mathrm{T}}$, $\boldsymbol{z}_i=(z_{i1},\cdots,z_{in})^{\mathrm{T}}$，则有 $\Delta V\leqslant\sum_{i=1}^{N}\boldsymbol{z}_i^{\mathrm{T}}(\lambda_i\mu-l)\boldsymbol{z}_i=\sum_{i=S+1}^{N}\boldsymbol{z}_i^{\mathrm{T}}(\lambda_i\mu-l)\boldsymbol{z}_i$ 成立. 因此，$\Delta V=0$ 当且 $\boldsymbol{z}_{S+1}=\cdots=\boldsymbol{z}_N=\boldsymbol{0}$，所以

$$\boldsymbol{y}_i=\sum_{j=1}^{S}c_{ij}\boldsymbol{D}\boldsymbol{z}_j\quad(i=1,\cdots,N).\tag{11.6}$$

并且得

$$\boldsymbol{D}\boldsymbol{z}_j=\frac{1}{|\boldsymbol{C}_{SS}|}\sum_{i=1}^{S}\boldsymbol{C}_{ij}^{*}\boldsymbol{y}_i\quad(j=1,\cdots,S).\tag{11.7}$$

把式(11.7)代入式(11.6)中得 $\boldsymbol{y}_t=\frac{1}{|\boldsymbol{C}_{SS}|}\sum_{j=1}^{S}\sum_{i=1}^{S}c_{ij}\boldsymbol{C}_{ij}^{*}\boldsymbol{y}_i$.

下面利用 ρ-几何输出拟无源性，给出动态网络(11.4)的广义输出同步的判定准则.

定理 11.2 设动态网络(11.4)的每个节点都是 ρ_i-几何拟无源性的，指标为 $QqQI(\gamma_i)$ 且满足 $\rho_i\gamma_i=\rho_j\gamma_j=l$, $i,j\in\{1,\cdots,N\}$，内部耦合矩阵 $\boldsymbol{\Gamma}$ 满足 $\boldsymbol{\Gamma}^{\mathrm{T}}=\boldsymbol{\Gamma}$. 设 $\lambda_1,\cdots,\lambda_N$ 与 $\mu_1,\cdots,\mu_m$ 分别表示矩阵 $\boldsymbol{A}^{\mathrm{T}}(\rho_1,\cdots,\rho_N)+\boldsymbol{A}(\rho_1,\cdots,\rho_N)$ 与 $\boldsymbol{\Gamma}$ 的特征值.

(i)如果 $\lambda_i\mu_j<l(i=1,\cdots,N;j=1,\cdots,m)$，则动态网络(11.4)达到广义输出同步并且 $\boldsymbol{x}(k)$ 吸引到广义输出同步流形 $M=\ker(\boldsymbol{H})$.

(ii) 如果 $\mu_i=\mu$, $i=1, \cdots, m$, 且矩阵 $\boldsymbol{A}^{\mathrm{T}}(\rho_1, \cdots, \rho_N)+\boldsymbol{A}(\rho_1, \cdots, \rho_N)$ 的 s 个特征值满足 $\lambda_i\mu=l$. 其中, $0\leqslant s\leqslant N$, 其余 $N-s$ 个特征根满足 $\lambda_i\mu<l$, 那么存在常数 $c_{ij}(i=1, \cdots, N; j=1, \cdots, s)$, 满足 $\sum_{i=1}^{N} c_{ij}^2=1, j=1, \cdots, s$ 使解 $\boldsymbol{x}(k)$ 吸引到广义输出同步流形

$$M=\{\boldsymbol{x}: \sum_{j=1}^{S}\sum_{i=1}^{S} c_{ij}\boldsymbol{C}_{ij}^{*}\boldsymbol{h}_i(\boldsymbol{x}_i)=|\boldsymbol{C}_{SS}|\boldsymbol{h}_t(\boldsymbol{x}_t), t=s+1, \cdots, N\},$$

其中, $\boldsymbol{C}_{SS}=(c_{ij})\in\mathbf{R}^{S\times S}$.

证明　类似于定理 11.1 的证明.

11.2.3　在任意切换拓扑下离散时间动态网络的输出同步化判据

本节考虑下面具有切换拓扑结构的动态网络

$$\begin{aligned}&\boldsymbol{x}(k+1)=\boldsymbol{F}(\boldsymbol{x}(k))+\boldsymbol{G}(\boldsymbol{x}(k))(\boldsymbol{A}_p\otimes\boldsymbol{\Gamma}_p)\boldsymbol{y}(k),\\&\boldsymbol{y}(k)=\boldsymbol{H}(\boldsymbol{x}(k)).\end{aligned}\tag{11.8}$$

其中, 矩阵 $\boldsymbol{A}_p$ 与 $\boldsymbol{\Gamma}_p$ 分别是外部耦合矩阵与内部耦合矩阵, $p=1, \cdots, \gamma$,

定义 11.3　在切换信号 $\sigma(k)$ 下, 对给定的矩阵 $\boldsymbol{C}$, $\boldsymbol{D}$, 集合 $\widetilde{M}=\{\boldsymbol{x}: (\boldsymbol{C}\otimes\boldsymbol{D})\boldsymbol{H}(\boldsymbol{x})=0\}$ 称为动态网络(11.8)的广义输出同步流形.

定义 11.4　网络(11.8)的广义输出同步化问题是设计切换律使状态 $\boldsymbol{x}(k)$ 吸引到集合 $\widetilde{M}$. 如果式(11.8)广义输出同步问题可解, 则称式(11.8)达到广义输出同步流形.

定理 11.3　设 $\boldsymbol{\Gamma}_p=\beta_p\boldsymbol{I}_m$, 动态网络(11.8)每个节点都是 ρ_i-几何拟非膨胀的, 指标为 $Gqn(\varepsilon_i, \gamma_i)$, 并且满足 $\rho_i\gamma_i=\rho_j\gamma_j=l(i, j\in\{1, \cdots, N\})$. 如果矩阵 $\boldsymbol{Q}_p=\beta_p^2\boldsymbol{A}^{\mathrm{T}}(\varepsilon_1\sqrt{\rho_1}, \cdots, \varepsilon_N\sqrt{\rho_N})\boldsymbol{A}(\varepsilon_1\sqrt{\rho_1}, \cdots, \varepsilon_N\sqrt{\rho_N})-l\boldsymbol{I}_N$, $p=1, \cdots, r$ 都是半负定的且有 s 个零特征值, 则在任意 $\boldsymbol{A}_p\otimes\boldsymbol{\Gamma}_p$ 切换拓扑下, 动态网络(11.8)能达到广义输出同步.

证明　类似于定理 11.2 的证明. 定义函数 $V=\sum_{i=1}^{N}\rho_iV_i(\boldsymbol{x}(k))$. 因为 $\boldsymbol{Q}_p$ 是半负定的, 可知

$$\begin{aligned}\Delta V=&\boldsymbol{y}^{\mathrm{T}}(x)(\beta_p^2\boldsymbol{A}^{\mathrm{T}}(\varepsilon_1\sqrt{\rho_1}, \cdots, \varepsilon_N\sqrt{\rho_N})\boldsymbol{A}(\varepsilon_1\sqrt{\rho_1}, \cdots, \varepsilon_n\sqrt{\rho_N})-\\&l\boldsymbol{I}_N\otimes\boldsymbol{I}_m)\boldsymbol{y}(\boldsymbol{x})\leqslant 0,\end{aligned}\tag{11.9}$$

$\forall p=1, \cdots, r$. 根据式(11.9)得 $\boldsymbol{y}^{\mathrm{T}}(\boldsymbol{Q}_p\otimes\boldsymbol{I}_m)\boldsymbol{y}=0$ 当且 $\boldsymbol{x}\in M$ 和

$\boldsymbol{y}^{\mathrm{T}}(\boldsymbol{x})(\beta_p^2\boldsymbol{A}^{\mathrm{T}}(\varepsilon_1\sqrt{\rho_1}, \cdots, \varepsilon_N\sqrt{\rho_N})\boldsymbol{A}(\varepsilon_1\sqrt{\rho_1}, \cdots, \varepsilon_N\sqrt{\rho_N})-l\boldsymbol{I}_N\otimes\boldsymbol{I}_m)\boldsymbol{y}(\boldsymbol{x})\leqslant 0$, $\boldsymbol{x}\notin M$.

这表明 $V=\sum_{i=1}^{N}\rho_iV_i(\boldsymbol{x}(k))$ 是公共 Lyapunov 函数, 应用定理 5.1 得证.

下面利用几何输出拟无源性，给出动态网络(11.9)在任意切换拓扑下的广义输出同步的判定准则.

定理 11.4 设 $\boldsymbol{\Gamma}_p=\beta_p\boldsymbol{I}_m$，动态网络(11.9)每个节点都是 ρ_i 几何输出拟无源的，指标为 $QqQI(\gamma_i)$，并且 $\rho_i\gamma_i=\rho_j\gamma_j=l(i, j\in\{1, \cdots, N\})$. 如果矩阵

$$\boldsymbol{Q}_p=\beta_p(\boldsymbol{A}^{\mathrm{T}}(\rho_1, \cdots, \rho_N)+\boldsymbol{A}(\rho_1, \cdots, \rho_N)-l\boldsymbol{I}_N \quad (p=1, \cdots, r)$$

都是半负定的且 s 个特征值为零，则在任意 $\boldsymbol{A}_p\otimes\boldsymbol{\Gamma}_p$ 切换拓扑下，动态网络(11.8)能达到广义输出同步.

证明 类似于定理 11.4 的证明.

11.2.4 数值例子

本节将给出一个例子来验证主要结果的有效性.

例 11.1 考虑由 5 个节点组成的动态网络，各节点表示为

$$\begin{aligned} x_{i1}(k+1) &= b_{i1}x_{i2}(k)-\frac{b_{i2}x_{i1}(k)}{(b_{i2}^2x_{i1}^2(k)+b_{i4}^2x_{i2}^2(k)+c_i)^{\frac{1}{2}}}u_i, \\ x_{i2}(k+1) &= b_{i3}x_{i1}(k)+\frac{b_{i4}x_{i2}(k)}{(b_{i2}^2x_{i1}^2(k)+b_{i4}^2x_{i2}^2(k)+c_i)^{\frac{1}{2}}}u_i, \\ y_i(k) &= x_{i2}(k) \quad (i=1, 2, 3, 4, 5) \end{aligned} \tag{11.10}$$

当 $b_{i1}b_{i2}=b_{i3}b_{i4}$，$\rho_i=b_{i3}^{-2}$ 时，每个节点都是 ρ_i-几何拟非膨胀的，指标为 $Gqn(1, \gamma_i)$，$\gamma_i=b_{i3}^2-b_{i1}^2$，几何储能函数为 $V_i(\boldsymbol{x})=x_{i1}^2+x_{i2}^2$. 设 $c_1=0.1$，$c_2=0.2$，$c_3=0.3$，$c_4=0.4$，$c_5=0.5$，$b_{i1}=\frac{1}{4}$，$b_{i3}=\frac{1}{2}$，$b_{12}=4$，$b_{14}=2$，$b_{22}=2$，$b_{24}=1$，$b_{32}=\frac{1}{2}$，$b_{34}=\frac{1}{4}$，$b_{42}=1$，$b_{44}=\frac{1}{2}$，$b_{52}=3$，$b_{54}=\frac{3}{2}$，则 $\rho_i=4$，$l=\gamma_i\rho_i=\frac{3}{4}$.

设

$$\boldsymbol{A}_1=\begin{pmatrix} \frac{1}{4} & 0 & \frac{1}{6} & 0 & \frac{1}{4} \\ 0 & \frac{3}{4} & 0 & \frac{1}{4} & 0 \\ 0 & 0 & \frac{1}{4} & 0 & \frac{1}{2} \\ 0 & \frac{1}{2} & 0 & \frac{1}{4} & \frac{1}{2} \\ 0 & \frac{1}{8} & 0 & 1 & \frac{1}{4} \end{pmatrix}, \boldsymbol{A}_2=\begin{pmatrix} 1 & 0 & 0 & -\frac{1}{6} & \frac{1}{4} \\ 0 & \frac{1}{2} & 0 & \frac{1}{4} & 0 \\ 1 & 0 & \frac{3}{2} & 0 & \frac{1}{2} \\ 1 & \frac{1}{2} & 0 & \frac{1}{4} & \frac{1}{2} \\ 0 & \frac{1}{6} & 0 & \frac{1}{2} & 1 \end{pmatrix}, (\boldsymbol{\Gamma}_1)=\left(\frac{1}{3}\right), (\boldsymbol{\Gamma}_2)=\left(\frac{1}{6}\right).$$

取初值为$(x_{11}, x_{12})=(-2, 1)$，$(x_{21}, x_{22})=(2, -2)$，$(x_{31}, x_{32})=(-1, 2)$，$(x_{41}, x_{42})=(2, 3)$，$(x_{51}, x_{52})=(-1, 5)$. 下面考虑固定拓扑与切换拓扑两种情形.

情形 1：分别在固定拓扑 $\boldsymbol{A}_1 \otimes \boldsymbol{\Gamma}_1$ 和 $\boldsymbol{A}_2 \otimes \boldsymbol{\Gamma}_2$ 下的情形

由定理 11.2(i)得在连接拓扑 $\boldsymbol{A}_1 \otimes \boldsymbol{\Gamma}_1$ 和 $\boldsymbol{A}_2 \otimes \boldsymbol{\Gamma}_2$ 下广义输出同步流形都为

$$M = \{\boldsymbol{x}: \boldsymbol{h}_i(\boldsymbol{x}_i) = \boldsymbol{0},\ i = 1, \cdots, 5\} = \{\boldsymbol{x}: x_{i2} = 0;\ i = 1, \cdots, 5\} = \ker(\boldsymbol{H}).$$

仿真结果见图 11.1 和图 11.2. 图 11.1 图 11.2 分别给出了在拓扑 $\boldsymbol{A}_1 \otimes \boldsymbol{\Gamma}_1$ 和 $\boldsymbol{A}_2 \otimes \boldsymbol{\Gamma}_2$ 下的网络输出.

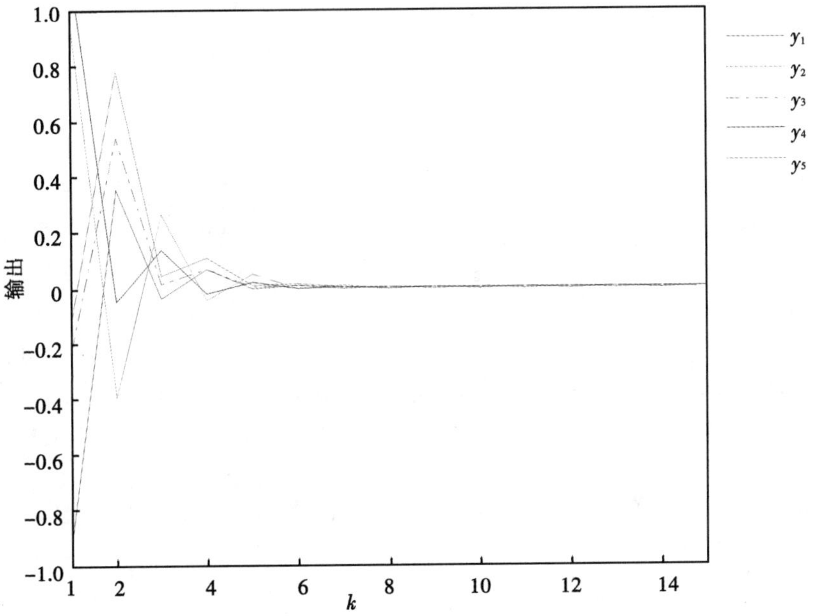

图 11.1　在连接拓扑 $\boldsymbol{A}_1 \otimes \boldsymbol{\Gamma}_1$ 下的输出

情形 2：连接拓扑 $\boldsymbol{A}_1 \otimes \boldsymbol{\Gamma}_1$ 和 $\boldsymbol{A}_2 \otimes \boldsymbol{\Gamma}_2$ 之间任意切换情形

连接拓扑 $\boldsymbol{A}_1 \otimes \boldsymbol{\Gamma}_1$ 和 $\boldsymbol{A}_2 \otimes \boldsymbol{\Gamma}_2$ 满足定理 11.4 条件. 仿真结果见图 11.3 和图 11.4，其中图 11.4 为切换信号，而图 11.3 是在该切换信号下网络的输出.

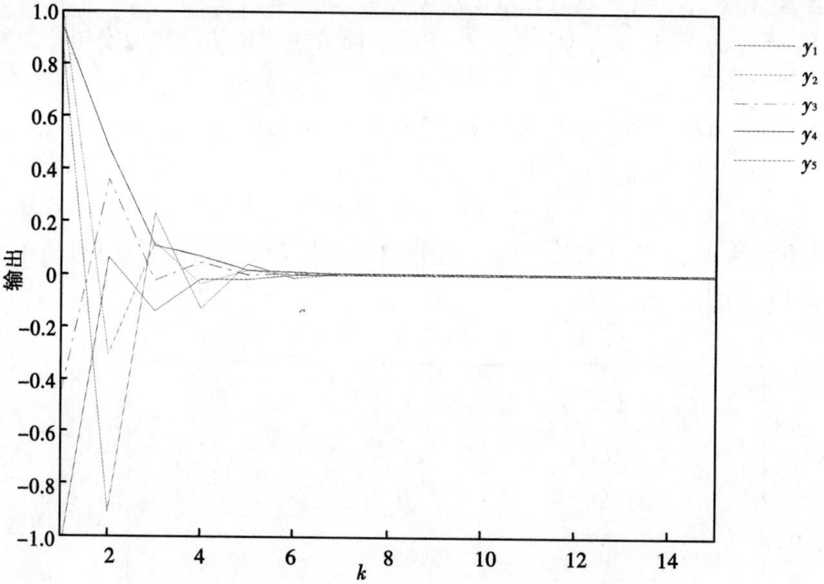

图 11.2　在连接拓扑 $A_2 \otimes \Gamma_2$ 下的输出

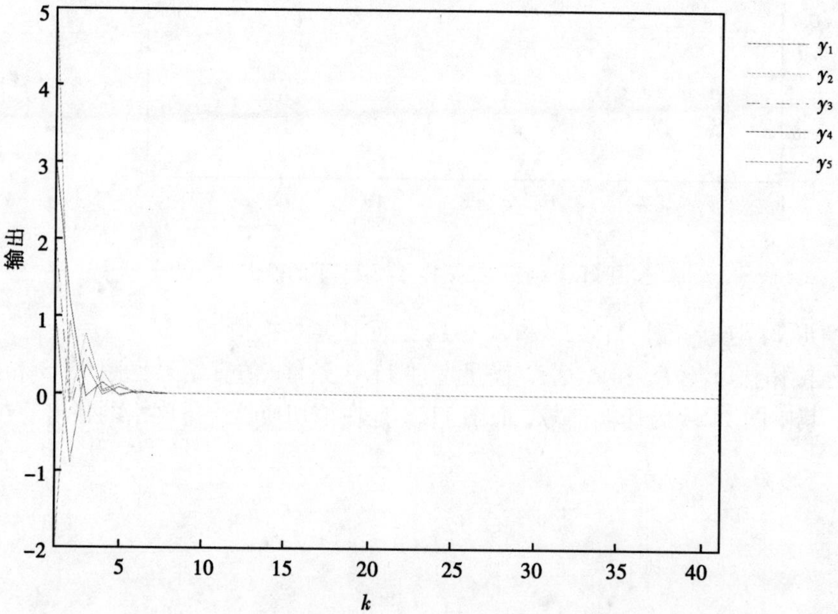

图 11.3　在连接拓扑 $A_1 \otimes \Gamma_1$ 和 $A_2 \otimes \Gamma_2$ 之间切换下的输出

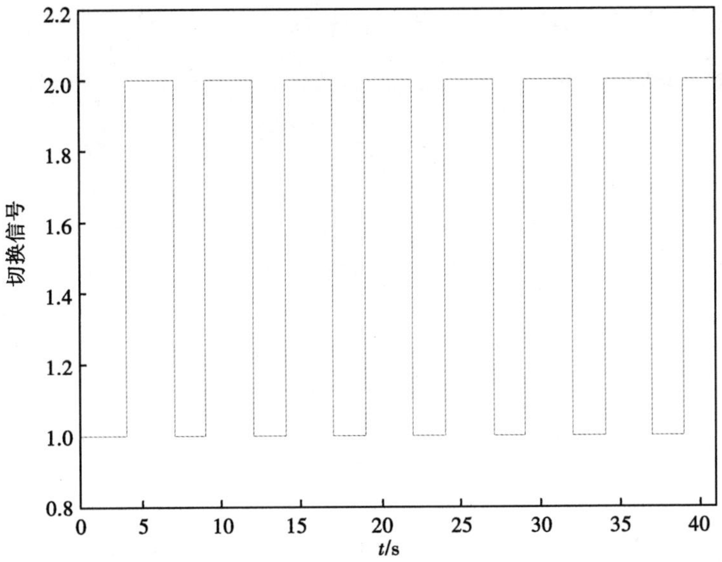

图 11.4　切换信号

11.3　离散时间动态网络广义输出同步化的切换律设计

本节考虑在每个网络不能达到输出同步情况下，如何通过切换律设计来达到广义输出同步.

11.3.1　切换拓扑动态网络广义输出同步化的切换律设计方法

下面就给出依赖于网络输出的设计方法.

定理 11.5　设 $\boldsymbol{\Gamma}_p=\beta_p\boldsymbol{I}_m$，$p=1$，…，$\gamma$，动态网络(11.9)的每个节点都是 ρ_i-几何拟非膨胀的，指标为 $Gqn(\varepsilon_i^2,\ \gamma_i)$，其中 $\varepsilon_i>0$，$\rho_i\gamma_i=l$，$i\in(1,\ \cdots,\ N)$. 如果存在正数 α_p，使

$$\boldsymbol{Q}=\sum_{p=1}^{r}\alpha_p(\beta_p^2\boldsymbol{A}_p^{\mathrm{T}}(\varepsilon_1\sqrt{\rho_1},\ \cdots,\ \varepsilon_N\sqrt{\rho_N})\boldsymbol{A}_p(\varepsilon_1\sqrt{\rho_1},\ \cdots,\ \varepsilon_N\sqrt{\rho_N})-l\boldsymbol{I}_N) \tag{11.11}$$

都是半负定的且有 s 个零特征值，则在下面切换律下：

$$\begin{aligned}\sigma(\boldsymbol{H}(\boldsymbol{x}))=\arg\min_p\{&\boldsymbol{H}^{\mathrm{T}}(\boldsymbol{x})((\beta_p^2\boldsymbol{A}_p^{\mathrm{T}}(\varepsilon_1\sqrt{\rho_1},\ \cdots,\ \varepsilon_N\sqrt{\rho_N})\\&\boldsymbol{A}_p(\varepsilon_1\sqrt{\rho_1},\ \cdots,\ \varepsilon_N\sqrt{\rho_N})-l\boldsymbol{I}_N\otimes\boldsymbol{I}_m)\boldsymbol{H}(\boldsymbol{x})\}\end{aligned} \tag{11.12}$$

动态网络(11.9)达到广义输出同步.

证明 因为每个节点是ρ_i-几何拟非膨胀. 定义 $V=\sum_{i=1}^{N} \leqslant \rho_i V_i(\boldsymbol{x}(k))$. 其中, V_i: $\mathbf{R}^n \to \mathbf{R}^+$为第 i 个节点的几何储能函数, $i=1, \cdots, N$.

$$
\begin{aligned}
\Delta V &= V(\boldsymbol{x}(k+1)) - V(\boldsymbol{x}(k)) \\
&= \sum_{i=1}^{N} (\rho_i V_i(\boldsymbol{x}_i(k+1)) - \rho_i V_i(\boldsymbol{x}_i(k))) \\
&= \sum_{i=1}^{N} ((\sum_{j=1}^{N} \varepsilon_i \sqrt{\rho_i} a_{ij}^p \boldsymbol{\Gamma}_p \boldsymbol{y}_j)^{\mathrm{T}} (\sum_{j=1}^{N} \varepsilon_i \sqrt{\rho_i} a_{ij}^p \boldsymbol{\Gamma}_p \boldsymbol{y}_j(k)) - \rho_i \gamma_i \boldsymbol{y}_i^{\mathrm{T}}(k) \boldsymbol{y}_i(k)) \\
&= \boldsymbol{y}^{\mathrm{T}}((\beta_p^2 \boldsymbol{A}_p^{\mathrm{T}}(\varepsilon_1 \sqrt{\rho_i}, \cdots, \varepsilon_N \sqrt{\rho_N}) \boldsymbol{A}_p(\varepsilon_1 \sqrt{\rho_1}, \cdots, \varepsilon_N(\sqrt{\rho_N}) - l\boldsymbol{I}_N) \otimes \boldsymbol{I}_m) \boldsymbol{y}
\end{aligned}
$$

根据切换律(11.12)与 $\boldsymbol{Q}$ 的半负定性得

$$
\Delta V = \boldsymbol{y}^{\mathrm{T}}((\beta_p^2 \boldsymbol{A}_p^{\mathrm{T}}(\varepsilon_1 \sqrt{\rho_1}, \cdots, \varepsilon_N \sqrt{\rho_N}) \boldsymbol{A}_p(\varepsilon_1 \sqrt{\rho_1}, \cdots, \varepsilon_N \sqrt{\rho_N}) - l\boldsymbol{I}_N) \otimes \boldsymbol{I}_m) \boldsymbol{y} \leqslant 0 \tag{11.13}
$$

明显地, $\boldsymbol{y}^{\mathrm{T}}(\boldsymbol{Q} \otimes \boldsymbol{I}_m)\boldsymbol{y}=0$ 当且 $\boldsymbol{x} \in \widetilde{M} = \{\boldsymbol{x}: (\boldsymbol{Q} \otimes \boldsymbol{I}_m)\boldsymbol{y}=0\}$.

$$
\boldsymbol{y}^{\mathrm{T}}((\beta_p^2 \boldsymbol{A}_p^{\mathrm{T}}(\varepsilon_1 \sqrt{\rho_1}, \cdots, \varepsilon_N \sqrt{\rho_N}) \boldsymbol{A}_p(\varepsilon_1 \sqrt{\rho_1}, \cdots, \varepsilon_N \sqrt{\rho_N}) - l\boldsymbol{I}_N) \otimes \boldsymbol{I}_m) \boldsymbol{y} < 0,
$$

$\boldsymbol{x} \notin \widetilde{M}$.

利用推论 5.1 得证.

定理 11.6 设 $\boldsymbol{\Gamma}_p = \beta_p \boldsymbol{I}_m$, $p=1, \cdots, r$, 动态网络(11.9)每个节点都是ρ-几何输出拟无源的, 指标为 $QqQI(\gamma_i)$, 且 $\rho_i \gamma_i = l$, $i \in \{1, \cdots, N\}$. 如果存在正数 α_p 使

$$
\boldsymbol{Q} = \sum_{p=1}^{r} \alpha_p (\beta_p (\boldsymbol{A}_p^{\mathrm{T}}(\rho_1, \cdots, \rho_N) + \boldsymbol{A}_p(\rho_1, \cdots, \rho_N)) - l\boldsymbol{I}_N) \tag{11.14}
$$

都是半负定的且有 s 个零特征值, 则在下面切换律下:

$$
\begin{aligned}
\sigma &= \sigma(\boldsymbol{H}(\boldsymbol{x})) \\
&= \arg\min_p \{\boldsymbol{H}^{\mathrm{T}}(x)((\beta_p (\boldsymbol{A}_p^{\mathrm{T}}(\rho_1, \cdots, \rho_N) + \boldsymbol{A}_p(\rho_1, \cdots \rho_N)) - \\
&\quad l\boldsymbol{I}_N) \otimes \boldsymbol{I}_m) \boldsymbol{H}(x)\}.
\end{aligned}
$$

动态网络(11.9)达到广义输出同步.

证明 类似定理 11.4 的证明.

11.3.2 数值例子

例 11.2 考虑由 5 个节点组成的动态网络, 每个节点表示如下.

$$
x_{i1}(k+1) = b_{i1} x_{i2}(k) - \frac{b_{i2} x_{i1}(k)}{(b_{i2}^2 x_{i1}^2(k) + b_{i4}^2 x_{i2}^2(k) + c_i)^{\frac{1}{2}}} u_i,
$$

$$x_{i2}(k+1)=b_{i3}x_{i1}(k)+\frac{b_{i4}x_{i2}(k)}{(b_{i2}^2x_{i1}^2(k)+b_{i4}^2x_{i2}^2(k)+c_i)^{\frac{1}{2}}}u_i,$$

$$y_i(k)=x_{i2}(k),$$

$$u_i(k)=\sum_{j=1}^{N}a_{ij}^{p}\boldsymbol{\Gamma}_p y_j(k)\quad(i=1,2,3,4,5;\ p=1,2).$$

其中，$b_{i1}b_{i2}=b_{i3}b_{i4}$，$\rho_i b_{i3}^2<1$，$c_i>0$. 可见，每个节点是$\rho_i$-几何拟非膨胀的，指标为 $Gqn(1,\gamma_i)$，$\gamma_i=\rho_i^{-1}-b_{i1}^2$. 几何储能函数为 $V_i(\boldsymbol{x})=x_{i1}^2+x_{i2}^2$. 设 $c_i=0.1$，$b_{i1}=\frac{1}{4}$，$b_{12}=1$，$b_{13}=\frac{1}{3}$，$b_{14}=3$，$b_{22}=\frac{1}{2}$，$b_{23}=\frac{1}{4}$，$b_{24}=2$，$b_{32}=\frac{3}{2}$，$b_{33}=\frac{1}{4}$，$b_{34}=6$，$b_{42}=\frac{1}{2}$，$b_{43}=\frac{1}{8}$，$b_{44}=4$，$b_{52}=2$，$b_{53}=\frac{1}{3}$，$b_{54}=6$. 取$\rho_i=4$，有 $\gamma_i\rho_i=\frac{3}{4}$，$i=1,2,3,4,5$.

设

$$\boldsymbol{A}_1=\begin{pmatrix}\frac{1}{8}&0&\frac{1}{8}&0&0\\0&\frac{1}{2}&0&\frac{1}{8}&0\\\frac{1}{8}&0&\frac{1}{24}&0&0\\0&\frac{1}{8}&0&\frac{1}{24}&0\\0&\frac{1}{8}&0&0&\frac{1}{16}\end{pmatrix},\ \boldsymbol{A}_2=\begin{pmatrix}\frac{1}{2}&0&\frac{1}{8}&0&0\\0&\frac{1}{16}&0&\frac{1}{8}&0\\0&0&\frac{1}{12}&0&\frac{1}{8}\\0&0&0&\frac{1}{24}&\frac{1}{8}\\0&0&0&0&\frac{1}{16}\end{pmatrix},\ (\boldsymbol{\Gamma}_1)=(\boldsymbol{\Gamma}_2)=(1),$$

$\beta_p=1$，$\alpha_p=1$，$p=1,2$，初值为$(x_{11},x_{12})=(-0.5,0.6)$，$(x_{21},x_{22})=(2,-1.5)$，$(x_{31},x_{32})=(-1.5,0.8)$，$(x_{41},x_{42})=(0.5,-0.5)$，$(x_{51},x_{52})=(-2.5,0.7)$. 可见，$\beta_p^2\boldsymbol{A}_p^{\mathrm{T}}(\varepsilon_1\sqrt{\rho_1},\cdots,\varepsilon_5\sqrt{\rho_5})\boldsymbol{A}_p(\varepsilon_1\sqrt{\rho_1},\cdots,\varepsilon_5\sqrt{\rho_5})-l\boldsymbol{I}_5=4\boldsymbol{A}_p^{\mathrm{T}}\boldsymbol{A}_p-\frac{3}{4}\boldsymbol{I}_5$ 有正特征根，$p=1,2$. 仿真结果见图 11.5 和图 11.6. 其中，图 11.5 和图 11.6 分别为在连接拓扑 $\boldsymbol{A}_1\otimes\boldsymbol{\Gamma}_1$ 和 $\boldsymbol{A}_2\otimes\boldsymbol{\Gamma}_2$ 下的网络输出.

在切换律(11.13)下，推论 5.1 条件都满足，广义输出同步流形为

$$\widetilde{M}=\{\boldsymbol{x}:\boldsymbol{h}_i(\boldsymbol{x}_i)=\boldsymbol{0},\ i=1,\cdots,5\}=\{\boldsymbol{x}:x_{i2}=0,\ i=1,\cdots,5\}.$$

仿真结果见图 11.7 和图 11.8，其中图 11.8 为切换信号，而图 11.7 为在切换律(11.13)下的网络输出.

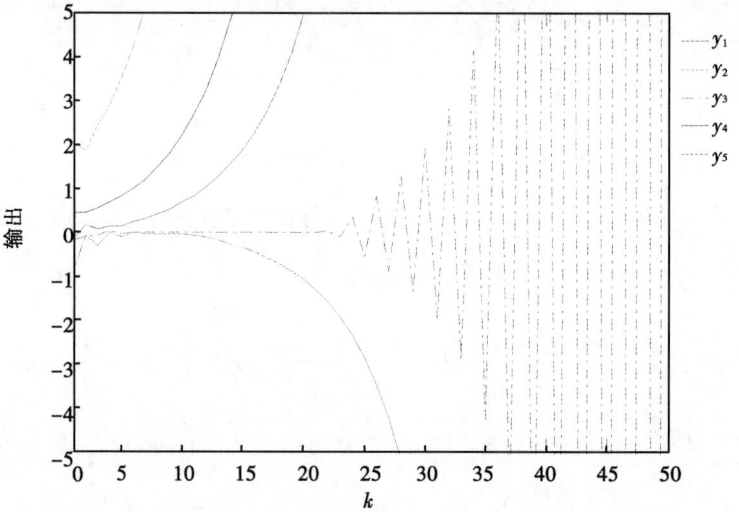

图 11.5　在连接拓扑 $A_1 \otimes \Gamma_1$ 下的输出

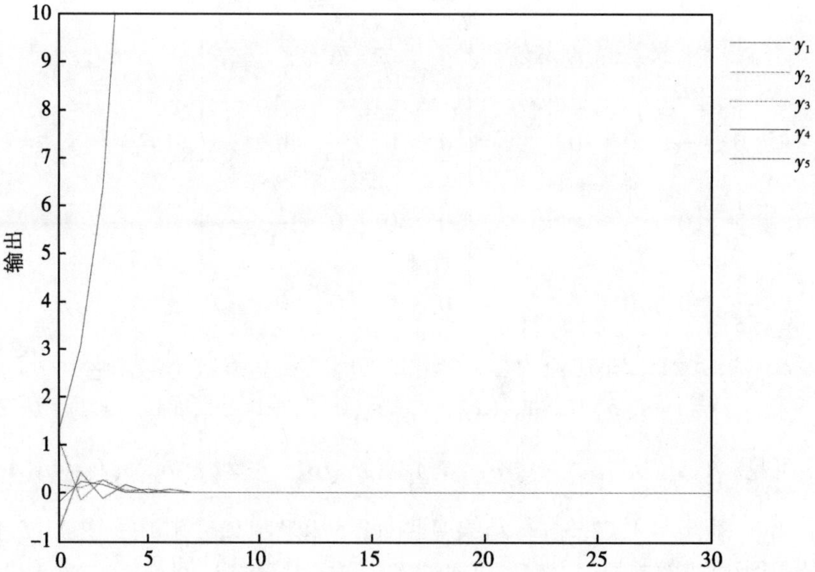

图 11.6　在连接拓扑 $A_2 \otimes \Gamma_2$ 下的输出

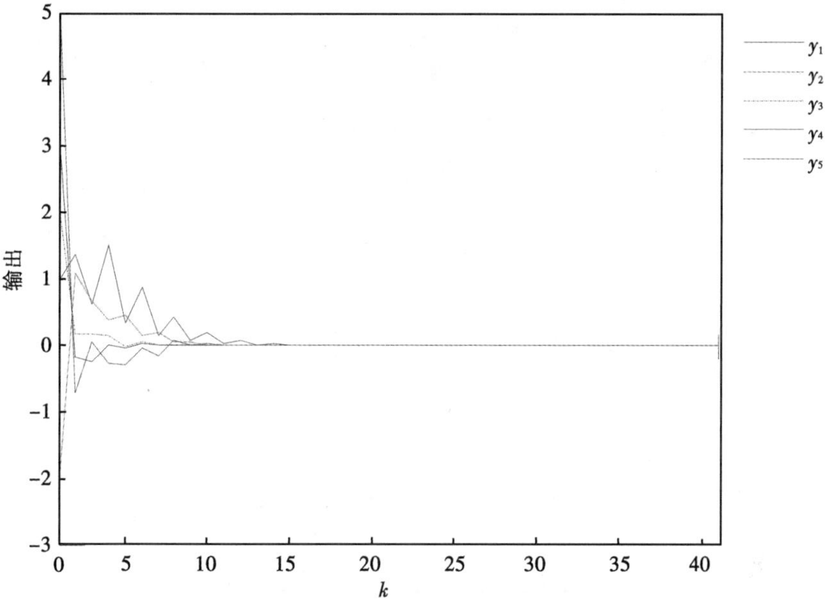

图 11.7　在连接拓扑 $A_1 \otimes \boldsymbol{\Gamma}_1$ 和 $A_2 \otimes \boldsymbol{\Gamma}_2$ 之间切换下的输出

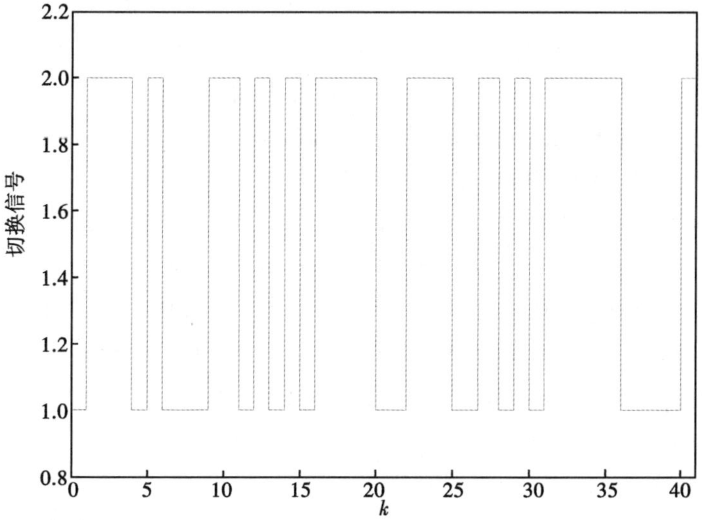

图 11.8　切换信号

参考文献

[1] SUN X M, LIU G P, REEDS D, et al. Stability of systems with controller failure and time-varying delay[J]. IEEE transactions on automatic control, 2008, 53 (10): 2391-2396.

[2] WITSENHAUSEN H S. A class of hybrid-state continuous-time dynamics[J]. IEEE transactions on automatic control, 1966, 11(2): 161-167.

[3] LIBERZON D. Switching in systems and control[M]. Boston: Birkhauser, 2003.

[4] MACHOWSKI J, BIALEK J W, BUMBY J R. Power system dynamics, stability, and control[M]. 2nd ed. Jhone Wiley and Sons, 2008.

[5] LEE S H, LIM J T. Switching control of gain scheduled controllers in uncertain nonlinear systems[J]. Automatica, 2000, 36(7): 1067-1074.

[6] BARKHORDAR Y M, JAHED-MOTLAGH M R. Stabilization of a CSTR with two arbitrarily switching modes using modal state feedback linearization[J]. Chemical engineering journal, 2009, 155(3): 838-843.

[7] ALLISON A, ABBOTT D. Some benefits of random variables in switched control systems[J]. Microelectronics journal, 2000, 31(7): 515-522.

[8] GOLLU A, VARAIYA P P. Hybrid dynamical systems[C]//Proceedings of the 28th IEEE Conference on Decision and Control, 1989: 2708-2712.

[9] BROCKETT R W. Hybrid models for motion control systems, in essays on control: perspectives in the theory and its applications[M]//Progress in Systems and Control Theory 14, Boston: Birkhauser, 1993: 29-53.

[10] LYANTSEVA O D, BREIKINB T V, KULIKOVA G G, et al. On-line performance optimisation of aero engine control system[J]. Automatica, 2003, 39 (12): 2115-2121.

[11] HESPANHA J P, MORSE A S. Towards the high performance control of uncertain processes via supervision[C]//Proceedings of the 30th Annual Conference on Information Science Systems, 1996: 405-410.

[12] CHENG D, GUO L, LIN Y, et al. Stabilization of switched linear systems[J].

IEEE transactions on automatic control, 2005, 50(5): 661-666.

[13] SUN Z D, GE S S. Switched linear systems: control and design[M]. Berlin: Springer-Verlag, 2004.

[14] LIBERZON D, MORSE A S. Basic problems in stability and design of switched systems[J]. IEEE control systems magazine, 1999, 19(5): 59-70.

[15] GEROMEL J C, COLANERI P, BOLZERN P. Dynamic output feedback control of switched linear systems[J]. IEEE transactions on automatic control, 2008, 53(3): 720-733.

[16] CHENG D Z. Stabilization of planar switched systems[J]. Systems and control letters, 2004, 51(2), 79-88.

[17] PELETIES P, DECARLO R A. Asymptotic stability of m-switched systems using Lyapunov functions[C]// Proceedings of Conference on Decision and Control, 1992, 23(2): 3438-3439.

[18] BRANICKY M S. Multiple Lyapunov functions and other analysis tools for switched and hybrid systems[J]. IEEE transactions on automatic control, 1998, 43(4): 475-482.

[19] ZHAI G S, XU X P, LIN H, et al. An extension of Lie algebraic stability analysis for switched systems with continuous-time a discrete-time subsystems [C]// Proceedings of the IEEE International Conference on Networking, Sensing and Control, Ft. Lauderdale, 2006: 362-367.

[20] MORSE A S. Supervisory control of families of linear set-point controllers: part I: exact matching[J]. IEEE transactions on automatic control, 1996, 41 (10): 1413-1431.

[21] HESPANHA J P, MORSE A S. Stability of switched systems with average dwell-time[C]//Proceedings of the 38rd IEEE Conference on Decision and Control, 1999: 2655-2660.

[22] ZHAI G S, HU B, YASUDA K, et al. Stability analysis of switched systems with stable and unstable subsystems: an average dwell time approach[J]. International journal of systems science, 2001, 32(8): 1055-1061.

[23] HOU L, MICHEL A N, YE H. Stability analysis of switched systems[C]// Proceedings of Conference on Decision and Control, 1997: 1208-1212.

[24] YE H, MICHEL A N, YE H. Stability theory for Hybrid dynamical systems [J]. IEEE transactions on automatic control, 1998, 43(4): 461-474.

[25] ZHAO X D, ZHANG L X, SHI P, et al. Stability and stabilization of switched linear systems with mode-dependent average dwell time[J]. IEEE transac-

tions on automatic control,2012,57(7):1809-1815.

[26] XIANG W M,XIAO J. Stabilization of switched continuous-time systems with all modes unstable via dwell time switching[J]. Automatica,2014,50(3):940-945.

[27] ALLERHAND L I,SHAKED U. Robust state-dependent switching of linear systems with dwell time[J]. IEEE transactions on automatic control,2013,58(4):994-1001.

[28] DUAN C,WU F. Analysis and control of switched linear systems via dwell-time min-switching[J]. Systems and control letters,2014,70(4):8-16.

[29] XIE G M,ZHENG D Z,WANG L. Controllability of switched linear systems[J]. IEEE transactions on automatic control,2002,47(8):1401-1405.

[30] EZZINE J,HADDAD A H. On the controllability and observability of hybrid systems[J]. International journal of control,1989,49(6):2045-2055.

[31] BENGEA S C,DECARLO R A. Optimal control of switched systems[J]. Automatica,2005,41(1):11-27.

[32] WANG Q,HOU Y Z,DONG C Y. Model reference robust adaptive control for a class of uncertain switched linear systems[J]. International journal of robust and nonlinear control,2012,22(9):1019-1035.

[33] PANG H P,ZHAO J. Robust passivity,feedback passification and global robust stabilisation for switched non-linear systems with structural uncertainty[J]. Internationals control theory and applications,2015,9(11):1723-1730.

[34] ZHANG L,SHI P. Stability,L_2 gain and Asynchronous control of discrete time switched systems with average dwell time[J]. IEEE transactions on automatic control,2009,54(9):2193-2200.

[35] BELKHIAT D E C,JABRI D,FOURATI H. Robust H_∞ tracking control design for a class of switched linear systems using descriptor redundancy approach[C]//European Control Conference,2014:2248-2253.

[36] ALLERHAND L I,SHAKED U. Robust stability and stabilization of linear switched systems with dwell time[J]. IEEE transactions on automatic control,2011,56(2):381-386.

[37] ORTEGA R,JIANG Z P,HILL D J. Passivity-based control of nonlinear systems:a tutorial[C]//American Control Conference,1997:2633-2637.

[38] ZHAO J,HILL D J. On stability,L_2-gain and H_∞ control for switched systems[J]. Automatica,2008,44(5):1220-1232.

[39] WILLEMS J C. Dissipative dynamical systems:part I:general theory[J]. Ar-

chive for rational mechanics and analysis, 1972, 45(5): 321-351.

[40] HILL D, MOYLAN P. The stability of nonlinear dissipative systems[J]. IEEE transactions on automatic control, 1976, 21(5): 708-711.

[41] TAN Z Q, SOH Y C, XIE L H. Dissipative control for linear discrete-time systems[J]. Automatica, 1999, 35(9): 1557-1564.

[42] BROGLIATO B, LOZANO R, MASCHKE B, et al. Dissipative systems analysis and control[M]. London: Kluwer Academic Publishers, 2000.

[43] NAKAYAMA T, ARIMOTO S. H_∞ control for robotic systems using the passivity concept[C]//Proceedings of the 1996 IEEE International Conference on Robotics and Automation Minneapolis, Minnesota, 1996: 1584-1589.

[44] DALSMO M, EGELAND O. H_∞ control of nonlinear passive systems by output feedback[C]//Proceedings of the 34th IEEE Conference on Decision and Control, New Orleans, LA, 1995: 351-352.

[45] DALSMO M, EGELAND O. A note on nonlinear H_∞ suboptimal control of passive systems via dynamic measurement feedback[C]//Proceedings of the 35th Conference on Decision and ControlKobe, 1996: 3288-3289.

[46] PETER H H, BRYN L J, ATI S. Passivity-based output-feedback control of turbulent channel flow[J]. Automatica, 2016, 69: 348-355.

[47] BYRNES C I, ISIDORI A, WILLEMS J C. Passivity, feedback equivalence, and the global stabilization of minimum phase nonlinear systems[J]. IEEE transactions on automatic control, 1991, 36(11): 1228-1240.

[48] BYMES C I, LIN W. Losslessness, feedback equivalence, and the global stabilization of discrete-time nonlinear systems[J]. IEEE transactions on automatic control, 1994, 39(1): 83-98.

[49] HADDAD W M, CHELLABOINA V. Dissipativity theory and stability of feedback interconnections for hybrid dynamical systems[J]. Mathematics problem engineering, 2001, 7(4): 299-335.

[50] ORTEGA R, NICKLASSON P J, SIRA-RAMIREZ H. Passivity-based control of Euler-Lagrange systems[M]. New York: Springer, 1998.

[51] WU M Y, DESOER C A. Input-output properties of multiple-input, multiple-output discrete systems: part II[J]. Journal of the Franklin Institute, 1970, 290(2): 85-101.

[52] PETTERSSON S. Synthesis of switched linear systems[C]//Proceedings of the 42nd IEEE Conference on Decision and Control, Hawaii, 2003: 5283-5288.

[53] GEROMEL J C, COLANERI P, BOLZAERN P. Passivity of switched linear systems: analysis and control design[J]. Systems and control letters, 2012, 61(4): 549-554.

[54] CHEN W, SAIF M. Passivity and passivity based controller design of a class of switched control systems[J]. Proceedings of the 16th IFAC World Congress Prague, Czech Republic, 2005: 143-147.

[55] POGROMSKY A Y, JIRSTRAND M, SPANGEUS P. On stability and passivity of a class of hybrid systems[C]//Proceedings of the 37th IEEE Conference on Decision and Control, 1998: 3705-3710.

[56] ZEFRAN M, BULLO F, STEIN M. A notion of passivity for hybrid systems [C]//Proceedings of the 40th IEEE Conference on Decision and Control, 2001: 768-773.

[57] ZHAO J, HILL D J. Passivity and stability of switched systems: a multiple storage function method[J]. Systems and control letters, 2008, 57(2): 158-164.

[58] LIU Y Y, STOJANOVSKI G, STANKOVSKI M, et al. Feedback passivation of switched nonlinear systems using storage-like functions[J]. International journal of control, automation, and systems, 2011, 9(5): 980-986.

[59] ZHAO J, HILL D J. Dissipativity theory for switched systems[J]. IEEE transactions on automatic control, 2008, 53(4): 941-953.

[60] LIU B, HILL D J. Decomposable dissipativity and related stability for discrete-time switched systems[J]. IEEE transactions on automatic control, 2011, 56(7): 1666-1671.

[61] WANG Y, GUPTA V, ANTSAKLIS P J. On passivity of a class of discrete-time switched nonlinear systems[J]. IEEE transactions on automatic control, 2014, 59(3): 692-702.

[62] LI J, ZHAO J. Passivity and feedback passification of switched discrete-time-linear systems[J]. Systems and control letters, 2013, 62(11): 1073-1081.

[63] POPOV V M. Hyperstability of control systems[M]. New York: Springer-Verlag, 1973.

[64] MOYLAN P. Implications of passivity in a class of nonlinear systems[J]. IEEE transactions on automatic control, 1974, 19(4): 373-381.

[65] 张侃健. 基于无源性分析的非线性系统的鲁棒控制[D]. 南京:东南大学,2000.

[66] VAN DER SCHAFT A J. L_2-gain and passivity techniques in nonlinear control

[M]. 2nd ed. London:Springer-Verlag,1999.
[67] KHALIL H K. Nonlinear systems[M]. 3rd.Prentice Hall,Upper Saddle River,2002.
[68] ZHAO J,HILL D J. Passivity and stability of switched systems:a multiple storage function method[J]. Systems and control letters,2008,57(2):158-164.
[69] YANG H,COCQUEMPOT V,JIANG B. Fault tolerance analysis for switched systems via global passivity[J]. IEEE transactions on circuits and systems II:express briefs,2008,55(12):1279-1283.
[70] LIU X. Passivity and passification of TS fuzzy-model-based switched uncertain systems[C]//Fourth International Conference on Fuzzy Systems and Knowledge Discovery,2007:30-34.
[71] LIU Y Y,STOJANOVSKI G S,STANKOVSKI G S,et al. Feedback passivation of switched nonlinear systems using storage-like functions[J]. International journal of control,automation,and systems,2011,9(5):980-986.
[72] LIU Y Y,STOJANOVSKI G S,STANKOVSKI M J,et al.Passivity and feedback equivalence of switched nonlinear systems with storage-like functions[C]//Proceeding of the 2010 IEEE International Conference on Systems Man and Cybernetics,Istanbul,TR,2010:4137-4141.
[73] LIU Y Y,ZHAO J,GEORGI M D. Passivity,feedback equivalence and stability of switched nonlinear systems using multiple storage functions[C]//The 30th China Control Conference,Yantai,2011:1085-1089.
[74] LI J,ZHAO J. Passivity and feedback passification of switched discrete-time linear systems[J]. Systems and control letters,2013,62:1073-1081.
[75] SONTAG E D. Comments on integral variants of ISS[J]. Systems and control letters,1998,34(1):93-100.
[76] RAPAPORT A,ASTOLFI A. Practical L_2 disturbance attenuation for nonlinear systems[J]. Automatica,1998,31(17):155-160.
[77] RAPAPORT A,ASTOLFI A. A remark on the stability of interconnected nonlinear systems[J]. IEEE transactions on automatic control,2004,49(1):120-124.
[78] XIE D,WANG L,HAO F,et al. An LMI approach to L_2-gain analysis and control synthesis of uncertain switched systems[J]. IEEE proceedings of control theory apply,2004,151(1):21-28.
[79] SUN X M,ZHAO J,HILL D J. Stability and L_2-gain analysis for switched de-

lay systems: a delay-dependent method[J]. Automatica, 2006, 42(10): 1769-1774.

[80] ZHAO J, HILL D J. Vector L_2-gain and stability of feedback switched systems [J]. Automatica, 2009, 45(7): 1703-1707.

[81] HADDAD W M, CHELLABOINA V S. Nonlinear dynamical systems and control: a Lyapunov-based approach[M]. Princeton University Press, 2008.

[82] XIE G M, WANG L. Stability and stabilization of switched linear systems with state delay: continuous-time case[J]. Proceedings of the 16th International Symposium on Mathematical Theory of Networks and Systems. Leuven, Belgium, 2004.

[83] PELETIES P, DECARLO R A. Asymptotic stability of m-switched systems using Lyapunov-like functions[C]//Proceedings of the American Control Conference, Boston, 1991: 1679-1684.

[84] CORRADINI M L, ORLANDO G. A switching controller for the output feedback stabilization of uncertain interval plants via sliding modes[J]. IEEE transactions on automatic control, 2002, 47(12): 2101-2107.

[85] HONG Y, HUANG J, XU Y. On an output feedback finite-time stabilization problem[J]. IEEE transactions on automatic control, 2001, 46(2): 305-309.

[86] XIE G M, WANG L. Stabilization of switched linear systems with time-delay in detection of switching signal[J]. Journal of mathematical analysis and applications, 2005, 305(1): 277-290.

[87] XIE D M, WANG Q, WU Y. Average dwell-time approach to L_2 gain control synthesis of switched linear systems with time delay in detection of switching signal[J]. IET control theory and applications, 2009, 3(6): 763-771.

[88] XIE W X, WEN C Y, LI Z G. Input-to-state stabilization of switched nonlinear systems[J]. IEEE transactions on automatic control, 2001, 46(7): 1111-1116.

[89] XIE D, CHEN X. Observer-based switched control design for switched linear systems with time delay in detection of switching signal[J]. IET control theory and applications, 2008, 2(5): 437-445.

[90] ZHANG L X, GAO H J. Asynchronously switched control of switched linear systems with average dwell time[J]. Automatica, 2010, 46(5): 953-958.

[91] ZHANG L, CUI N, LIU M, et al. Asynchronous filtering of discrete-time switched linear systems with average dwell time[J]. Circuits and systems I regular papers, 2011, 58(5): 1109-1118.

[92] XIANG W, XIAO J, IQBAL M N. Robust observer design for nonlinear uncertain switched systems under asynchronous switching[J]. Nonlinear analysis Hybrid systems, 2012, 6(1): 754-773.

[93] WANG Y E, SUN X M, ZHAO J. Asynchronous control of switched delay systems with average dwell time[J]. Journal of the Franklin Institute, 2012, 349: 3159-3169.

[94] DAN M, ZHAO J. Stabilization of networked switched linear systems: an asynchronous switching delay system approach[J]. Systems and control letters, 2015, 77(3): 46–54.

[95] LIU Y Y, ZHAO J. Stabilization of switched nonlinear systems with passive and non-passive subsystems[J]. Nonlinear dynamics, 2012, 67(3): 1709-1716.

[96] VU L, MORGANSEVL K A. Stability of time-delay feedback switched linear systems[J]. IEEE transactions on automatic control, 2010, 55(10): 2385-2390.

[97] TAKAYUKI N, SUGURU A. H_∞ control for robotic systems using the passivity concept[C]//Proceedings of the 1996 IEEE International Conference on Robotics and Automation Minneapolis, Minnesota, 1996: 1584-1589.

[98] DALSMO M, EGELAND O. H_∞ control of nonlinear passive systems by output feedback[C]//Proceedings 34th IEEE Conference on Decision and Control, New Orleans, 1995: 351-352.

[99] DALSMO M, EGELAND O. A note on nonlinear H_∞ suboptimal control of passive systems via dynamic measurement feedback[C]//Proceedings of the 35th Conference on Decision and Control Kobe, 1996: 3288-3289.

[100] HESPANHA J P. Logic-based switching algorithms in control[M]. Ph. D. thesis, Yale University, 1998.

[101] ZHAI G S, CHEN X, IKEDA M, et al. Stability and L_2-gain analysis for a class of switched symmetric systems[C]//Proceedings of the American Control Conference, Alaska, 2002: 4395-4400.

[102] NIE H, ZHAO J. Hybrid state feedback H_∞ robust control for a class of linear systems with time-varying norm-bounded uncertainty[M]//Proceedings of the American Control Conference, Denver, 2003: 3608-3613.

[103] ZHAI G S, HU B, YASUDA K, et al. Disturbance attenuation properties of time-controlled switched systems[J]. Journal of the Franklin Institute, 2001, 338(7): 765-779.

[104] LONG L J, ZHAO J. H_∞ control of switched nonlinear systems in p-normal form using multiple Lyapunov functions[J]. IEEE transactions on automatic control, 2012, 57(5): 1258-1291.

[105] XIE L H, SU W Z. Robust H_∞ control for a class of cascaded nonlinear systems[J]. IEEE transactions on automatic control, 1997, 42(10): 1465-1469.

[106] LIBERZON D, HRISTU-VARSAKELIS D W S, LEVINE E. Switched systems, handbook of networked and embedded control systems[M]. Boston: Birkhauser, 2005.

[107] CHIANG M L, FU L C. Adaptive stabilization of a class of uncertain switched nonlinear systems with backstepping control[J]. Automatica, 2014, 50(8): 2128-2135.

[108] YANG H, COCQUEMPOT V, JIANG B. Fault tolerance analysis for switched systems via global passivity[J]. IEEE transactions on circuits and systems II: express briefs, 2008, 55(10): 1279-1283.

[109] LASALLE J P. Some extensions of Lyapunov second method[J]. IRE trans. circuit theory, 1960, 7(4): 520-527.

[110] HALE J K. Dynamical systems and stability[J]. Math. Anal. Appl, 1969, 26(1): 39-59.

[111] SELL G. Nonautonomous differential equations and topological dynamics[J]. Trans. Amer. Math. Soc, 1967, 127(20): 241-262.

[112] RABELO M N, ALBERTO L F C. An extension of the invariance principle for a class of differential equations with finite delay[J]. Advances in difference equations, 2010: 1-14.

[113] RYAN E P. An integral invariance principle for differential inclusions with applications in adaptive control[J]. SIAM journal of control optimization, 1998, 36(3): 960-980.

[114] RODRIGUES H M, ALBERTO L F C, BRETAS N G. On the invariance principle generalizations and applications to synchronism[J]. IEEE transactions on circuits and systems I: fundamental theory and applications, 2000, 47(5): 730-739.

[115] CHELLABOINA V, BHAT S P, HADDAD W M. An invariance principle for nonlinear hybrid and impulsive dynamical systems[J]. Nonlinear anal, 2003, 53(3/4): 527-550.

[116] GOEBEL R, TEEL A R. Solutions to hybrid inclusions via set and graphical

convergence with stability theory applications[J]. Automatic,2006,42(4):573-587.

[117] LASALLE J P. The stability and control of discrete processes[M]. New York:Springer-Verlag,1986.

[118] IGGIDR A,BENSOUBAYA M. New results on the stability of discrete-time systems and applications to control problems[J]. Math. Anal. Appl,1998,219(2):392-414.

[119] SUNDARAPANDIAN V. An Invariance principle for discrete-time nonlinear systems[J]. Applied mathematics letters,2003,16(1):85-91.

[120] ALBERTO L F C,CALLIERO T R,MARTINS A C R. An Invariance principle for nonlinear discrete autonomous dynamical systems[J]. IEEE transactions on automatic control,2007,52(4):692-697.

[121] ZHANG J,JOHANSSON K H,LYGEROS J,et al. Dynamical systems revisited:hybrid systems with zeno executions[C]//Proceedings of Third International Workshop on Hybrid Systems:Computation and Control,2000:451-464.

[122] HESPANHA J P,LIBERZON D,ANGELI D,et al. Nonlinear observability notions and stability of switched systems[J]. IEEE transactions on automatic control,2005,50(2):154-168.

[123] BACCIOTTI A,MAZZI L. An invariance principle for nonlinear switched systems[J]. System control letter,2005,54(11):1109-1119.

[124] MANCILLAa-AGUILAR J L,GARCÍA R A. An extension of LaSalle's invariance principle for switched systems[J]. Systems and control letters,2006,55(5):376-384.

[125] VALENTINO M C,OLIVEIRA V A,ALBERTO L F C,et al. An extension of the invariance principle for dwell-time switched nonlinear systems[J]. Systems and control letters,2012,61(4):580-586.

[126] ZHANG B,JIA Y M. On weak-invariance principle for nonlinear switched systems[J]. IEEE transactions on automatic control,2014,59(6):1600-1605.

[127] DELELLIS P,BERNARDO M,GOROCHOWSKI T E. Synchronization and control of complex networks via contraction,adaptation and evolution[J]. IEEE circuits and systems magazine,2010,10(3):64-82.

[128] RAPISARDA A,BOCCALETTI S,PLUCHINO A,et al. Detecting complex network modularity by dynamical clustering[J].Physical review E,2007,75

(4):045102.

[129] HILL D J,CHEN G. Power systems as dynamic networks[C]//IEEE International Symposium on Circuits and Systems,2006:722-725.

[130] STROGATZ S H. Exploring complex networks[J]. Nature, 2001, 410 (6825):268-276.

[131] SHAO B,WU J Y,TIAN B H,et al. Minimum network constraint on reverse engineering to develop biological regulatory networks[J]. Journal of theoretical biology,2015,380(7):9-15.

[132] BOCCALETTI S,LATORA V,MORENO Y,et al. Complex networks:structure and dynamics[J]. Physics reports,2015,424(4/5):175-308.

[133] NEWMAN M,BARABASI A L,WATTS D J. The structure and dynamics of networks[M]. New York:Princeton University Press,2006.

[134] HE J P,LI H,CHEN J M,et al. Study of consensus-based time synchronization in wireless sensor networks[J]. ISA transactions,2014,53(2):347-357.

[135] WANG Y W,WANG H O,XIAO J W,et al. Synchronization of complex dynamical networks under recoverable attacks[J]. Automatica,2010,46(1):197-203.

[136] PECORA L M,CARROLL T L. Master stability functions for synchronized coupled systems[J]. Physical review letters,1998,80(10):2109-2112.

[137] BELYKH V N,BELYKH L V,HASLER M. Connection graph stability method for synchronized coupled chaotic systems[J]. Physica D,2004,195(1/2):159-187.

[138] LOHMILLER W,SLOTINE J J E. On contraction analysis for non-linear systems[J]. Automatica,1998,34(6):683-696.

[139] WIELAND P,SEPULCHRE R,ALLGÖWER F. An internal model principle is necessary and sufficient for linear output synchronization[J]. Automatica,2011,47(5):1068-1074.

[140] LIU Z X,CHEN Z Q,YUAN Z Z. Pinning control of weighted general complex dynamical networks with time delay[J]. Physica A:statistical mechanics and its applications,2007,375(1):345-354.

[141] LIANG Y,WANG X Y,EUSTACE J. Adaptive synchronization in complex networks with non-delay and variable delay couplings via pinning control [J]. Neurocomputing,2014,123(5):292-298.

[142] STEUR E,TYUKIN I,NIJMEIJER H. Semi-passivity and synchronization of

neuronal oscillators[J]. Physica D,2009,238(21):2119-2128.

[143] LIU Y,ZHAO J. Generalized output synchronization of dynamical networks using output quasi-passivity[J]. IEEE transactions on circuits and systems I:regular papers,2012,59(6):1290-1298.

[144] LIU B,MARQUEZ H J. Uniform stability of discrete delay systems and synchronization of discrete delay dynamical networks via Razumikhin technique [J]. IEEE transactions on circuits and systems I:regular papers,2008,55 (9):2795-2805.

[145] CHEN M Z Q,ZHANG L,SU H,et al. Event-based synchronisation of linear discrete-time dynamical networks[J]. IET control theory and applications 2015,9(5):755-765.

[146] PARK M J,KWON O M,PARK J H,et al. Synchronization of discrete-time complex dynamical networks with interval time-varying delays via non-fragile controller with randomly occurring perturbation[J]. Journal of the Franklin Institute,2014,351(10):4850-4871.

[147] JI Y,LIU T,MIN L. Generalized chaos synchronization theorems for bidirectional differential equations and discrete systems with applications[J]. Physics letters A,2008,372:3645-3652.

[148] ZHANG L P,JIANG H B. Impulsive generalized synchronization for a class of nonlinear discrete chaotic systems[J]. Commun nonlinear sci numer simulat,2011,16(4):2027-2032.

[149] LIN Z Y,FRANCIS B,MAGGIORE M. Necessary and sufficient graphical conditions for formation control of unicycles[J]. IEEE transactions on automatic control,2005,50(1):121-127.

[150] CAO M,MORSE A S,ANDERSON B D O. Reaching a consensus in a dynamically changing environment:convergencerates,measurement delays,and asynchronous events[J]. SIAM journal of control optimization,2008,47 (2):601-623.

[151] CAO M,MORSE A S,ANDERSON B D O. Reaching a consensus in a dynamically changing environment:a graphical approach[J]. SIAM journal of control optimization,2008,47(2):575-600.

[152] DUAN Z S,CHEN G R. On synchronized regions of discrete-time complex dynamical networks[J]. Journal of physics A:mathematical and theoretical, 2011,44(20):49-80.

[153] ZAMES G. On the input-output stability of time-varying nonlinear feedback systems part one:conditions derived using concepts of loop gain,conicity and

positivity[J]. IEEE transactions on automatic control,1966,11(2):228-238.

[154] GOMEZ M H,ORTEGA R,LAGARRIGUE F L,et al. Adaptive PI stabilization of switched power converters[J]. IEEE transactions on control systems technology,2010,18(3):688-698.

[155] HAMAMDEH A,STAN G B,SEPULCHRE R,et al. Global state synchronization in networks of cyclic feedback systems[J]. IEEE transactions on automatic control,2012,57(2):478-483.

[156] LIU T,HILL D J,ZHAO J. Output synchronization of dynamical networks with incrementally-dissipative nodes and switching topology[J]. IEEE transactions on circuits and systems I:regular papers,2015,62(9):2312-2323.

[157] HADDAD W M,HUI Q,CHELLABONIA V,et al. Vector dissipativity theory for discrete-time large-scale nonlinear dynamical systems[J]. Advances in difference equations,2004,4(1):3699-3704.

[158] LANGVILLE A N,STEWART W J. The kronecker product and stochastic automata networks[J]. Journal of computational and applied mathematics, 2004,167(2):429-447.

[159] TSUNEDA A. A gallery of attractors from smooth Chua's equation[J]. International journal of bifurcation and chaos,2005,15(1):1-49.

[160] WANG X F,CHEN G R. Synchronization in small-world dynamical networks [J]. International journal of bifurcation and chaos,2002,12(1):187-192.

[161] LV J H,YU X H,CHEN X R. Characterizing the synchronizabiliy of small-world dynamical networks[J]. IEEE transactions on circuits and systems I: regular papers,2004,51(4):787-796.

[162] YU W W,CHEN G R,LV J H. On pinning synchronization of complex dynamical networks[J]. Automatica,2009,45(2):429-435.

[163] ZHOU J,LU J A,LV J H. Pinning adaptive synchronization of a general complex dynamical network[J]. Automatica,2008,44(4):996-1003.